高等院校园林专业通用教材

# 园林建设工程管理

龙岳林　许先升　主　编

宋建军　副主编

中国林业出版社

## 内 容 简 介

为推进我国风景园林建设工程科学化、规范化管理的进程，促进高校风景园林人才培养和风景园林工程管理能力的提高，由长期从事园林教育、现场管理，并富有实际施工管理经验的人员编写本教材。

本教材主要介绍了园林工程在建设过程中的管理知识，共分为7章，系统地阐述了现代园林在设计、招投标、造价、施工、监理及竣工过程中进行具体管理的基本知识，详细介绍了园林操作的技术规范和规程、管理的要点和方法、与园林管理相关的法律法规、工程造价的计算、园林施工的监理等知识。

本教材资料丰富，内容翔实，信息及时，是园林绿化工程管理的理论指南，可作为大专院校"园林管理"课程的教材使用，也可供从事园林绿化工程设计、施工、造价和监理等技术管理人员使用或参考。

### 图书在版编目(CIP)数据

园林建设工程管理/龙岳林,许先升主编.—北京:中国林业出版社,2009.6(2023.8 重印)

高等院校园林专业通用教材

ISBN 978-7-5038-5658-7

Ⅰ.园… Ⅱ.①龙…②许… Ⅲ.园林-工程施工-施工管理-高等学校-教材 Ⅳ.TU986.3

中国版本图书馆 CIP 数据核字(2009)第 119951 号

---

策划编辑：康红梅　　　　责任编辑：田　苗　康红梅

电话：83143551

| | |
|---|---|
| 出版发行 | 中国林业出版社(100009　北京市西城区刘海胡同7号) |
| | E-mail:jiaocaipublic@163.com　电话:(010)83143500 |
| 经　销 | 新华书店 |
| 印　刷 | 北京中科印刷有限公司 |
| 版　次 | 2009 年 6 月第 1 版 |
| 印　次 | 2023 年 8 月第 4 次印刷 |
| 开　本 | 889mm×1194mm　1/16 |
| 印　张 | 11.50 |
| 字　数 | 317 千字 |
| 定　价 | 49.00 元 |

未经许可,不得以任何方式复制或抄袭本书之部分或全部内容。

**版权所有　侵权必究**

# 《园林建设工程管理》编写人员

主　　编　　龙岳林　许先升
副 主 编　　宋建军
编写人员　　（以姓氏笔画为序）
　　　　　　龙岳林（湖南农业大学）
　　　　　　许先升（海南大学）
　　　　　　宋建军（湖南农业大学）
　　　　　　肖瑞龙（中南林业科技大学）
　　　　　　陈飞平（江西农业大学）
　　　　　　林世平（海南大学）
　　　　　　赵　耘（西南林业大学）
　　　　　　舒美英（浙江农林大学）
　　　　　　颜斌文（中南林业科技大学）

# 前　言

随着我国生态文明和美丽中国建设的持续推进,飞速发展的园林技术需要一大批懂技术、会管理的专业人才来提高整个园林建设队伍的技术和管理水平;需要通过科学的管理、精湛的技艺来创造时代的精品。而在我国,由于园林行业起步较晚,制度不够健全,专业人员匮乏,管理书籍更是少之又少。为了满足本科教学及社会需要,中国林业出版社及时组织各有关高校,编写了《园林建设工程管理》这本教材。

本教材包括园林建设工程管理概述、园林建设工程设计管理、园林建设工程招标与投标管理、园林建设工程造价管理、园林建设工程施工组织与管理、园林建设工程监理、园林建设工程竣工验收管理共7章内容。教材紧紧围绕园林专业高等教育培养目标,结合专业特点,较为系统地阐述园林建设工程管理的基础理论和相关专业知识,结合最新的国家和行业政策,参考与园林专业相关的学科知识,尽量体现专业特色,力争实现教材内容和施工管理技术的超前性,注重学生创新与实践能力的培养。

在教材编写过程中,我们力求做到概念明确、文字简练、内容翔实、资料可靠、信息及时,在安排上做到图文并茂、突出实用,在满足园林专业本科教学需要的前提下,尽量满足相关专业人员的需要。

本教材由湖南农业大学龙岳林教授、海南大学许先升教授任主编,湖南农业大学宋建军任副主编。西南林业大学赵耘编写第1章;湖南农业大学龙岳林、宋建军编写第2~3章;海南大学许先升、林世平编写第4章;江西农业大学陈飞平、湖南农业大学宋建军、中南林业科技大学颜斌文编写第5章;中南林业科技大学颜斌文、肖瑞龙编写第6章;浙江农林大学舒美英编写第7章。全书由宋建军统稿,龙岳林教授、许先升教授审阅。

在编写过程中得到中国林业出版社、湖南农业大学等有关单位的支持和帮助,同时我们也参考了有关同人的著作和资料,在此一并致谢!

由于时间仓促和编者的水平有限,不足之处在所难免,恳请各位同人提出宝贵意见,以便修订改正。

编　者  
2023年8月

# 目 录

前言

**第1章 园林建设工程管理概述** ………… 1
1.1 园林建设工程管理的概念与作用 ………… 1
    1.1.1 园林建设工程管理的相关概念 ………… 1
    1.1.2 园林建设工程管理的作用 ………… 2
    1.1.3 园林建设工程管理的学习方法 ………… 3
1.2 园林建设工程管理的内容 ………… 3
1.3 园林建设工程的建设程序、步骤和内容 ………… 6
    1.3.1 项目建议书阶段 ………… 6
    1.3.2 可行性研究报告阶段 ………… 7
    1.3.3 编制计划任务书和选择建设地点 ………… 7
    1.3.4 设计工作阶段 ………… 8
    1.3.5 建设准备阶段 ………… 9
    1.3.6 建设实施阶段 ………… 9
    1.3.7 竣工验收阶段 ………… 10
    1.3.8 后评价阶段 ………… 11

**第2章 园林建设工程设计管理** ………… 12
2.1 园林设计资格、设计程序及方案优选 ………… 12
    2.1.1 园林设计资格 ………… 12
    2.1.2 园林设计程序 ………… 13
    2.1.3 设计方案的优选 ………… 14
2.2 设计文件的深度 ………… 18
    2.2.1 园林设计阶段及文件编制原则 ………… 18
    2.2.2 设计文件深度要求 ………… 18
2.3 园林设计收费 ………… 27
    2.3.1 建筑市政工程各阶段工作量比例划分参考 ………… 27
    2.3.2 工程设计收费计算公式 ………… 27
    2.3.3 关于收费的其他规定 ………… 29
2.4 园林档案资料的管理 ………… 29
    2.4.1 园林档案资料的范畴 ………… 29
    2.4.2 档案资料的汇总与归档 ………… 30
    2.4.3 档案资料的管理 ………… 30
    2.4.4 竣工档案资料的管理 ………… 30

**第3章 园林建设工程招标与投标管理** ………… 31
3.1 建设项目招投标概述 ………… 31
    3.3.1 招标投标的概念和性质 ………… 31
    3.1.2 建设项目招标的范围、种类与方式 ………… 31
    3.1.3 建设项目招标程序 ………… 32
3.2 施工招标 ………… 34
    3.2.1 施工招标的概念 ………… 34

3.2.2　施工招标应具备的条件
　　　　……………………………………… 34
　　3.2.3　招标标底的编制 ……………… 35
　　3.2.4　招标标底的审查 ……………… 36
3.3　施工投标……………………………… 36
　　3.3.1　施工投标单位应具备的基本
　　　　条件 ………………………………… 36
　　3.3.2　工程投标程序 …………………… 37
　　3.3.3　工程投标报价的编制 ………… 37
3.4　开标、评标和定标 ………………… 39
　　3.4.1　开标 ……………………………… 39
　　3.4.2　评标 ……………………………… 39
　　3.4.3　定标 ……………………………… 40
3.5　建设工程施工合同…………………… 41
　　3.5.1　建设工程施工合同类型及
　　　　选择 ………………………………… 41
　　3.5.2　建设工程施工合同文本的
　　　　主要条款 …………………………… 41

# 第4章　园林建设工程造价管理 …… 46
4.1　园林建设工程造价内容……………… 46
　　4.1.1　工程造价的范围 ………………… 46
　　4.1.2　工程造价的分类 ………………… 46
　　4.1.3　园林建设项目的划分 ………… 48
　　4.1.4　园林建设工程概、预算分类
　　　　……………………………………… 48
　　4.1.5　建设工程定额及其分类
　　　　……………………………………… 49
4.2　园林建设工程费用组成……………… 51
　　4.2.1　直接费 ……………………………… 52
　　4.2.2　间接费 ……………………………… 53
　　4.2.3　利润 ……………………………… 54
　　4.2.4　税金 ……………………………… 54
4.3　设计概算的编制与审查……………… 54
　　4.3.1　设计概算的基本概念 ………… 54
　　4.3.2　设计概算的编制原则和依据
　　　　……………………………………… 55
　　4.3.3　设计概算的编制方法 ………… 55
　　4.3.4　设计概算的审查 ………………… 58
4.4　施工图预算的编制与审查…………… 59

　　4.4.1　施工图预算的基本概念
　　　　……………………………………… 59
　　4.4.2　施工图预算的编制依据
　　　　……………………………………… 60
　　4.4.3　施工图预算的编制程序
　　　　……………………………………… 60
　　4.4.4　工程量计算规则和方法
　　　　……………………………………… 63
　　4.4.5　施工图预算的审查 …………… 71
4.5　园林工程量清单报价及其规定……… 73
　　4.5.1　工程量清单概述 ………………… 73
　　4.5.2　工程量清单的组成及格式
　　　　……………………………………… 73
　　4.5.3　工程量清单报价 ………………… 75
　　4.5.4　园林工程工程量清单报价
　　　　编制实例 …………………………… 79
4.6　园林工程竣工结算与决算 ………… 84
　　4.6.1　工程竣工结算 …………………… 84
　　4.6.2　工程竣工决算 …………………… 87

# 第5章　园林建设工程施工组织与管理 …… 88
5.1　工程项目管理………………………… 88
　　5.1.1　项目及项目管理的概念
　　　　……………………………………… 88
　　5.1.2　园林工程项目 …………………… 89
　　5.1.3　管理的顺序 ……………………… 90
5.2　施工组织设计………………………… 91
　　5.2.1　工程施工组织设计概述
　　　　……………………………………… 91
　　5.2.2　施工组织总设计 ………………… 93
　　5.2.3　单位工程施工组织设计 …… 94
5.3　工程质量管理………………………… 95
　　5.3.1　概述 ……………………………… 95
　　5.3.2　全面质量管理的顺序 ………… 95
　　5.3.3　全面质量管理的步骤 ………… 96
　　5.3.4　施工准备阶段的质量控制
　　　　……………………………………… 96
　　5.3.5　施工阶段的质量控制 ………… 97
　　5.3.6　交工验收阶段的质量控制
　　　　……………………………………… 97

5.4 工程进度管理……………………… 98
　　5.4.1 进度计划 ………………… 98
　　5.4.2 工程进度表 ……………… 99
5.5 工程成本管理……………………… 102
　　5.5.1 施工项目成本概述 ……… 102
　　5.5.2 施工项目成本的构成 …… 102
　　5.5.3 施工项目成本控制 ……… 103
5.6 工程安全管理……………………… 104
　　5.6.1 概述 ……………………… 104
　　5.6.2 劳动灾害 ………………… 104
　　5.6.3 安全管理的主要内容 …… 104
　　5.6.4 安全管理制度 …………… 105
5.7 工程劳务管理……………………… 106
　　5.7.1 施工项目劳务组织管理
　　　　 ……………………………… 106
　　5.7.2 劳动定额与定员 ………… 107
　　5.7.3 施工项目的劳务费分配
　　　　 ……………………………… 108
5.8 工程材料管理……………………… 108
　　5.8.1 材料管理的任务 ………… 108
　　5.8.2 材料管理的内容 ………… 109
　　5.8.3 施工项目现场材料管理
　　　　 ……………………………… 109
5.9 工程现场管理……………………… 110
　　5.9.1 施工项目现场管理概述
　　　　 ……………………………… 110
　　5.9.2 施工项目现场管理的内容及
　　　　 组织体系 …………………… 110

## 第6章 园林建设工程监理……………… 112
6.1 园林建设工程监理基础知识 ……… 112
　　6.1.1 建设工程监理概念 ……… 112
　　6.1.2 政府建设监理 …………… 114
　　6.1.3 监理单位监理 …………… 115
　　6.1.4 监理单位与工程建设各方
　　　　 的关系 ……………………… 116
　　6.1.5 监理工程师 ……………… 117
　　6.1.6 建设监理业务委托 ……… 118
　　6.1.7 工程建设监理费用
　　　　 ……………………………… 119

6.2 园林建设工程准备阶段监理 ……… 119
　　6.2.1 建设项目准备阶段监理工作
　　　　 内容 ………………………… 119
　　6.2.2 工程项目立项阶段监理工作
　　　　 内容 ………………………… 120
　　6.2.3 工程勘察监理工作内容
　　　　 ……………………………… 121
　　6.2.4 规划设计阶段监理工作
　　　　 内容 ………………………… 121
　　6.2.5 材料、设备采购监理工作
　　　　 内容 ………………………… 123
　　6.2.6 工程招投标监理的工作内
　　　　 容 …………………………… 123
　　6.2.7 现场调查 ………………… 123
6.3 园林建设工程施工阶段监理 ……… 124
　　6.3.1 园林建设工程施工阶段工作
　　　　 特点 ………………………… 124
　　6.3.2 施工图管理 ……………… 125
　　6.3.3 施工组织设计审查 ……… 125
　　6.3.4 工程建设施工阶段的质量控制
　　　　 ……………………………… 126
　　6.3.5 工程建设施工阶段的进度控制
　　　　 ……………………………… 134
　　6.3.6 工程建设施工阶段的投资控制
　　　　 ……………………………… 136
　　6.3.7 施工安全控制 …………… 143

## 第7章 园林建设工程竣工验收管理………… 145
7.1 园林建设工程竣工管理 …………… 145
　　7.1.1 园林工程竣工验收的概述
　　　　 ……………………………… 145
　　7.1.2 竣工验收的依据和标准
　　　　 ……………………………… 145
　　7.1.3 竣工验收的准备工作 …… 146
　　7.1.4 竣工验收的程序 ………… 148
7.2 园林建设工程竣工后管理 ………… 153
　　7.2.1 园林工程质量的评定 …… 153
　　7.2.2 工程项目移交 …………… 154
　　7.2.3 工程回访 ………………… 155

**参考文献** ………………………………… 157

**附录**………………………………………… 158
　附录Ⅰ　建设工程设计合同……………… 158
　附录Ⅱ　工程招标代理机构资格分级标准
　　　　　及代理收费标准………………… 161
　附录Ⅲ　园林绿化工程工程量清单项目及
　　　　　计算规则………………………… 162
　附录Ⅳ　社会建设监理单位的资质等级及
　　　　　业务范围………………………… 173
　附录Ⅴ　工程建设监理合同……………… 174

# 第1章
# 园林建设工程管理概述

保护环境，改善环境，美化环境已引起人们高度重视。随着"绿色奥运"的提出，园林建设已成为城市建设及各单位环境建设的重要项目之一。高质量、高水平的园林工程建设，既是改善城镇生态环境和建设投资环境的需要，又是创造人们高质量生存、生活、工作环境的基础。只有强化城市园林建设，才能保证城市的可持续发展。从一定程度上讲，园林建设已经成为一个城市或企业单位形象的代表和文明的象征。

然而，现代园林建设不仅包括树木花草的种植、掇山、理水、置石、灌溉、园林建筑小品和科学的计划安排等园林城市绿地建设，还涵盖了风景名胜区中园林建筑工程等环境建设工程。它的空间更为广阔，设计更为复杂，设施更为多样，手段更为先进，投资也更为巨大。要保证这种大型的现代园林工程有序、高效地进行，使其真正地成为人类的"绿色之光"和人生的"第二自然"，必须遵照建设工程的相关规则，将工程管理引入到现代园林建设中。

随着我国经济建设的飞速发展和人民生活水平的普遍提高，园林工程建设速度日益加快，数量日益增多，规模日益扩大。但在园林建设项目上，经常出现决策失误、环境损毁、效益低下、经营难以为继的情况，工程施工中求量不求质的现象日益增多，技术粗糙的工程项目随处可见。因此加强园林项目管理工作、出精品工程，是当前园林行业的一项重要任务。

园林建设工程管理是一门新的科学，目前尚处于发展阶段，一方面要学习借鉴其他行业行之有效的管理经验，进行消化吸收，结合园林建设工程实际创造适合自己特点的管理办法；另一方面要本着一切从实际出发的精神，不断总结自己的实践经验，加强各项基础建设，大胆改革创新，使管理工作标准化、规范化、科学化、系统化，为管理手段、管理工具现代化创造条件。

## 1.1 园林建设工程管理的概念与作用

### 1.1.1 园林建设工程管理的相关概念

园林是在一定的地域运用工程技术手段和艺术手段，通过改造地形（或进一步筑山、叠石、理水）、种植树木花草、营造建筑和布置园路等途径创作而成的美的自然环境和游憩境域。园林包括庭园、宅园、小游园、花园、公园、植物园、动物园等。随着园林学科的发展，还包括森林公园、风景名胜区、自然保护区或国家公园的游览区以及休养胜地。而且随着社会的进步和科学技术的发展，园林的内涵也将赋予新的时代意义。

管理是为某一特定组织机构确定目标，配置协调资源，并引导机构成员取得最大成果的有目的的活动过程。管理是组织的能动职能，管理是科学，管理是艺术，管理是文化。管理职能是管理应发挥的作用、应实现的功能。管理具有计划、组织、指挥、协调、控制5项职能。

**(1) 计划职能**

计划职能是为实现企业所设定的目标而制定出所要做的事情的纲要，以及如何做的方法。计划是管理的首要职能，管理的各项活动都是围绕计划展开的。

**（2）组织职能**

组织职能是为实现计划目标，对企业或机构的各种构成要素进行的组合工作，即建立以权利为基础的正式机构和组织体系，并规定各级的职责范围和协作关系。

**（3）指挥职能**

指挥职能是对组织中下属成员的领导、沟通和督促指导。

**（4）协调职能**

协调职能是对组织内外出现的各种矛盾进行平衡的工作，从而达到各部门之间工作和谐，步调一致，顺利完成计划。

**（5）控制职能**

控制职能是对计划职能实施过程中出现的各种偏离计划的现象所进行的检查、纠偏活动，以保证组织活动按照计划目标规定的要求进行。

园林管理是以政治经济学为理论基础，结合园林科学技术，研究园林事业发展、园林建设、经营管理和园林经济客观规律的一门科学。园林管理的主要任务是要最佳地组织人力、物力和财力，取得最好的园林绿化综合效益，在城市建设和健全城市生态环境中发挥更大的作用。

园林建设泛指园林城市绿地和风景名胜区中涵盖园林建筑工程在内的环境建设工程，包括园林建筑工程、土方工程、园林筑山工程、园林理水工程、园林铺地工程、绿化工程等，可见园林建设总是与园林工程分不开的。园林工程是以市政工程原理为基础，以园林艺术理论为指导，研究工程造景技艺，并将其应用于实践的一门学科。其根本任务就是运用工程技术表现园林艺术，使地面上的工程构筑物和园林景观融为一体。

园林建设工程是建设风景园林绿地的工程，它包括园林建筑工程和园林绿化工程两大部分。风景园林是一门创造和保持人及其活动与周围的自然世界和谐关系的艺术学科，核心是社会、生态与艺术三位一体，主要特征是规划设计、生物生态与人文社会并重。园林绿化作为城市基础设施，是城市市政公用事业和环境建设事业的组成部分。园林绿化是以丰富的园林植物、完整的绿化系统、优美的景观和完备的设施，发挥改善城市生态、美化城市环境的作用，为广大人民群众提供休息、游览、开展文化科学活动的园地，增进人民身心健康；同时，还承担着保护、繁殖、研究珍稀、濒危物种的任务。优美的园林景观和良好的城市环境还是吸引投资、发展旅游事业的基础条件。

园林建设工程管理是对园林建设工程全过程的管理，涉及的内容非常广泛。建设工程质量责任主体方和有关机构，在从事园林工程建设活动中操作行为规范与否，对工程质量有直接影响。影响工程质量责任主体方有建设单位（业主）、勘察单位、设计单位、施工单位；相关机构有工程审查机构、工程质量检测机构和监理单位。为创造高质量的园林建设工程，必须坚持工程建设的勘察设计及施工图设计规范化、施工招投标规范化、工程施工规范化、工程建设监理规范化。

## 1.1.2 园林建设工程管理的作用

园林建设是在国家和地方政府领导下，旨在提高人们生活质量、造福于人民的一项公共事业；它是根据《土地法》《环境保护法》《城市规划法》《建筑法》《森林法》《文物保护法》《城市绿化规划建设指标的规定》和《城市绿化条例》等法律实施的事业。随着人民生活水平的提高和人们对环境质量的要求越来越高，高科技已深入到工程的各个领域。园林建设工程在现阶段的工作往往需要多部门、多行业的协同配合。

从宏观上看，园林建设工程管理工作是贯彻执行国家有关法规并且在实践中不断完善和发展，从而科学化、系统化地行使管理职能的工作。城市园林主管部门在确定的行政区域内，运用经济的、行政的、立法的手段实现现代城市园林的良性发展。其主要任务为：①根据城市总体规划和城市经济发展计划制订城市园林建设总体规划。②规范城市园林建设市场，制订园林设计、论证、施工监理、质量监督、园林养护管理各环节的技术操作规程。③保护现有的城市园林建设成果，制订出切实可行的园林绿地和设施的保护政策及法令、法规。④大力扶持和发展园林科研工作，开发推广运用新的科学技术，促进全行业劳动效率提高，为行业可持续性发展打下良好的基础。⑤加大科普力度，营造全社会爱护和建设城市园林的氛围，为行业发展奠定良好的群众基础。

从微观上看，园林建设工程管理工作是将有限的人员、资金和必备的机具进行有效配置。现行园林管理部门及下设机构基本是依靠财政拨款的事业单位。所以，一方面，政府可以运用优惠政策广开渠道募集社会资金，发展园林事业；另一方面，可以引入竞争机制，将公共园林绿地和设施以管理经费包干的形式进行长期管理的招标，同时以园林专业人员为核心建立养护管理的监理、监督制度，以确保养护管理工作的规范化开展以及园林资金的高效利用。

### 1.1.3 园林建设工程管理的学习方法

设置本课程的目的和要求是使学习者了解园林建设工程管理的有关政策、法规和规范，掌握园林建设工程管理相关的基本知识、基本原理、基本技能和一般方法，并能综合运用于实际问题的观察与分析；通过学习，初步具备解决园林建设工程管理中一般问题的能力，培养有关园林建设工程管理的综合素质，为从事城市园林建设与管理等工作奠定必要的基础。为达到上述目标，应注意掌握下列学习方法：

（1）熟练掌握园林建设工程管理的基本知识、基本原理和一般方法，这是进行园林建设工程科学管理的基础。在学习过程中应重在加强理解，融会贯通这门课程的基本概念、基本原理和基本方法，通过结合已学的相关园林专业知识，初步养成管理的思维模式。

（2）园林建设工程管理是一门实践性很强的课程，学习时要注重理论联系实际，把课程内容学习同实际问题结合起来，特别要联系现实生活中出现的新问题、新动向进行深入研究，提高分析问题、解决问题的能力。

（3）园林建设工程本身的复杂性、艺术性，决定了园林建设工程管理涉及的内容非常广泛，是一项复杂的系统工程。要求在学习过程中树立系统的思维方式，运用系统工程的一般原理和方法，对每个分项工程进行科学规划、设计、决策和实施，并不断地进行反馈控制与调整等组织管理，使园林建设工程系统内外各项活动协调有序，局部和整体之间的关系协调配合，从而使园林建设获得最优的发展过程和最佳的综合效益。

## 1.2　园林建设工程管理的内容

园林建设工程管理涉及的内容非常广泛，主要有园林建设决策、园林规划与设计管理、园林建设工程的招标与投标、园林建设工程造价管理、园林建设工程的施工组织与管理、园林建设工程监理和园林建设工程的竣工与验收管理等内容。理解和掌握园林建设工程管理相关内容，是进行工程管理的基础。

**（1）园林建设决策**

决策是指人们在改造世界过程中，以对事物发展规律及主客观条件的认识为依据，寻求并决定某种最优化的目标行动方案。决策是决策科学的基本概念，科学决策是实现园林工程建设科学化的关键，是实现理想的经济效益和社会效益的重要手段。要求领导者提高科学素质，掌握科学的决策理论和工作方法，从凭经验决策逐步上升为科学决策，摆脱落后的工作方法。

园林建设决策从宏观上说是为了满足社会各成员和集团福利的需要，在有限的资源条件下对于不同建设部门、相关资源配给数量以及运行时间、地点进行选择及确认。从微观上说，园林建设决策是在得到资源之后，为了有效地利用资源，而对本部门的组合、结构及相关行为的时间、地点进行选择和确认。通过决策决定将多少资源用于园林建设与维护，在何时何地进行园林建设。

**（2）园林规划与设计管理**

园林规划设计是一门研究应用科学规律、综合艺术和工程技术手段，综合处理自然环境、人工环境和人类活动规律的复杂关系，以达到维护城市生态平衡，创造优美、舒适的自然环境的学科。它是园林绿地建设之前的筹划谋略，是实现园林美好理想的创作过程，受到经济条件的制约和艺术法则的指导。

园林规划设计包含园林规划和园林设计。园林规划包括两层含义：一是描绘未来，即人们根据对规划对象现状的认识构思未来目标和发展状态；二是行为决策，即人们为达到或实现未来的发展目标决策所采取的时空顺序、步骤和技术方法。园林设计是研究园林工程建设的原理、设计艺术及设计方法的理论、技术和方法的一门科学。园林规划设计需要解决园林建设中有关建园的意图和特点、建设内容、形式和布局、地形处理、建筑小品、道路设置、植物配置，以及近期与远期发展、局部与整体关系、造价与投资合理应用、服务与经营等有关问题。园林规划设计是园林施工的前提和指导，是施工实施最可靠和准确的依据。构思一种个性化、人性化、积极向上、新颖而不浮躁、美观而又实用、简单而满足需求、符合生态要求的园林环境是园林规划设计的原则和追求的目标。

园林规划与设计管理主要包括园林规划与设计资质管理、园林规划与设计的文件管理、园林规划与设计的取费、园林档案资料的管理等内容。

(3) 园林建设工程的招标与投标

园林工程招标是指招标人将其拟发包的内容、要求等对外公布，招引和邀请多家承包单位参与承包工程建设任务的竞争，以便择优选择承包单位的活动。园林工程投标是指具有合法资格和能力的投标人愿意按照招标人规定的条件承包工程，编制投标标书，提出工程造价、工期、施工方案和保证工程质量的措施，在规定的期限内向招标人投函，请求承包工程建设任务的活动。工程建设项目招标投标是国际上通用的、比较成熟的，而且科学合理的工程承发方式。这是以建设单位作为工程的发包者，用招标方式择优选定设计、施工单位；而以设计、施工单位为承包者，用投标方式承接设计、施工任务。

园林建设工程招标与投标管理包括招投标工程项目的确定、招投标应具备的条件、招投标文件的制作以及招投标文件的评定等内容。在园林工程项目建设中推行招投标制，既可以降低工程造价、缩短绿化建设工期和确保工程质量，还可以促进绿化施工企业自身素质的提高。按照招投标法要求的公开、公平、公正和诚实守信原则，施工企业如何成功参与绿化工程项目投标，在竞标中获高分，以承揽工程建设任务，投标书的合理编制和投标报价的科学决策显得至关重要。

(4) 园林建设工程造价管理

园林工程造价是为建成一项园林工程，预计或实际在土地市场、设备市场、技术劳务市场以及承包市场等交易活动中所形成的建设工程总价格。

工程造价管理从字面上看是由工程、工程造价、造价管理3个不同属性的关键词所组成的，实际上是有其具体的研究对象和内容并能解决其特殊矛盾的一门独立的学科。它是以工程项目为研究对象，以工程技术、经济、管理为手段，以效益为目标，与技术、经济、管理相结合的一门交叉的、新兴的边缘学科。工程造价管理决定着建设项目的投资效益，在具体管理过程中要遵循商品经济价值规律，健全价格调控机制，培育和规范建设市场中劳动力、技术、信息等市场因素，企业依据政府和社会咨询机构提供的市场价格信息和造价指数自主报价，建立以市场形成为主的价格机制。通过市场价格机制的运行，从而优化配置资源、合理使用投资、有效控制工程造价，取得最佳投资效益和经济效益，形成统一、开放、协调、有序的建设市场体系，将政府在工程造价管理中的职能从行政管理、直接管理转换为法规管理及协调监督，制订和完善建设市场中经济管理规则，规范招标投标及承发包行为，制止不正当竞争，严格审查中介机构人员的资格认定，培育社会咨询机构并使其成为独立的行业，对工程造价实施全过程、全方位的动态管理，建立符合中国国情并与国际惯例接轨的工程造价管理体系。

园林建设工程造价管理的主要内容包括园林建设工程造价内容、园林建设工程费用组成、园林建设工程概算、园林建设工程预算、园林建设工程结算与决算等。

随着我国经济体制由计划经济转向社会主义市场经济，建设工程造价管理工作已从传统计划经济体制下的静态、被动、指令性的管理模式走上了适应社会主义市场经济的管理模式。在社会主义市场经济条件下,对工程造价进行合理的确定与有效的控制,对实现项目的预期经济效益和社会效益至关重要。

**(5) 园林建设工程施工组织与管理**

园林建设工程的规划阶段主要是将设计者的意图集中反映在设计图纸上,而工程施工管理则是具体落实规划的意图和设计内容的极其重要的手段,施工管理应在充分理解规划设计意图的基础上进行,即"三分设计,七分施工",一个良好的景观工程需要设计者与施工者共同完成,一个有创意的设计,更需要精良的施工。园林工程施工是指通过有效的组织方法和技术措施,按照设计要求,根据合同规定的工期,全面完成设计内容的全过程。

园林工程施工管理是施工单位在特定的园址,按设计图纸要求进行实际施工的综合管理活动,主要包括进度管理、质量管理、安全管理、成本管理、劳务管理、材料管理、现场管理、施工文件管理等内容。园林工程的施工管理是一门实践性很强的学科,工程管理人员应与技术人员密切合作,在实际工作中既要掌握工程原理,又要具备指导现场施工等方面的技能,只有这样才能在保证工程质量的前提下,较好地把园林工程的科学性、技术性、艺术性等有机地结合起来,建造出既经济实用,又美观的园林作品。

施工组织设计要根据国家的有关技术政策和规定、业主的要求、设计图纸和组织施工的基本原则,从拟建工程施工全局出发,结合工程的具体条件,合理地组织安排,采用科学的管理方法,不断地改进施工技术,有效地使用人力、物力,安排好时间和空间,以期达到耗工少、工期短、质量高和造价低的最优效果。可见,施工组织设计是用来指导拟建工程施工全过程中各项活动的技术、经济和组织的综合性文件。科学合理地编制施工组织设计在工程项目实施和工程施工管理上占有极其重要的地位。在市场经济条件下,特别应当发挥施工组织设计在投标和签订合同中的作用,工程施工组织设计不但在管理中发挥作用,更要在经营中发挥作用。

园林建设工程施工组织与管理的主要内容有建立施工项目管理组织、制定管理规划、按合同规定实施各项目标控制、对施工项目的生产要素进行优化配置等。

**(6) 园林建设工程的监理**

建设工程监理是针对工程项目建设,社会化、专业化的建设工程监理单位接受业主的委托和授权,根据国家批准的工程项目建设文件、有关工程建设的法律、法规和建设工程监理合同以及其他工程建设合同所进行的旨在实现项目投资目的的微观监督管理活动。工程监理工作的目标是健全工程监理法规,创新政府监管机制,建立规范的监理市场秩序,全面提高工程监理行业的整体素质和企业竞争力,建立和完善适应市场经济发展和与国际惯例接轨的现代工程咨询服务市场体系,充分发挥工程监理在工程建设中的重要作用。

园林建设工程监理就是要通过园林监理工程师控制、管理、协调园林建设工程的建设投资、建设工期和工程质量,进行工程建设合同及信息管理,协调有关单位间的工作关系,力求在计划预定的投资、进度和质量目标内圆满完成园林建设项目。园林监理工程师的一项重要工作内容就是以工程建设质量标准为依据,做好质量控制工作。注册监理工程师是工程建设领域内复合专业技术人才,是工程建设监督管理专家。他们受业主委托,以自身的专业技术知识、管理技术知识和丰富的工作实践经验,可有效地对工程建设项目的质量、进度、投资进行管理和控制,能公正地管理合同,使工程建设项目的总目标得到最优化地实现,是工程建设参与各方能够得到共赢的工程监督管理好模式。

工程建设监理制与项目法人责任制、工程招标投标制共同构成了市场经济体制中基本完善的工程建设管理体制。从监理工作的依据是相关法律、法规和法律维护的工程建设合同、监理合同可以看出,良好的法治环境对于实行园林工程建设监理是非常必要的。园林建设工程监理应该贯穿工程建设项目的始终,包括投资决策阶段、设计阶段、施工招投标阶段和施工阶段(含保修阶段)的监督管理。

**(7) 园林建设工程的竣工与验收管理**

当园林建设工程按设计要求完成施工并可开放使用时，承接施工单位要向建设单位办理移交手续，这种接交工作就称为项目的竣工验收。竣工验收既是对项目进行接交的必需手续，又是对建设项目成果的工程质量（含设计与施工质量）、经济效益（含工期与投资数额等）等进行的全面考核和评估。

工程竣工验收是建设单位对施工单位承包的工程进行的最后施工验收，它是园林工程施工的最后环节，是施工管理的最后阶段。通过验收能及时发现工程收尾中可能出现的问题并采取有效措施予以解决，确保工程早日投入使用。因此竣工验收对促进建设项目尽快投入使用、发挥投资效益、全面总结建设过程的经验都具有很重要的意义和作用。

竣工验收一般是在整个建设项目全部完成后，组织一次集中验收；也可以分期分批组织验收，即对一些分期建设项目、分项工程在其建成后，只要相应的辅助设施能予以配套，并能正常使用，就可组织验收，以使其及早发挥投资效益。因此，凡是一个完整的园林建设项目或其中一个单位工程建成以后达到正常使用条件，就应及时地组织竣工验收。

园林建设工程的竣工与验收管理包括园林建设工程竣工管理和竣工后管理。

## 1.3 园林建设工程的建设程序、步骤和内容

园林建设工程作为建设项目中的一个类别，必须遵循规范的建设程序，即园林项目的策划、选择、评估、决策、设计、招投标、施工、竣工验收、投入生产或交付使用以及经营、养护等的整个过程，各项工作必须遵循其应有的先后次序，即：

(1) 根据地区发展需要，提出项目建议书。
(2) 在踏勘、现场调研的基础上，提出可行性研究报告。
(3) 有关部门进行项目立项。
(4) 根据可行性研究报告编制设计文件，进行初步设计。
(5) 初步设计批准后，做好施工前的准备工作。
(6) 组织施工，竣工后经验收可交付使用。
(7) 经过一段时间（一般是 1~2 年）的运行，应进行项目后评价。

建设程序是建设全过程中各项工作必须遵循的先后顺序，它是人们在认识客观规律的基础上制定出来的，是建设项目科学决策和顺利进行的重要保证。实践中，由于园林项目性质、规模不一样，园林建设工程的建设程序、步骤和内容也会变化，可能某一程序会省略，而另一步骤却不断重复。但整个建设过程，特别对于大型园林建设项目，整个程序必须是明确的。

### 1.3.1 项目建议书阶段

项目建议书是要求建设某一具体项目的建议文件，是项目建设程序中最初阶段的工作，是根据当地的国民经济发展和社会发展的总体规划或行业规划等要求，经过调查、预测分析后所提出的。它是投资建设决策前对拟建设项目的轮廓设想，主要说明该项目立项的必要性、条件的可行性、可获取效益的可能性，以供上一级机构进行决策之用。

项目建议书的内容视项目的不同情况有繁有简，但一般应包括以下几个方面的内容：

(1) 提出项目建设的必要性、可行性及建设依据；
(2) 拟建设项目的用途、产品方案、建设规模和建设地点的初步设想；
(3) 项目所需资源情况、建设条件、协作关系的初步分析；
(4) 投资估算以及资金筹措来源；
(5) 项目的进度安排并对建设期限进行估算；
(6) 社会效益、经济效益、环境效益的初步估算。

根据国家有关文件规定，所有建设项目都有提出和审批项目建议书这道程序，大中型项目或限额以上（总投资 2 亿元人民币以上）的项目由行

业归口主管部门初审后，由国家发展与改革委员会审批，而小型和限额以下项目，按投资隶属关系由部门或地方发展与改革委员会审批。

## 1.3.2 可行性研究报告阶段

项目建议书一经批准，即可着手进行可行性研究。建设项目的可行性研究是指在投资决策前对新建、改建、扩建项目进行调查、预测、分析、研究、评价等一系列工作。它是对建设项目在技术上和经济上（包括微观效益和宏观效益）是否可行进行科学分析和论证工作，是对技术、经济的深入论证阶段，为项目决策提供依据。其实质是根据国民经济发展规划和已经批准的项目建议书，运用多种研究成果对建设项目进行进一步的技术经济论证。其目的是进一步论证该项目在技术上是否先进、适用、可靠，在经济上是否合理，在财务上是否赢利，并通过多方案的比较进行择优。其内容可以概括为市场供求研究、技术研究和经济研究。可行性研究阶段一般要根据概算指标编制投资估算，投资估算是可行性研究报告中的一项重要内容，是控制整个建设项目投资额的依据，关系到整个建设项目的成功与否，必须引起足够的重视。投资估算偏差应满足可行性研究阶段对精度的要求，因为此阶段的投资估算可作为将来初步设计阶段设计概算的目标。可行性研究报告阶段大体上可以分为可行性研究、可行性研究报告编制、可行性研究报告审批。

**(1) 可行性研究**

我国从20世纪80年代初将可行性研究正式纳入基本建设程序和前期工作计划；规定大中型项目、利用外资项目、引进技术和设备进口项目都要进行可行性研究，其他项目有条件的也要进行可行性研究。凡未经可行性研究确认的项目，不得编制向上报送的可行性研究报告和进行下一步工作。可行性研究是建设前期工作的重要内容，是建设程序中的组成部分，主要为编制计划任务书提供可靠的依据。

**(2) 可行性研究报告的编制**

可行性研究是确定建设项目、编制设计文件的重要依据，是项目最终决策和进行初步设计的重要文件，因此必须有相当的深度和准确性。所有基本建设都要在可行性研究通过的基础上，选择经济效益最好的方案编制可行性研究报告。可行性研究包括很多内容，其基本内容为：

① 项目建设的目的、性质、提出的背景和依据；

② 建设项目的规模、市场预测的依据等；

③ 项目建设的地点、当地的自然资源与人文资源的状况，即现状分析；

④ 项目内容，包括面积、总投资、工程质量标准、单项造价等；

⑤ 项目建设的进度和工期估算；

⑥ 投资估算和资金筹措方式，如国家投资、外资合营、自筹资金等；

⑦ 经济效益、社会效益和环境效益。

**(3) 可行性研究报告审批**

1988年我国对可行性研究报告的审批权限做了新的调整，属中央投资、中央和地方合资的大中型和限额以上项目的可行性研究报告要送国家发改委审批，中央各部门所属小型和限额以下项目，由各部门审批。可行性研究报告经批准后，不得随意修改和变更。如果在建设规模、产品方案、建设地区、主要协作关系等方面有变动以及突破投资限度时，应经过原审批机关同意。

按照现行规定，大中型和限额以上项目可行性研究报告经批准之后，项目可根据实际需要组成筹建机构，即组织建设单位。但一般改、扩建项目不单独设筹建机构，仍由原企业负责筹建。

## 1.3.3 编制计划任务书和选择建设地点

**(1) 编制计划任务书**

建设单位根据可行性研究报告的结论和报告中提出的内容来编制计划任务书，即设计任务书。计划任务书是确定建设项目和建设方案（包括建设依据、规模、布局及主要技术经济要求等）的基本文件，是对可行性研究所得到的最佳方案的确认，是编制设计文件的依据，是可行性研究报告的深化和细化，必须报上级主管部门审核。计划任务书的主要内容包括：

① 建设依据和建设规模；
② 项目所在地的路线走向和主要控制点、主要特点；
③ 项目所在地的气象、水文地质、地形条件和社会经济状况；
④ 工程技术标准和主要技术指标；
⑤ 设计阶段和完成设计时间；
⑥ 环境保护、城市规划、防震、防洪、防空、文物保护等要求和采用的相应措施方案；
⑦ 投资估算和资金筹措，包括主体工程和辅助配套工程所需的投资、资金来源、筹措方式及贷款的偿付方式；
⑧ 经济效益、社会效益和环境效益；
⑨ 建设工期和实施方案；
⑩ 施工力量的初步安排意见。

由于园林建设工程的特点，除了要求较高的技术以外，还对艺术性、社会性和服务管理水平有较高要求。还要求建设单位要与规划设计部门密切合作完成计划任务书的编制工作。没有明确的规划构思和初步的规划蓝图，不可能编制出切实可行的计划任务书。因此，计划任务书的编制方法应该以建设单位为主，规划设计部门参与，共同编制统一的计划文件。这样可以统一计划与规划之间的指导思想，加强配合，减少矛盾，提高工作效率。

计划任务书经审批后，该建设项目才算成立，才能据此进行工程设计和其他准备工作，不得随意改动。计划任务书经国家批准后，如果在建设规模、建设地点、主要内容等方面有变动时，应报请原审批机关同意。

**(2) 选择建设地点**

建设地点的选择，按照隶属关系，由主管部门组织勘察设计等单位和所在地相关部门共同进行。凡在城市辖区内选点的，要取得城市规划部门的同意，并且要有协议文件。

建设地点选择前，应征得有关部门的同意，选址时应考虑以下几个方面：
① 工程地质、水文地质等自然条件是否可靠；
② 建设所需水、电、运输条件是否具备；
③ 投产后原材料、燃料等是否充足；
④ 是否满足环保要求；
⑤ 项目生产人员的生活、生产环境是否安全。

### 1.3.4 设计工作阶段

设计是对拟建工程在技术上和经济上实施所进行的全面而详尽的安排，是园林建设的具体化，是整个工程的决定性环节，是组织施工的依据。设计的质量直接影响工程质量、建设项目的投资额度、将来的使用效果与最终的工程效益。可行性研究报告被批准后的建设项目可通过直接委托或招标投标选择设计单位，按照已批准的内容和要求进行设计，编制设计文件。设计文件包括文字规划和整个工程的图纸设计。设计过程一般分为3个阶段，即方案设计、初步设计和施工图设计。但对一般园林工程仅需要进行方案设计和施工图设计。

**(1) 方案设计**

方案设计阶段本身又根据方案发展的情况分为方案的构思、方案的选择与确定以及方案的完成3部分。综合考虑任务书所要求的内容和基地及环境条件，提出一些方案构思和设想，权衡利弊，确定一个较好的方案或几个方案构思所拼合成的综合方案，最后加以完善，完成初步设计。该阶段的工作主要包括进行功能分区和结合基地条件、空间及视觉构图确定各种使用区的平面位置(包括交通的布置和分级、广场和停车场地的安排、建筑及入口的确定等内容)。常用的图面有功能关系图、功能分析图、方案构思图和各类规划及总平面图。

**(2) 初步设计**

初步设计是在方案设计的基础上，对批准的可行性研究报告所提出的内容进行概略的设计，作出初步规定。目的是为了阐明在指定的地点、时间和投资控制数额内，拟建项目在技术上的可能性和经济上的合理性，并通过对工程项目所作出的基本的技术及经济规定，编制设计概算。

经批准的初步设计可作为订购或调拨主要材料、征用土地、控制基本建设投资、编制施工组织和施工图设计的依据。当采用三阶段设计时，批准的初步设计也作为编制施工图设计文件的依据。

初步设计不得随意变更被批准的可行性研究报告所确定的建设规模、产品方案、工程标准、建设地址和总投资等控制指标。如果初步设计提出的总概算超过可行性研究报告总投资的10%以上或其他主要指标需要变更时,应说明原因和计算依据,重新报批可行性研究报告。

**(3) 施工图设计**

施工图设计应根据已批准的初步设计或技术设计进一步对所审定的修建原则、设计方案、技术决定进行具体化和深化,最终确定各项工程数量,提出文字说明和适应施工需要的图表资料及施工组织设计,并且编制相应的施工图预算。编制出的施工图预算应控制在设计概算以内,并可作为招标投标中确定招标标底和投标报价的依据。否则需要分析原因,并调整预算。

建设项目要根据经过批准的总概算和工期,合理地安排分年度投资。年度计划投资的安排,要与长远规划的要求相适应,保证按期建成。年度计划安排的建设内容,要和当年分配的投资、材料、设备相适应。应同时安排配套项目,使其相互衔接。

### 1.3.5 建设准备阶段

**(1) 预备项目**

初步设计已经批准的项目,可列为预备项目。国家的预备项目计划,是对列入部门、地方编报的年度建设预备项目计划中的大中型和限额以上项目,经过从建设总规模、生产力总布局、资源优化配置以及外部协作条件等方面进行综合平衡后安排和下达的。预备项目在进行建设准备过程中的投资活动,不计入建设工期,统计上单独反映。

**(2) 建设准备的内容**

项目在开工建设前要切实做好各项准备工作。其主要内容有:

① 组织图纸会审,协调解决图纸和技术资料的有关问题;

② 完善征地、拆迁、施工现场的场地平整工作,领取"建设施工许可证";

③ 完成施工用水、用电、用路等工程;

④ 组织设备、材料订购等准备工作;

⑤ 组织招投标,择优选定监理单位与施工单位;

⑥ 编制项目建设计划和年度建设投资计划。

项目在报批开工之前,应由审计机关对项目的有关内容进行审计证明。审计机关主要对项目资金来源是否正当、落实,项目开工前的各项支出是否符合国家的有关规定,资金是否存入规定的银行等方面进行审计。以上工作主要由项目法人负责。

**(3) 报批开工报告**

按规定进行建设准备和具备开工条件以后,建设单位要求批准新开工还需经国家发改委统一审核后,编制年度大中型和限额以上建设项目新开工计划,报国务院批准。部门和地方政府无权自行审批大中型和限额以上建设项目的开工报告。年度大中型和限额以上新开工项目经国务院批准后,由国家发改委下达项目计划。

### 1.3.6 建设实施阶段

建设项目经新开工建设批准后,便进入建设实施阶段。建设实施阶段是项目决策的实施、建成投产、发挥投资效益的关键环节。项目开工指建设项目设计文件中规定的任何一项永久性工程第一次破土、正式打桩。建设工期是从开工时算起。施工阶段一般包括土建、装饰、给排水、采暖通风、电气照明、工业管道以及设备安装等工程项目。施工活动应按设计要求、合同条款、预算投资、施工程序和顺序、施工组织设计,在保证质量、工期、成本计划等目标的前提下进行,达到竣工标准要求,经过验收后,移交给建设单位。

在实施阶段还要进行生产准备。生产准备是项目投产前由建设单位进行的一项重要工作。它是连接建设和生产的桥梁,是建设阶段转入生产经营阶段的必要条件。建设单位应适时组成专门班子或机构做好生产准备工作。

**(1) 工程施工方式的选择**

工程施工方式有两种,一种是实施单位自行

施工，另一种是委托承包单位负责完成。目前常用的是通过公开招标决定承包单位。委托承包单位最主要的是订立承包合同，其主要内容为：

① 所承担的施工任务的内容及工程完成的时间；

② 双方在保证完成任务前提下所承担的义务和权利；

③ 甲方支付工程款项的数量、方式以及期限等；

④ 双方未尽事宜应本着友好协商的原则处理，力求完成相关工程项目。

**(2) 施工管理**

开工之后，工程管理人员与技术人员密切合作，共同搞好施工中的管理工作，即工程管理、质量管理、安全管理、成本管理和劳务管理等。

**工程管理** 是指对工程项目的全面组织管理。它的重要环节是做好施工前准备工作，搞好投标签约，拟订最优的施工方案，合理安排施工进度，平衡协调各种施工力量，优化配置各种生产要素，通过各种图表及日程计划进行合理的工程管理，并将施工中可能出现的问题纳入工程计划内，做好防范工作。

**质量管理** 施工项目质量管理的首要任务是确定方针、目标和职责，核心是建立有效的管理体系。通过项目的质量策划、质量控制、质量保证、质量改进，确保质量方针、目标的实施和实现。有关管理人员及技术人员要正确掌握质量标准，根据质量管理图进行质量检查及生产管理，确保质量稳定。

**安全管理** 搞好安全管理是保证工程顺利实施的重要环节。要建立相应的安全管理组织，拟订安全管理规范，制定安全技术措施，完善管理制度，做好施工全过程的安全监督工作，如发现问题应及时解决。

**成本管理** 在工程施工管理中要有成本意识，加强预算管理，进行施工项目成本预测，制定施工成本计划，做好经济技术分析，严格控制施工成本。既要保证工程质量，符合工期，又要讲究目标管理效益。

**劳务管理** 工程施工应注意施工队伍的建设，除必要的劳务合同、后勤保障外，还要做好劳动保险工作，加强职业技术培训，采取竞争性的奖励制度调动施工人员的积极性。要制定合理的劳动定额，优化劳动组合，严明劳动纪律，明确生产岗位责任，健全考核制度。

### 1.3.7 竣工验收阶段

完成建设合同规定的全部施工任务后，按照规定的竣工验收标准与程序进行竣工验收，并办理固定资产交付使用的转账手续，以加强对固定资产的管理。竣工验收阶段是建设工程的最后一环，是全面考核园林建设成果、检验设计和工程质量的重要步骤，也是园林建设转入对外开放及使用的标志。

**(1) 竣工验收的范围**

根据国家现行规定，所有建设项目按照上级批准的设计文件所规定的内容和施工图纸的要求建成。

**(2) 竣工验收的准备工作**

主要包括整理技术资料、绘制竣工图纸，并应按照归档要求编制竣工决算。

**(3) 组织项目验收**

工程项目全部完工后，经过单项验收，符合设计要求并具备竣工图表、竣工决算、工程总结等必要的文件资料，由项目主管单位向负责验收的单位提出竣工验收申请报告，由验收单位组织相应的人员进行审查、验收，作出评价。对不合格的工程不予验收，工程的遗留问题应提出意见，限期完成。

**(4) 确定对外开放日期**

项目验收合格后，应及时移交使用部门并确定对外开放时间，以尽早发挥项目的经济效益与社会效益。

建设工程在办理竣工验收后，如果因为勘察设计、施工、材料等原因造成质量缺陷，应由施工单位及时进行返修，费用由责任方承担。项目的保修期限是从竣工验收交付使用日起对出现的质量缺陷承担保修和赔偿责任的年限，保修期按照合同执行，但合同规定的保修期不得小于根据建筑法与相关法规规定的保修期。保修期满，建设项目实施阶段结束。

为了严格执行园林工程建设项目竣工验收制度,正确核定新增固定资产的价值,考核分析投资效果,建立健全的经济责任制,所有园林工程建设项目竣工以后,都应编制竣工决算。竣工决算是反映竣工项目成果的文件,是办理验收和交付使用的依据,是竣工验收报告的重要组成部分。

### 1.3.8 后评价阶段

建设项目的后评价是工程项目竣工并使用一段时间后,再对立项决策、设计施工、竣工使用等全过程进行系统评价的一种技术经济活动,是固定资产投资管理的一项重要内容,也是固定资产管理的最后一个环节。通过建设项目的后评价可以达到肯定成绩、总结经验、研究问题、吸取教训、提出建议、改进工作、不断提高项目决策水平和达到投资效果的目的。

目前我国开展的建设项目后评价一般按3个层次组织实施,即项目单位的自我评价、行业评价、主要投资方或各级计划部门的评价。

# 第 2 章
# 园林建设工程设计管理

园林设计是指在工程开始施工之前，设计者根据已批准的设计任务书，为具体实现拟建项目的技术、经济要求，拟定建筑建造、设备安装及园林植物种植等所需的图纸、数据等技术文件的工作。设计是将建设项目由计划变为现实具有决定意义的工作阶段。设计文件是园林施工的依据。拟建工程在建设过程中能否保证进度、保证质量和节约投资，在很大程度上取决于设计的优劣。项目建成后，能否获得满意的社会、经济和生态效果，除了项目的决策之外，设计工作也起着决定性的作用。

## 2.1 园林设计资格、设计程序及方案优选

各种项目的设计都要经过由浅入深、从粗到细、不断完善的过程，园林设计也不例外。设计者应先进行基地调查，熟悉客观环境、视觉环境和社会文化背景，对所有与设计有关的内容进行概括和分析，根据业主要求、技术规范和艺术设计原则等，制定出可供选择的数个方案，然后经过比较、优化，最后确定合理方案，完成设计。

### 2.1.1 园林设计资格

园林设计资格是经国家认定的具有法律效力的资格。政府为规范职业秩序，对某些责任较大、社会通用性强、关系公共利益甚至具有危险性的专业（工种）实行准入控制。具有资格是依法独立开业或从事某一特定专业（工种）学识、技术和能力的必备标准。

承担项目的设计单位的设计水平应与项目大小、复杂程度相一致。根据中华人民共和国住房和城乡建设部（原中华人民共和国建设部）2007年3月29日的颁发的《工程设计资质标准》，工程设计资质分为4个序列，即：

**(1) 工程设计综合资质**

工程设计综合资质是指涵盖21个行业的设计资质。

**(2) 工程设计行业资质**

工程设计行业资质是指涵盖某个行业资质标准中的全部设计类型的设计资质。

**(3) 工程设计专业资质**

工程设计专业资质是指某个行业资质标准中的某一个专业的设计资质。

**(4) 工程设计专项资质**

工程设计专项资质是指为适应和满足行业发展的需求，对已形成产业的专项技术独立进行设计以及设计、施工一体化而设立的资质。

**工程设计综合资质** 只设甲级。工程设计行业资质和工程设计专业资质设甲、乙两个级别；根据行业需要，建筑、市政公用、水利、电力（限送变电）、农林和公路行业可设立工程设计丙级资质，建筑工程设计专业资质设丁级。建筑行业根据需要设立建筑工程设计事务所资质。工程设计专项资质可根据行业需要设置等级。

**工程设计范围** 包括本行业建设工程项目的主体工程和配套工程（含厂/矿区内的自备电站、道路、专用铁路、通信、各种管网管线和配套的建筑物等全部配套工程）以及与主体工程、配套工程相关的工艺、土木、建筑、环境保护、水土保

持、消防、安全、卫生、节能、防雷、抗震、照明工程等。

**建筑工程设计范围** 包括建设用地规划许可证范围内的建筑物构筑物设计、室外工程设计、民用建筑修建的地下工程设计及住宅小区、工厂厂前区、工厂生活区、小区规划设计及单体设计等，以及所包含的相关专业的设计内容（总平面布置、竖向设计、各类管网管线设计、景观设计、室内外环境设计及建筑装饰、道路、消防、智能、安保、通信、防雷、人防、供配电、照明、废水治理、空调设施、抗震加固等）。

**风景园林工程设计** 包括城市园林绿地系统、园林绿地、景园景点、城市景观环境、园林植物、园林建筑、园林工程、风景园林道路工程、园林种植设计及与上述风景园林工程配套的景观照明设计。

按现行规定，园林工程设计专项资质设甲、乙两个级别。分级标准以及所允许承担设计任务的范围都有明确的规定，低等级的设计单位不得越级承担工程项目的设计任务，设计单位必须严格保证设计质量。其中甲级资质的设计单位承担的风景园林工程专项设计的类型和规模不受限制，乙级资质可承担中型以下规模的风景园林工程项目和投资额在2000万元以下的大型风景园林工程项目的设计。

设计方案须经过比较，以保证方案的合理性。设计所使用的基础资料、引用的技术数据、技术条件等要确保准确真实。

### 2.1.2 园林设计程序

**(1) 设计准备**

设计者在动手设计之前，首先要了解并掌握各种有关的外部条件和客观情况，包括：地形、气候、地质、自然环境等自然条件；城市规划对建筑物的要求；交通、水、电、气通信等基础设施状况；业主对工程的要求，特别是工程应具备的各项使用要求；对工程经济估算的依据和所能提供的资金、材料、施工技术和装备等以及可能影响工程的其他客观因素。补充并完善不完整的内容，对整个基地及环境状况进行综合分析。收集的资料和分析的结果应尽量用图画、表格或图解的方式表示，通常用基地资料图记录调查的内容，用基地分析图表示分析的结果。这些图常用徒手线条勾绘，图画应简洁、醒目、说明问题，图中常采用各种标记符号，并配以简要的文字进行说明或解释。

**(2) 设计方案**

在第一阶段搜集资料的基础上，设计者对工程主要内容（包括功能与形式）的安排有了大概的布局设想，然后应考虑工程与周围环境之间的关系。在这一阶段设计者可以同使用者和规划部门充分交换意见，使自己的设计取得规划部门的同意，与周围环境有机地融为一体。对于不太复杂的工程，这一阶段可以省略，将相关的工作并入初步设计阶段。当基地规模较大且所安排的内容较多时，应该在方案设计之前作出整个园林的用地规划或布置，以保证功能合理，尽量利用基地条件，使诸多内容各得其所，然后再分区分块进行各局部景区或景点的方案设计。若范围较小或功能不复杂，则可以直接进行方案设计。方案设计阶段本身又根据方案发展的情况分为方案的构思、方案的选择与确定以及方案的完成3部分。综合考虑任务书所要求的内容和基地及环境条件，提出一些方案构思和设想，权衡利弊，确定一个较好的方案或几个方案构思所拼合成的综合方案，最后加以完善，完成初步设计。该阶段的工作主要包括进行功能分区，结合基地条件、空间及视觉构图确定各种使用区的平面位置（包括交通的布置和分级、广场和停车场地的安排、建筑及入口的确定等内容）。常用的图纸有功能关系图、功能分析图、方案构思图和各类规划平面图及总平面图。

**(3) 初步设计**

这是设计过程中的一个关键阶段，也是整个设计构思基本形成的阶段。通过初步设计可以进一步明确拟建工程在指定地点和规定期限内进行建设的技术可行性和经济合理性；并规定主要技术方案、工程总造价和主要技术经济指标，以利于在项目建设和使用过程中最有效地利用人力、物力和财力。园林项目初步设计包括总平面设计、设备设计和建筑设计3部分。在初步设计阶段应编制设计总概算。初步设计也可一并归入设计方案阶段。

**(4) 技术设计**

技术设计即详细设计。技术设计是初步设计的具体化，也是各种技术问题的定案阶段。技术设计所应研究和决定的问题，与初步设计大致相同，但需要根据更详细的勘察资料和技术经济计算加以补充修正。技术设计的详细程度应能解决设计方案中的重大技术问题和满足有关实验、设备选制等方面的要求，应能保证根据它编制施工图和提出设备订货明细表，确定准确的形状、尺寸、色彩和材料。技术设计的着眼点，除体现初步设计的整体意图外，还要考虑施工的方便易行。如果对初步设计中所确定的方案有所更改，应对更改部分编制修正概算书。本阶段应完成局部详细的平立剖面图、详图、园景的透视图、表现整体设计的鸟瞰图等。对于不太复杂的工程，技术设计阶段可以省略，将这个阶段的一部分工作纳入初步设计（承担技术设计部分任务的初步设计称为扩大初步设计），另一部分留待施工图设计阶段进行。

**(5) 施工图设计**

这一阶段主要是通过图纸，把设计者的意图和全部设计结果表达出来，以此作为工人施工的依据。它是设计工作和施工工作的桥梁。根据所设计的方案，结合各工种的要求绘制出能具体、准确地指导施工的各种图面。这些图面应能清楚、准确地表示出各项设计内容的尺寸、位置、形状、材料、种类、数量、色彩以及构造和结构，需完成的施工图有施工平面图、地形设计图、种植平面图、园林建筑施工图等，具体应包括建设项目各部分工程的详图和零部件、结构件明细表，以及验收标准、方法等。施工图设计的深度应能满足设备材料的选择与确定、非标准设备的设计与加工制作、施工图预算的编制、建筑工程施工和安装的要求。

**(6) 设计交底和配合施工**

施工图发出后，根据现场需要，设计单位应派人到施工现场，与建设、施工单位共同会审施工图，进行技术交底，介绍设计意图和技术要求，修改不符合实际和有错误的图纸，参加试运转和竣工验收，解决试运转过程中的各种技术问题，并检验设计的正确和完善程度。

## 2.1.3 设计方案的优选

### 2.1.3.1 设计方案评价的原则

园林设计工作的特点是具有较强的综合性，"适用、经济、美观"是园林设计必须遵循的原则，要求做到三者之间的辩证统一。为了提高工程建设投资效果，从选择建设场地和工程总平面布置开始，直到最后局部结构的设计，都应进行多方案比选，从中选取技术先进、美观适用、经济合理的最佳设计方案。设计方案优选应遵循以下原则：

**(1) 设计方案必须兼顾建设与使用，并考虑项目全寿命费用**

一般情况下，园林设计首先要考虑"适用"的问题。所谓"适用"，一层意思是"因地制宜"，具有一定的科学性；另一层意思是园林的功能适合于服务对象。另外工程在建设过程中，控制造价是一个非常重要的目标。造价水平的变化，会影响到项目将来的使用成本。如果单纯降低造价，建造质量得不到保障，就会导致使用过程中的维修费用很高，甚至有可能发生重大事故，给社会财产和人民安全带来严重损害。一般情况下，项目技术水平与工程造价及使用成本之间的关系见图2-1。在设计过程中应兼顾建设过程和使用过程，并力求项目全寿命费用最低。

**(2) 设计方案必须要处理好经济合理性与技术先进性之间的关系**

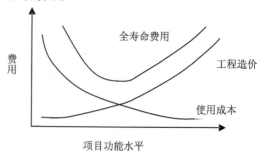

图2-1 工程造价、使用成本与项目功能水平之间的关系

经济合理性要求工程造价尽可能低，如果一味地追求经济效果，可能会导致项目的功能水平偏低，无法满足使用者的要求；技术先进性追求技术的尽善尽美，项目功能水平先进，可能会导致工程造价偏高。因此，技术先进性与经济合理性是互相矛盾的，设计者应妥善处理好二者的关系。一般情况下，要在满足使用者要求的前提下，尽可能降低工程造价。但是，如果资金有限制，也可以在资金限制范围内，尽可能提高项目功能水平。在园林设计过程中，正确地选址，因地制宜，巧于因借，本身就减少了大量投资，也解决了部分经济问题。解决经济问题的实质，就是如何做到"事半功倍"，尽量在投资少的情况下办好事。当然，园林建设要根据园林性质、建设需要确定必要的投资。

**(3) 设计方案必须考虑美观与安全的需要**

在"适用"、"经济"前提下，尽可能地做到"美观"，即满足园林布局、造景的艺术要求。在某些特定条件下，美观要提到最重要的地位。实质上，美与美感本身就是"适用"，这是指它的观赏价值。园林中的孤置假山、雕塑作品等起到装饰、美化环境的作用，创造出感人的氛围，这就是一种独特的"适用"价值——美的价值。在设计过程中，还应该同时满足安全的需要，这是一切工程设计应该满足的基本原则。

**(4) 设计必须兼顾近期与远期的要求**

一项工程建成后，往往会在很长的时间内发挥作用。如果按照目前的要求设计工程，在不远的将来，可能会出现由于项目功能水平无法满足需要而重新建造的情况；但是如果按照未来的需要设计工程，又会出现由于功能水平过高而资源闲置浪费的现象。所以设计者要兼顾近期和远期的要求，选择项目合理的功能水平。同时也要根据远景发展需要，适当留有发展余地。

#### 2.1.3.2 设计方案评价的内容

不同类型的设计方案，使用目的及功能要求不同，评价的重点也不相同。

**(1) 园林设计方案评价**

园林设计所牵涉的范围广泛、内容丰富，设计的最终目的是要创造出景色如画、环境舒适、健康文明的游憩境域。一方面，园林是反映社会意识形态的空间艺术，要满足人们的精神文明的需要；另一方面，园林又是社会的物质福利事业，是现实生活的实境，要满足人们良好休息、娱乐的物质文明的需要。其方案应从满足如下方面的要求：

① 构园有法，法无定式：园林设计要根据具体的园林内容和园林的特点，采用一定的表现形式。内容和形式基本确定后，还要根据园址的原状和实际情况，通过设计手段，创造出具有个性的园林作品。个性是造园的精髓所在，评价园林的好坏，首先看其是否拥有与其他园林不同的特点。

② 功能明确，组景有方：园林布局是园林综合艺术的最终体现，任何一项园林工程，必须使它的功能分区合理，组织景区、景点有序。

③ 因地制宜，景以境出："因地制宜"的原则，是造园最重要的原则之一。好的设计方案，一般能利用不同地形，采用不同的造园手法，创造出迥然不同、各具风格的园林作品。

④ 掇山理水，理及精微："挖湖堆山"是中国园林造景的常用手法。设计过程中，理水要求"主次分明，自成系统；水岸溪流，曲折有致；阴阳虚实，湖岛相间；山因水活，水因山转"。掇山则要求"主客分明，遥相呼应；未山先麓，脉络贯通；位置经营，讲究三远；山观四面而异，山形步移景异；山水相依，山环水抱"。

⑤ 建筑经营，时景为精：中国园林中的建筑具有使用和观赏的双重作用，要求可居、可游、可观。园林建筑的布局，依据"相地合宜，构园得体"的原则，构成园林中的景物，既是赏景点，可凭眺、畅览园林景色，又可防日晒、雨淋，还可纳凉、小憩。

⑥ 道路系统，顺势畅通：园林道路系统的设计，首先要考虑系统性，同时要与地形、广场、建筑巧妙结合，因势起伏，顺地形转折。

⑦ 植物造景，四时烂漫：园林植物种植设计要根据植物生态习性、风格的需要，善于应用植物题材，表达造园意境，或以花木为造景主题，

创造风景点。通过艺术手法与现代精神相结合，创造出符合植物生态要求、环境优美、景色迷人、健康卫生的植物空间，满足游人的游赏需要。

**(2) 居住小区设计方案评价**

小区是城市居住区的一个组成部分，它是组织居民日常生活的比较完整和相对独立的居住单位。小区规划设计是否合理，直接影响居民的生活环境，同时也关系到建设用地、工程造价及总体建筑艺术效果。小区规划设计的核心问题是提高土地利用率。

① 在小区规划设计中节约用地的主要措施

*压缩建筑的间距* 住宅建筑的间距主要有日照间距、防火间距和使用间距，取最大间距作为设计依据。

*提高住宅层数或高低层搭配* 提高住宅层数或采用多层、高层搭配都是节约用地、增加建筑面积的有效措施。

*适当增加房屋长度* 房屋长度的增加可以腾出山墙间的间隔距离，增加建筑密度。但房屋过长也不经济，一般以 4~5 个单元（60~80m）最佳。

*提高公共建筑的层数* 将有关公共设施集中在一栋楼内，不仅方便群众，而且还节约用地。有的公共设施还可以放在住宅底层或半地下室。

*合理布置道路*

② 居住小区设计方案评价指标

——建筑毛密度 = 居住和公共建筑基地面积/居住小区占地总面积×100%；

——居住建筑净密度 = 居住建筑基地面积/居住建筑占地面积×100%；

——居住面积密度 = 居住面积/居住建筑占地面积（$m^2/hm^2$）；

——居住建筑面积密度 = 居住建筑面积/居住建筑占地面积（$m^2/hm^2$）；

——人口毛密度 = 居住人数/居住小区占地总面积（人/$hm^2$）；

——人口净密度 = 居住人数/居住建筑占地面积（人/$hm^2$）；

——绿化覆盖率 = 居住小区绿化面积/居住小区占地总面积。

居住建筑净密度是衡量用地经济性和保证居住区必要卫生条件的主要技术经济指标。其数值的大小与建筑层数、房屋间距、层高、房屋排列方式等因素有关。适当提高建筑密度，可节省用地，但应保证日照、通风、防火、交通安全的基本需要。

居住面积密度是反映建筑布置、平面设计与用地之间关系的重要指标。影响居住面积密度的主要因素是房屋的层数，增加层数其数值增大，有利于节约土地和管线费用。

**2.1.3.3 设计方案评价的方法**

**(1) 多指标评价法**

通过对反映园林产品功能和耗费特点的若干技术经济指标的计算、分析、比较，评价设计方案的经济效果。又可分为多指标对比法和多指标综合评分法。

① 多指标对比法：这是目前采用比较多的一种方法。它的基本特点是使用一组适用的指标体系，将对比方案的指标值列出，然后一一进行对比分析，根据指标值的高低判断方案优劣。

这种方法的优点是：指标全面、分析确切，可通过各种技术经济指标定性或定量地直接反映方案技术经济性能的主要方面。其缺点是：不便于对某一功能进行评价和综合定量分析，容易出现某一方案有些指标较优，另一些指标较差，而另一方案则可能是有些指标较差，另一些指标较优，这样就使分析工作复杂化。

通过综合分析，最后应给出如下结论：

——分析对象的主要技术经济特点及适用条件；

——现阶段实际达到的经济效果水平；

——找出提高经济效果的潜力和途径以及采取的主要相应技术措施；

——预期经济效果。

② 多指标综合评分法：这种方法首先对需要进行分析评价的设计方案设定若干个评价指标，并按其重要程度确定各指标的权重，然后确定评

分标准，并就各设计方案对各指标的满足程度打分，最后计算各方案的加权得分，以加权得分高者为最优设计方案。其计算公式为：

$$S = \sum_{i=1}^{n} W_i \cdot S_i$$

式中　$S$——设计方案总得分；
　　　$S_i$——某方案在评价指标 $i$ 上的得分；
　　　$W_i$——评价指标 $i$ 的权重；
　　　$N$——评价指标数。

这种方法的优点在于避免了多指标对比法指标间可能发生相互矛盾的现象，评价结果是唯一的。但是在确定权重及评分过程中存在主观臆断成分。同时，由于分值是相对的，所以不能直接判断各方案各项功能的实际水平。

**(2) 静态经济评价指标评价法**

① 投资回收期法：投资回收期能反映初始投资补偿速度，对于衡量设计方案的优劣非常必要。投资回收期越短，设计方案越好。其计算公式为：

$$\Delta P_t = \frac{K_2 - K_1}{C_1 - C_2}$$

式中　$K_2$——方案2的投资额；
　　　$K_1$——方案1的投资额，且 $K_2 > K_1$；
　　　$C_2$——方案2的年经营成本；
　　　$C_1$——方案1的年经营成本，且 $C_1 > C_2$；
　　　$\Delta P_t$——差额投资回收期。

当 $\Delta P_t \leq P_c$（基准投资回收期）时，投资大的方案优；反之，投资小的方案优。

② 计算费用法：用一种合乎逻辑的方法将二次性投资与经常性的经营成本统一为一种性质的费用。可直接用来评价设计方案的优劣。

由差额投资回收期决策规则：$\Delta P_t = \dfrac{K_2 - K_1}{C_1 - C_2}$ $\leq P_c$，方案2优于方案1，可知：

$$K_2 + P_c C_2 \leq K_1 + P_c C_1$$

令 $TC_2 = K_2 + P_c C_2$、$TC_1 = K_1 + P_c C_1$ 分别表示方案1与方案2的总计算费用，则总计算费用最小的方案最优。

差额投资回收期的倒数就是差额投资效果系数，其计算公式为：

$$\Delta R = \frac{C_1 - C_2}{K_2 - K_1} \quad (K_2 > K_1, \; C_2 < C_1)$$

当 $\Delta R \geq R_c$（标准投资效果系数）时，方案2优于方案1。

将 $\Delta R = \dfrac{C_1 - C_2}{K_2 - K_1} \geq R_c$ 移项并整理得：$C_1 + R_c K_1 \geq C_2 + R_c K_2$，令 $AC = C + R_c K$ 表示投资方案的年计算费用，则年计算费用小的方案优。

**(3) 动态经济评价指标评价法**

动态经济评价指标是考虑时间价值的指标。对于寿命期相同的设计方案，可以采用净现值法、净年值法、差额内部收益率法等。寿命期不同的设计方案比选，可以采用净年值法。

#### 2.1.3.4　设计优化的途径

**(1) 通过设计招标和设计方案竞选优化设计方案**

建设单位首先就拟建工程的设计任务通过报刊、信息网络或其他媒介发布公告，吸引设计单位参加设计招标或设计方案竞选，以获得众多的设计方案；然后组织 7～11 人的专家评定小组，其中技术专家人数应占 2/3 以上；最后，专家评定小组采用科学的方法，按照"经济、适用、美观"的原则，以及技术先进、功能全面、结构合理、安全适用、满足建设节能及环境等要求，综合评定各设计方案优劣，从中选择最优的设计方案，或将各方案的可取之处重新组合，提出最佳方案。

**(2) 运用价值工程优化设计方案**

价值工程是通过各相关领域的协作，对所研究对象的功能与费用进行系统分析，不断创新，以探求提高研究对象的价值的思想方法和管理技术。其目的是以研究对象的最低寿命周期成本，可靠地实现使用者所需的功能，以获取最佳的综合效益。

**(3) 推广标准化设计，优化设计方案**

标准化设计又称定型设计、通用设计，是工程建设标准化的组成部分。广泛采用标准化设计，可以提高设计质量，加快实现建筑工业化；提高劳动生产率，加快工程建设进度；节约建筑材料,降低工程造价;较好地贯彻国家技术经济政策。

**(4) 实施限额设计,优化设计方案**

限额设计是在资金一定的情况下,尽可能提高工程功能水平的一种设计方法,也是优化设计方案的一个重要手段。

## 2.2 设计文件的深度

为进一步贯彻《建设工程质量管理条例》和《建设工程勘察设计管理条例》,加强对园林景观工程设计文件编制工作的管理,保证设计文件的质量和完整性,确保建筑工程设计质量,园林设计文件应该按照设计文件编制深度规定绘制和提供。

### 2.2.1 园林设计阶段及文件编制原则

设计工作的重要原则之一是保证设计的整体性,为此设计工作必须按一定的程序分阶段进行。园林设计文件一般分为方案设计、初步设计和施工图设计3个阶段;对于技术要求简单的Ⅰ、Ⅱ级园林绿化工程,经有关主管部门同意,并且合同中有不做初步设计约定的,可在方案设计审批后直接进入施工图设计。

园林设计文件编制应按以下原则进行:
(1)方案设计文件
——应满足编制初步设计文件的需要;
——应能据以编制工程估算;
——应满足项目审批的需要。
(2)初步设计文件
——应满足编制施工图设计文件的需要;
——应满足各专业设计的平衡与协调;
——应能据以编制工程概算;
——提供申报有关部门审批的必要文件。
(3)施工图设计文件
——应满足施工、安装及植物种植需要;
——应满足施工材料采购、非标准设备制作和施工的需要;
——对于将项目分别发包给几个设计单位或实施设计分包的情况,设计文件相互关联处的深度应当满足各承包或分包单位设计的需要。

(4)在设计中须因地制宜正确选用国家、行业和地方标准图集,并在设计文件的图纸目录及施工图设计说明中注明被选用图集的名称。重复利用其他工程图纸时,应详细了解原图可利用的条件和内容,并作必要的核算和修改,以满足新设计项目的需要。

(5)园林建筑的设计文件应按住房和城乡建设部《建筑工程设计文件编制深度规定》的要求执行。

(6)风景园林工程设计须因地制宜、节约资源、保护环境,做到经济、美观,符合节能、节水、节材、节地的要求,并积极提倡新技术、新工艺、新材料的应用。

### 2.2.2 设计文件深度要求

#### 2.2.2.1 方案设计

**(1) 一般规定**

① 设计文件内容

目录

设计说明书　应包含项目概况、设计依据、总体构思、功能布局、各专业设计说明及投资估算等内容。

设计图纸　应包含区位图、用地现状图、总平面图、功能分区图、景观分区图、竖向设计图、园路设计与交通分析图、绿化设计图、主要景点设计图及用于说明设计意图的其他图纸。

根据项目类型和规模,设计文件的内容可适当增减或合并,投标项目的设计文件内容可按标书的要求适当增减或合并。

② 设计文件的编排顺序
——封面;
——设计资质;
——扉页;
——设计文件目录;
——设计说明;
——设计图纸。

**(2) 设计说明**

① 现状概述:概述区域环境和设计场地的自

然条件、交通条件以及市政公用设施等工程条件；简述工程范围和工程规模、场地地形地貌、水体、道路、现状建构筑物和植物的分布状况等。

② 现状分析：对项目的区位条件、工程范围、自然环境条件、历史文化条件和交通条件进行分析。

③ 设计依据：列出与设计有关的依据性文件。

④ 设计指导思想和设计原则：概述设计指导思想和设计遵循的各项原则。

⑤ 总体构思和布局：说明设计理念、设计构思、功能分区和景观分区，概述空间组织和园林特色。

⑥ 专项设计说明
——竖向设计；
——园路设计与交通分析；
——绿化设计；
——园林建筑与小品设计；
——结构设计；
——给排水设计；
——电气设计。

⑦ 技术经济指标：计算各类用地的面积，列出用地平衡表和各项技术经济指标。

⑧ 投资估算：按工程内容进行分类，分别进行估算。

**(3) 设计图纸**

① 区位图：标明用地在城市的位置和与周边地区的关系，图纸比例不限。

② 用地现状图：标明用地边界、周边道路、现状地形等高线、道路、有保留价值的植物、建筑物和构筑物、水体边缘线等。

③ 总图(总平面图)：标明用地边界、周边道路、出入口位置、设计地形等高线、设计植物、设计园路铺装场地；标明保留的原有园路、植物和各类水体的边缘线、各类建筑物和构筑物、停车场位置及范围；标明用地平衡表、比例尺、指北针、图例及注释。图纸比例同现状图。

④ 功能分区图或景观分区图：用地功能或景区的划分及名称。图纸比例不限。

⑤ 园路设计与交通分析图：标明各级道路、人流集散广场和停车场；分析道路功能与交通组织。图纸比例同总平面图。交通分析图可与园路设计图分别绘制。

⑥ 竖向设计图：标明设计地形等高线与原地形等高线；标明主要控制点高程；标明水体的常水位、最高水位与最低水位、水底标高；绘制地形剖面图。

⑦ 绿化设计图：标明植物分区、各区的主要或特色植物(含乔木、灌木)；标明保留或利用的原有植物；标明乔木和灌木的平面布局。

⑧ 主要景点设计图

⑨ 其他必要的图纸

**2.2.2.2 初步设计**

**(1) 一般规定**

① 设计文件内容
——目录。
——设计说明书：包括设计总说明、各专业设计说明。
——设计图纸：按设计专业汇编绘制。
——工程概算书。

初步设计文件还应包括主要设备或材料表、苗木表。

② 设计文件的编排顺序
——封面：写明项目名称、编制单位、编制日期；
——扉页：写明编制单位法定代表人、技术总负责人、项目总负责人和各专业负责人的姓名，并经上述人员签署或授权盖章；
——设计文件目录；
——设计说明；
——设计图纸(可单独成册)；
——概算书(可单独成册)。

③ 只有经设计单位审核和加盖初步设计出图章的设计文件才能作为正式设计文件交付使用。

值得注意的是：对于规模较大、设计文件较多的项目，设计说明书和设计图纸可按专业成册；单独成册的设计图纸应有图纸总封面和图纸目录；各专业负责人的姓名和署名也可在本专业设计说明的首页上标明。

**(2) 设计总说明**

① 设计总说明应包括以下内容：

——设计依据：政府主管部门的批准文件和技术要求；建设单位设计任务书和技术资料；其他相关资料。

——应遵循的主要的国家现行规范、规程、规定和技术标准。

——简述工程规模和设计范围。

——阐述工程概况和工程特征。

——阐述设计指导思想、设计原则和设计构思或特点。

——各专业设计说明，可单列专业篇。

——根据政府主管部门要求，设计说明可增加消防、环保、卫生、节能、安全防护和无障碍设计等技术专业篇。

——列出在初步设计文件审批时，需解决和确定的问题。

② 技术经济指标，一般采用表格形式列出。

**(3) 总图(总平面图)设计**

① 设计文件应包括设计说明和总平面图。

② 设计说明

第一，设计依据。

第二，场地概述：

——基地环境的描述；

——概述基地地形起伏的基本状况；

——描述场地内原有建筑物、构筑物以及植物、文物保留的情况。

第三，总平面布置的功能分区原则，远近期结合意图，交通组织及环境绿化建筑小品的布置原则。

③ 设计说明可注于图上，或归入设计总说明，或单列技术专业篇章。

④ 总平面图

——一般采用1∶500，1∶1000，1∶2000的比例；

——标明指北针或风玫瑰图；

——说明基地周围环境情况；

——标明工程坐标网；

——标明基地红线、蓝线、绿线、黄线和用地范围线的位置；

——标明基地地形设计的大致状况和坡向；

——标明保留的建筑和地物、植被；新建建筑和小品的位置；

——标明道路、坡道、水体(包括河道及渠道)的位置；

——标明绿化种植的区域；

——标明必要的控制尺寸和控制高程。

⑤ 如设计内容繁多，宜对其中某一内容进行单独列项。

⑥ 标出技术经济指标。

**(4) 竖向设计**

① 竖向设计文件应包括设计说明和设计图纸。

② 设计说明

——说明竖向设计的依据、设计意图、土石方平衡情况。

——可将设计说明注于图上或归入设计总说明。

——列出在初步设计文件审批时，需解决和确定的问题。

③ 设计图纸

第一，平面图

——一般采用1∶500，1∶1000 的比例；

——标明道路和广场的标高；

——标明场地附近道路、河道的标高及水位；

——标明地形设计标高，一般用等高线表示，各等高线高差应相同；

——标明基地内设计水系、水景的最高水位、常水位、最低水位(枯水位)及水底的标高；

——标明主要景点的控制标高。

第二，列出场地内土石方量的估算表，标明挖方量、填方量、需外运或进土量。

第三，必要时，作场地设计地形剖面图并标明剖线位置。

④ 简单工程，竖向平面图可与总平面图合并绘制。

**(5) 种植设计**

① 种植设计文件应包括设计说明和设计图纸。

② 设计说明

——概述设计任务书、批准文件和其他设计依据中与绿化种植有关的内容。

——概述种植设计的设计原则。

——说明种植设计的分区、分类及景观和生态要求。

——说明对栽植土壤的规定。

——说明对各类乔木、灌木、藤本、竹类、水生植物、地被植物、草坪配置的要求。

——列出在初步设计文件审批时,需解决和确定的问题。

③ 设计图纸

第一,平面图

——一般采用1∶500,1∶1000的比例;

——标明指北针或风玫瑰图及与总图一致的坐标网;

——标出应保留的树木;

——分别表示不同植物类别,如乔木、灌木、藤本、竹类、水生植物、地被植物、草坪、花境、绿篱、花坛等的位置和范围;

——标出主要植物的名称和数量;

——选用的树木图例应简明易懂。

第二,主要植物材料表

——苗木表可以与种植平面图合并,也可单列;

——分类列出主要植物的规格、数量,其深度需满足概算需要。

第三,其他图纸

——根据设计需要可绘制整体或局部立面图、剖面图和效果图。

——屋顶绿化设计应增加基本构造剖面图,标明种植土的厚度及标高,滤水层、排水层、防水层的材料等。

**(6) 园路、地坪和景观小品设计**

① 园路、地坪和景观小品设计文件应包括设计说明和设计图纸。

② 设计说明

——应根据园路、地坪和景观小品的不同类型,逐项进行设计说明并概述其主要特点和基本参数。

——涉及市政需求的交通、防汛、消防等专业设计应简明清晰、数据确切。

——列出在初步设计文件审批时,需解决和确定的问题。

③ 设计图纸

——设计图纸比例应按单项要求,一般采用1∶50,1∶100,1∶500的比例;

——设计图纸应严格执行工程建设标准强制性条文;

——应对园路、广场进行总平面布置,图中应标注园路等级、排水坡度等,应有园路、广场主要铺面要求和广场、道路断面图、构造图,必要时,增加放大剖面图和细节图;

——园林建筑设计文件应按《建筑工程设计文件编制深度规定》的要求执行;

——其他设计图纸。

④ 列出主要材料名称和工程量,其深度需满足概算需要。

**(7) 结构设计**

① 结构设计文件包括设计说明和设计图纸。

② 设计说明

第一,设计依据。

——本工程结构设计所采用的主要规范(程);

——相应的工程技术资料;

——采用的设计荷载;

——建设方对结构提出的设计要求。

第二,内容。

——对工程地质资料的描述;

——上部主体结构选型和基础选型、结构的安全等级和设计使用年限、抗设防;

——景观水池、驳岸、挡土墙、桥梁、涵洞等特殊结构形式;

——山体的堆筑要求和人工河岸的稳定措施;

——为满足特殊使用要求所作的结构处理;

——主要结构构件材料的选用;

——新技术、新结构、新材料的采用;

第三,列出在初步设计文件审批时,需解决和确定的问题。

③ 设计图纸(简单的小型工程除外)

——设计图纸比例应按单项要求,一般采用1∶50,1∶100,1∶200的比例;

——结构平面布置图应注明主要构件尺寸,条件允许时应提供基础布置图。

④ 园林建筑和小品结构专业设计文件应符合

建设部颁布的《建筑工程设计文件编制深度规定》的规定；

⑤ 复杂的建(构)筑物应作结构计算，计算书经校审后存档。

**(8) 给水排水设计**

① 给水排水设计文件应包括设计说明、设计图纸、主要设备表。

② 设计说明

第一，设计依据。批准文件、采用的主要法规和标准；其他专业提供的设计资料；工程可利用的市政条件等。

第二，设计范围。

第三，给水设计。

——水源：说明各给水系统的水源条件。

——用水量：列出各类用水标准和用水量、不可预计水量、总用水量(最高日用水量、最大时用水量)。

——给水系统：说明各类用水系统的划分及组合情况，分质分压供水的情况。

——说明浇灌系统的浇灌方式和控制方式。

第四，排水设计。

——工程周边现有排水条件简介：当排入市政或小区排水系统时，应说明市政或小区排水系统管道的大小、坡度、排入点的标高、位置或检查井编号；当排入水体(江、河、湖、海等)时，还应说明对排放的要求。

——说明设计采用的排水制度和排水出路。

——列出各排水系统的排水量。

——说明雨水排水采用的暴雨强度公式、重现期、汇水面积等。

——污水或雨水需要处理时，应分别说明所需处理的水质、处理量、处理方式、设备选型、构筑物概况及处理效果等。

第五，说明各种管材、接口的选择及敷设方式。

第六，若工程中有规模较大的建筑，还应将建筑给排水设计单列篇章加以阐述。

第七，简述节能、节水和环保措施。

第八，列出在初步设计文件审批时，需解决和确定的问题。

③ 设计图纸(给水排水总平面图)：

——一般采用1:300，1:500，1:1000 的比例；

——绘出给水、排水管道的平面位置，标注出干管的管径、流水方向、洒水栓、消火栓井、水表井、检查井、化粪池等其他给排水构筑物；

——标明指北针或风玫瑰图等；

——标出给水、排水管道与市政管道系统连接点的控制标高和位置；

④ 主要设备表

按子项分别列出主要设备的名称、型号、规格(参数)、数量。

**(9) 电气设计**

① 电气设计文件应包括设计说明、设计图纸、主要电气设备表等。

② 设计说明

——设计依据：其他专业提供的资料、建设单位的要求、供电的资料、采用的标准等有关文件。

——设计范围

——供配电系统：包括负荷计算、负荷等级、供电电源及电压等级。

——照明系统：光源及灯具的选择、照明灯具的控制方式、控制设备安装位置、照明线路的选择及敷设方式等。

——防雷及接地保护：防雷类别及防雷措施、接地电阻的要求、等电位设置要求等。

——弱电系统：系统的种类及系统组成、线路选择与敷设方式。

——列出在初步设计文件审批时需解决和确定的问题。

③ 设计图纸

第一，电气总平面图。

——一般采用1:500，1:1000 的比例；

——变配电所、配电箱位置及干线走向；

——路灯、庭园灯、草坪灯、投光灯及其他灯具的位置。

第二，配电系统图(限于大型园林景观工程)。标出电源进线总设备容量、计算电流，注明开关、熔断器、导线型号规格、保护管径和敷设方法。

④ 主要设备表

应注明设备名称、规格、数量。

**(10) 概算**

① 设计概算文件由封面、扉页、概算编制说明、总概算书及各单项工程概算书等组成，可单列成册。

② 封面应有项目名称、编制单位、编制日期等内容；扉页有项目名称、编制单位、项目负责人和主要编制人及校对人员的署名，并根据国家有关规定加盖编制人注册章。

③ 概算编制说明应包含如下内容：

——工程概况：包括建设规模和建设范围。

——编制依据：批准的建设项目可行性研究报告及其他有关文件；现行的各类国家有关工程建设和造价管理的法律法规和方针政策；能满足编制设计概算的各专业设计文件。

——使用的定额和各项费率、费用取定的依据，主要材料价格的依据。

——工程总投资及各部分费用的构成。

——工程建设其他费用及预备费取定的依据。

——列出在初步设计文件审批时，需解决和确定的问题。

④ 总概算书

——建设项目总概算由建安工程费、工程建设其他费用及预备费用三部分组成。

——建安工程费由各单项工程的费用组成。

——工程建设其他费用及预备费用按主管部门文件规定编制，可以参考业主提供的资料。

### 2.2.2.3 施工图设计

**(1) 一般规定**

① 设计文件内容

——目录：按设计专业排列。

——设计说明书

a. 一般工程按设计专业编写施工图说明，大型工程可编写总说明；

b. 设计说明书的内容以诠释设计意图、提出施工要求为主。

——设计图纸：按设计专业汇编要求绘制。

——施工详图：按设计专业汇编要求绘制，也可并入设计图纸。

——套用图纸和通用图：根据设计专业汇编要求绘制，也可并入设计图纸。

——必要时可编制工程预算书且单独成册。

② 只有经设计单位审核和加盖施工图出图章的设计文件才能作为正式设计文件交付使用。

**(2) 总图(总平面图)设计**

① 设计文件应包括设计说明和总平面图。

② 总图(总平面图)一般采用1:500，1:1000，1:2000的比例；

③ 设计说明

④ 总平面图

——标明指北针或风玫瑰图；

——标明设计坐标网及其与城市坐标网的换算关系；

——标出单项的名称、定位及设计标高；

——用等高线和标高表示设计地形；

——标明保留的建筑、地物和植被的定位和区域；

——标明园路等级和主要控制标高；

——标明水体的定位和主要控制标高；

——标明绿化种植的基本设计区域；

——标明坡道、桥梁的定位；

——标明围墙、驳岸等硬质景观的定位。

⑤ 总图应具备正确的定位尺寸、控制尺寸和控制标高。

⑥ 总图应具备满足工程特点需要的其他设计内容。

**(3) 竖向设计**

① 竖向设计文件应包括设计说明和设计图纸。

② 设计说明

——说明竖向设计的依据、原则。

——说明基地地形特点及土石方平衡。

——指出施工应注意的问题。

③ 竖向设计说明可注于图上，或纳入设计总说明。

④ 设计图纸

第一，平面图。

——一般采用1:200~1:500的比例；

——标明基地内坐标网，坐标值应与总图的坐标网一致；

——标明人工地形(包括山体和水体)的等高线或等深线(或用标高点进行设计),设计等高线高差为0.10~1.00m。

——标明基地内各项工程平面位置的详细标高,如建筑物、绿地、水体、园路、广场等标高,并要标明其排水方向。

第二,土方工程施工图。要标明进行土方工程施工地段内的原标高,计算出挖方和填方的工程量与土石方平衡表。

第三,假山造型设计。

——绘制平面、立面(或展开立面)及剖面图;

——说明材料、形式和艺术要求并标明主要控制尺寸和控制标高。

第四,地形复杂的应绘制必要的地形竖向剖面(断面)图。

——竖向剖面图应画出场地内地形变化最大处的剖面图;

——标明建筑、山体、水体等的标高;

——标明设计地形与原有地形的高差关系,并在平面图上标明相应的剖线位置。

⑤ 工程简单时,竖向平面图可与总平面设计图合并绘制。

**(4)种植设计**

① 种植设计文件应包括设计说明和设计图纸。

② 设计说明

——根据初步设计文件及批准文件简述工程的概况。

——说明种植设计的原则、景观和生态要求。

——说明对栽植土壤的规定和建议。

——规定树木与建筑物、构筑物、管线之间的间距要求。

——对树穴、种植土、介质土、树木支撑等作必要的要求。

——对植物材料提出设计的要求。

③ 设计图纸

第一,平面图。

——一般采用1:200,1:300,1:500的比例;

——标明指北针或风玫瑰图;

——标明与总图一致的坐标网;

——标出场地范围内拟保留的植物,如属古树名木应单独标出;

——分别标出不同植物的类别、位置、范围;

——标出图中每种植物的名称和数量,一般乔木用株数表示,灌木、竹类、地被、草坪用每平方米的数量(株)表示;

——对于种植设计图,应根据设计需要分别绘制上木图和下木图;

——选用的树木图例应简明易懂,同一树种应采用相同的图例;

——同一植物规格不同时,应按比例绘制,并采用相应图例;

——重点景区宜另出设计详图。

第二,植物材料表。

——植物材料表可与种植平面图合并,也可单列;

——列出乔木的名称、规格(胸径、高度、冠径、地径)、数量及宜采用株数或种植密度;

——列出灌木、竹类、地被、草坪等的名称、规格(高度、蓬径),其编制深度需满足施工的需要;

——对有特殊要求的植物应在备注栏加以说明;

——必要时,标注植物拉丁文学名。

第三,屋顶绿化设计应配合工程条件增加构造剖面图,标明种植土的厚度及标高,滤水层、排水层、防水层的材料及树木固定装置,若选用新材料应注明型号和规格。

**(5)园路、地坪和景观小品**

① 园路、地坪和景观小品设计应逐项分列,宜以单项为单位,分别组成设计文件,施工图设计说明可注于图上。

② 施工图设计说明的内容包括设计依据、设计要求、引用通用图集及对施工的要求。

③ 单项施工图纸的比例要求不限,以表达清晰为宜,施工详图的常用比例为1:10,1:20,1:50,1:100。

④ 单项施工图设计应包括平、立、剖面图等。标注尺寸和材料应满足施工选材和施工工艺要求。

⑤ 单项施工图详图设计应有放大平面、剖面图和节点大样图,标注的尺寸、材料应满足施工

需求。

⑥ 标准段节点和通用图应诠释应用范围并加以索引标注。

⑦ 园路、地坪和景观小品设计,应符合下列技术控制要求:

——广场、平台设计应有场地排水、伸缩缝等节点的技术措施;

——园路设计应标明纵坡、横坡及排水方向,排水措施应表达清晰,路面标高应满足连贯性的施工要求。

——木栈道设计应满足材料保护、防腐的技术要求。

——台阶、踏步和栏杆设计在临空、临水状态下应满足安全高度。

⑧ 其他设计图纸。

**(6) 结构设计**

① 结构专业设计文件应包含计算书(内部归档)、设计说明、设计图纸。

② 计算书(内部技术存档文件)

——采用计算机程序计算时,应在计算书中注明所采用的有效计算程序名称、代号、版本及编制单位,电算结果应经分析认可。

——采用手算的结构计算书,应绘出结构平面布置和计算简图,构件代号、尺寸、配筋应与相应的图纸一致。

③ 设计说明

——设计依据主要标准和法规,相应的工程地质详细勘察报告及其主要内容。

——指出图纸中标高、尺寸单位;规定设计±0.000相当的绝对标高值。

——指出采用的设计荷载、结构抗震要求。

——说明对不良地基的处理措施。

——说明所选用结构材料的品种、规格、型号、强度等级、钢筋种类与类别、钢筋保护层厚度、焊条规格型号等。

——对有抗渗要求的建、构筑物所使用的混凝土应说明抗渗等级;在施工期间存有上浮可能时,应提出抗浮措施。

——指出地形的堆筑要求和人工河岸的稳定措施。

——指出采用的标准构件图集,如特殊构件需作结构性能检验,应说明检验的方法与要求。

——指出施工中应遵循的施工规范和注意事项。

④ 设计图纸

——基础平面图:绘出定位轴线及基础构件的位置、尺寸、底标高、构件编号。

——结构平面图:绘出定位轴线和所有结构构件的定位尺寸及构件编号,并在平面图上注明详图索引号。

——构件详图

第一,扩展基础应绘出剖面及配筋,并标注尺寸、标高、基础垫层等;

第二,对于钢筋混凝土构件,应绘出梁、板、柱等的标高及配筋情况、断面尺寸;并绘出预埋件的平面、侧面,注明尺寸、钢材及锚筋的规格、型号、焊接要求。

第三,景观构筑物详图应绘出水池、挡土墙等的平面、剖面及配筋,注明定位关系、尺寸、标高等。

第四,标明钢、木结构节点大样、连接方法、焊接要求和构件锚固。

⑤ 园林建筑和小品结构专业设计文件应符合建设部颁布的《建筑工程设计文件编制深度规定》的要求。

**(7) 给水排水设计**

① 给水排水设计文件应包括设计说明、设计图纸、主要设备表。

② 设计说明

——设计依据;

——标高、尺寸的单位和对初步设计中某些具体内容的修改、补充情况和遗留问题的解决情况;

——给排水系统概况及主要的技术指标;

——各种管材的选择及其敷设方式;

——凡不能用图示表达的施工要求,均应在设计说明中表述;

——图例;

——有特殊需要说明的可分别列在相关图

纸上。

③ 设计图纸

第一，给水排水总平面图
——图纸比例一般采用 1:300，1:500 的比例。
——标明全部给水管网及附件的位置、型号和详图索引号，并注明管径、埋置深度或敷设方法。
——标明全部排水管网及构筑物的位置、型号及详图索引号；标注检查井编号、水流坡向、井距、管径、坡度、管内底标高等；标注排水系统与市政管网的接口位置、标高、管径、水流坡向。
——对于较复杂工程，应将给水、排水总平面图分列，简单工程可以绘在一张图上。

第二，水泵房平、剖面图或系统图。

第三，水池配管及详图。

第四，凡由供应商提供的设备如水景、水处理设备等，应由供应商提供设备施工安装图，设计单位加以确定。

④ 主要设备表 分别列出主要设备、器具、仪表及管道附件配件的名称、型号、规格（参数）、数量、材质等。

**(8) 电气设计**

① 电气设计文件应包括设计说明、设计图纸、主要设备材料表。

② 设计说明
——设计依据；
——各系统的施工要求和注意事项（包括布线和设备安装等）；
——设备定货要求；
——本工程选用的标准图集编号；
——图例。

③ 设计图纸

第一，电气干线总平面图（仅大型工程）。
——图纸比例一般采用 1:500，1:1000 的比例。
——标明子项名称或编号；
——标明变配电所、配电箱位置、编号及高低压干线走向，标出回路编号；
——说明电源电压、进线方向、线路结构和敷设方式。

第二，电气照明总平面图。
——图纸比例一般采用 1:300，1:500 的比例；
——标明照明配电箱及路灯、庭园灯、草坪灯、投光灯及其他灯具的位置；
——说明路灯、庭园灯、草坪灯及其他灯的控制方式及地点；
——绘出特殊灯具和配电（控制）箱的安装详图。

第三，配电系统图（用单线图绘制）。
——标出电源进线总设备容量、计算电流、配电箱编号、型号及容量；
——注明开关、熔断器、导线型号规格、保护管管径和敷设方法；
——标明各回路用电设备名称、设备容量和相序等；
——园林景观工程中的建筑物电气设计深度应符合建设部颁布的《建筑工程设计文件编制深度规定》的规定。

④ 主要设备材料表 应包括高低压开关柜、配电箱、电缆及桥架、灯具、插座、开关等，应标明型号规格、数量，简单的材料如导线、保护管等可不列。

**(9) 预算**

① 预算文件组成内容应包含封面、扉页、预算编制说明、总预算书（或综合预算书）、单位工程预算书等，应单列成册。

② 封面应有项目名称、编制单位、编制日期等内容；扉页有项目名称、编制单位、项目负责人和主要编制人及校对人员的署名，加盖编制人注册章。

③ 预算编制说明

第一，编制依据。
——现行的国家有关工程建设和造价管理的法律法规和方针政策。
——能满足编制设计预算的各专业经过校审并签字的设计图纸、文字说明等资料。
——主管部门颁布的现行的建筑、园林、安装、市政、水利、房修等工程的预算定额（包括补充定额）、费用定额和有关费用规定的文件。

——现行的主要建筑安装材料、植物材料、预制构配件等的价格。

——建设场地的自然条件和施工条件。

第二，编制说明。

——工程概况：明确项目范围、面积或长度等指标，明确预算费用中不包含的内容。

——说明使用的预算定额、费用定额及材料价格的依据。

——其他必须说明的问题。

④ 预算书

——单位工程预算书应由费率表、预算子目表、工料补差明细表、主要材料表等组成。

——根据各专业设计的施工图、地质资料、场地自然条件和施工条件计算工程量。

——根据主管部门颁布的现行各类定额、费用标准及规定进行编制。

——由各单位工程预算书汇总成总预算书（或综合预算书）。

有了以上图纸及有关设计文件作为施工的技术依据，即可进行工程招投标、施工组织与建设等一系列工作，将平面的设计意图转化为符合人民生活要求、社会要求以及生态环境保护要求的园林建设成果。

## 2.3 园林设计收费

工程设计收费是指设计人根据发包人的委托，提供编制建设项目初步设计文件、施工图设计文件、非标准设备设计文件、施工图预算文件、竣工图文件等服务所收取的费用。

工程设计收费采取按照建设项目单项工程概算投资额度分档定额计费的方法计算收费。

### 2.3.1 建筑市政工程各阶段工作量比例划分参考

在建筑市政工程设计过程中，建设方往往会根据实际需要，对各工程分阶段进行设计，要求设计方根据要求提供相应的设计文件。根据设计文件深度，各阶段工作量在整个设计文件中的相对比例见表2-1。

表 2-1　建筑市政工程各阶段工作量比例表　　%

| 工程类型 | | 方案设计 | 初步设计 | 施工图设计 |
|---|---|---|---|---|
| 建筑及室外工程 | Ⅰ级 | 10 | 30 | 60 |
| | Ⅱ级 | 15 | 30 | 55 |
| | Ⅲ级 | 20 | 30 | 50 |
| 住宅小区(组团)工程 | | 25 | 30 | 45 |
| 住宅工程 | | 25 | | 75 |
| 古建筑保护性建筑工程 | | 30 | 20 | 50 |
| 智能建筑弱电系统工程 | | | 40 | 60 |
| 室内装修工程 | | | 50 | 50 |
| 园林绿化工程 | Ⅰ级、Ⅱ级 | | 30 | 70 |
| | Ⅲ级 | 30 | 20 | 50 |
| 人防工程 | | 10 | 40 | 50 |
| 市政公用工程 | Ⅰ级、Ⅱ级 | | 40 | 60 |
| | Ⅲ级 | | 50 | 50 |
| 广播电视、邮政工程工艺部分 | | | 40 | 60 |
| 电信工程 | | | 60 | 40 |
| 建筑工程 | 建筑 | | | 35～43 |
| | 结构 | | | 24～30 |
| | 设备 | | | 28～38 |

注：提供两个以上建筑设计方案，且达到规定内容和深度的要求的，从第二个设计方案起，每个方案按照方案设计费的50%另收方案设计费。

### 2.3.2 工程设计收费计算公式

#### 2.3.2.1 工程设计收费按照下列公式计算

（1）工程设计收费 = 工程设计收费基价 × (1 ± 浮动幅度值)

（2）工程设计收费基价 = 基本设计收费 + 其他设计收费

（3）基本设计收费 = 工程设计收费基价 × 专业调整系数 × 工程复杂程度调整系数 × 附加调整系数

## 2.3.2.2 公式说明

**(1) 工程设计收费基准价**

工程设计收费基准价是按照收费标准计算出的工程设计基准收费额。发包人和设计人根据实际情况,在规定的浮动幅度内协商确定工程设计收费合同额。工程设计收费合同额一般情况下可在幅度为20%的范围内浮动,如在工程设计中采用新技术、新工艺、新设备、新材料,有利于提高建设项目经济效益、环境效益和社会效益,发包人、设计人可以在上浮25%的幅度内协商确定收费额。

**(2) 基本设计收费**

基本设计收费是指在工程设计中提供编制初步设计文件、施工图设计文件收取的费用,并相应提供设计技术交底、解决施工中的设计技术问题、参加试车考核和竣工验收等服务。

**(3) 其他设计收费**

其他设计收费是指根据工程设计实际需要或者发包人要求提供相关服务收取的费用,包括总体设计费、主体设计协调费、采用标准设计和复用设计费、非标准设备设计文件编制费、施工图预算编制费、竣工图编制费等。

**(4) 工程设计收费基价**

工程设计收费基价是完成基本服务的价格。工程设计收费基价在《工程设计收费基价表》(表2-2)中查找确定,计费额处于两个数值区间的,采用直线内插法确定工程设计收费基价。

**(5) 工程设计收费计费额**

工程设计收费计费额是经过批准的建设项目初步设计概算中的建筑安装工程费、设备与工器具购置费和联合试运转费之和。

工程中有利用原有设备的,以签订工程设计合同时同类设备的当期价格作为工程设计收费的计费额;工程中有缓配设备,但按照合同要求以既配设备进行工程设计并达到设备安装和工艺条件的,以既配设备的当期价格作为工程设计收费的计费额;工程中有引进设备的,按照购进设备的离岸价折换成人民币作为工程设计收费的计费额。

表2-2 工程设计收费基价表　　万元

| 序号 | 计费额 | 收费基价 |
|---|---|---|
| 1 | 200 | 9.0 |
| 2 | 500 | 20.9 |
| 3 | 1 000 | 38.8 |
| 4 | 3 000 | 103.8 |
| 5 | 5 000 | 163.9 |
| 6 | 8 000 | 249.6 |
| 7 | 10 000 | 304.8 |
| 8 | 20 000 | 566.8 |
| 9 | 40 000 | 1 054.0 |
| 10 | 60 000 | 1 515.2 |
| 11 | 80 000 | 1 960.1 |
| 12 | 100 000 | 2 393.4 |
| 13 | 200 000 | 4 450.8 |
| 14 | 400 000 | 8 276.7 |
| 15 | 600 000 | 11 897.5 |
| 16 | 800 000 | 15 391.4 |
| 17 | 1 000 000 | 18 793.8 |
| 18 | 2 000 000 | 34 948.9 |

注:计费额 >2 000 000 万元时,以计费额乘以1.6%的收费率计算收费基价。

**(6) 工程设计收费调整系数**

工程设计收费标准的调整系数包括:专业调整系数、工程复杂程度调整系数和附加调整系数。

① 专业调整系数是对不同专业建设项目的工程设计复杂程度和工作量差异进行调整的系数。计算工程设计收费时,园林绿化工程专业调整系数为1.1。

② 工程复杂程度调整系数是对同一专业不同建设项目的工程设计复杂程度和工作量差异进行调整的系数。工程复杂程度分为一般、较复杂和复杂3个等级,其调整系数分别为:一般(Ⅰ级)0.85;较复杂(Ⅱ级)1.0;复杂(Ⅲ级)1.15。计算工程设计收费时,园林绿化工程复杂程度见表2-3。

表 2-3　园林绿化工程复杂程度

| 等级 | 工程设计条件 |
| --- | --- |
| Ⅰ级 | 1. 一般标准的道路绿化工程；<br>2. 片林、风景林等工程 |
| Ⅱ级 | 1. 标准较高的道路绿化工程；<br>2. 一般标准的风景区、公共建筑环境、企事业单位与居住区的绿化工程 |
| Ⅲ级 | 1. 高标准的城市重点道路绿化工程；<br>2. 高标准的风景区、公共建筑环境、企事业单位与居住区的绿化工程；<br>3. 公园、度假区、高尔夫球场、广场、街心花园、园林小品、屋顶花园、室内花园等绿化工程 |

③附加调整系数是对专业调整系数和工程复杂程度调整系数尚不能调整的因素进行补充调整的系数。附加调整系数为两个或两个以上的，附加调整系数不能连乘。将各附加调整系数相加，减去附加调整系数的个数，加上定值 1，作为附加调整系数值。古建筑、仿古建筑、保护性建筑等，根据具体情况，附加调整系数为 1.3～1.6；建筑总平面布置或者小区规划设计，根据工程复杂程度，按照每 10 000～20 000 元/hm² 计算收费。

### 2.3.3　关于收费的其他规定

（1）初步设计之前，根据技术标准的规定或者发包人的要求，需要编制总体设计的，按照该建设项目基本设计收费的 5% 加收总体设计费。

（2）建设项目工程设计由两个或者两个以上设计人承担的，其中对建设项目工程设计合理性和整体性负责的设计人，按照该建设项目基本设计收费的 5% 加收主体设计协调费。

（3）工程设计中采用标准设计或者复用设计的，按照同类新建项目基本设计收费的 30% 计算收费；需要重新进行基础设计的，按照同类新建项目基本设计收费的 40% 计算收费；需要对原设计作局部修改的，由发包人和设计人根据设计工作量协商确定工程设计收费。

（4）编制工程施工图预算的，按照该建设项目基本设计收费的 10% 收取施工图预算编制费；编制工程竣工图的，按照该建设项目基本设计收费的 8% 收取竣工图编制费。

（5）由境外设计人提供设计文件、需要境内设计人按照国家标准规范审核并签署确认意见的，按照国际对等原则或者实际发生的工作量，协商确定审核确认费。

（6）设计人提供设计文件的标准份数，初步设计、总体设计分别为 10 份，施工图设计、非标准设备设计、施工图预算、竣工图分别为 8 份。发包人要求增加设计文件份数的，由发包人另行支付印制设计文件工本费。工程设计中需要购买标准设计图的，由发包人支付购图费。

## 2.4　园林档案资料的管理

图纸及其他相关材料是工程施工的重要文件，为了做好建设项目档案资料管理工作，充分发挥档案资料在工程建设、生产（使用）管理、工程维护和改建扩建中的作用，应对档案资料的领取、发放、借阅、存档等工作进行规范管理。

### 2.4.1　园林档案资料的范畴

园林建设项目档案资料是指在整个建设项目从酝酿、决策到建成投产（使用）的全过程中形成的、应当归档保存的文件，包括建设项目的提出、调研、可行性研究、评估、决策、计划、勘测、设计、施工、调试、生产准备、竣工、试生产（使用）等工作活动中形成的文字材料、图纸、图表、计算材料、声像材料等形式与载体的文字材料，如规划方案、施工图、变更通知单、技术核定单等。有关单位要按照统一领导、统一管理档案的原则，管理好基本建设项目的档案材料，确保档案资料的完整、准确、安全和有效利用。

基本建设项目档案资料的保管期分为永久、长期、短期 3 种。长期保管的基本建设项目档案资料实际保管期限不得短于建设项目的实际寿命。

## 2.4.2 档案资料的汇总与归档

**(1) 档案资料的汇总**

① 建设项目实行总承包的，各分包单位负责收集、整理分包范围内的档案资料，交总包单位汇总、整理。竣工时由总包单位向建设单位提交完整、准确的项目档案资料。

实行工程建设现场指挥机构管理的建设项目，竣工时由现场指挥机构向建设单位提交完整、准确的项目档案资料。

② 建设项目由建设单位分别向几个单位发包的，各承包单位负责收集、整理所承包工程的档案资料，交建设单位汇总、整理，或由建设单位委托一个承包单位汇总、整理。

**(2) 档案资料的归档**

① 基本建设项目的档案资料归档工作要与项目建设进程同步。项目申请立项时，既应开始进行文件材料的积累、整理、审查工作；项目竣工验收时，完成文件材料的归档和验收工作。

② 项目建设过程中，建设单位、工程总承包单位、工程建设现场指挥机构、勘察设计单位、施工单位应在各自的职责范围内搞好建设项目文件材料的形成、积累、整理、归档和保管工作。属于建设单位归档范围的档案资料，有关单位应按时整理、移交建设单位。

## 2.4.3 档案资料的管理

(1) 建设单位、工程总承包单位、工程现场指挥机构、施工单位、勘察设计单位必须有一位负责人分管档案资料工作，并建立与工程档案资料工作任务相适应的管理机构，配备档案资料管理人员，制定管理制度，统一管理建设项目的档案资料。施工过程中要有能保证档案资料安全的库房和设备。

(2) 凡有引进技术或引进设备的建设项目，要做好引进技术和引进设备的图纸、文件的收集、整理工作，无论通过何种渠道得到的与引进技术或引进设备有关的档案资料，均应交档案部门统一管理。档案部门要加强提供利用的手段和措施，保证使用。

(3) 归档的文件材料要字迹清楚，图面整洁，不得用易退色的书写材料书写、绘制。

(4) 对超过保管期限的基本建设项目档案资料必须进行鉴定，对已失去保存价值的档案资料，经过一定的审批手续，登记造册后方可处理。保密的档案资料应按保密规定进行管理。

(5) 设计建设大、中型建设项目时，均应设计建设与工作任务相适应的、符合要求的档案资料库房，并为档案资料保管和提供利用配置必要的设备，其费用列入工程总概算。

## 2.4.4 竣工档案资料的管理

(1) 竣工图是工程的实际反映，是工程的重要档案。工程承发包合同或施工协议中要根据国家对编制竣工图的要求，对竣工图的编制、整理、审核、交接、验收作出规定，施工单位不按时提交合格竣工图的，不算完成施工任务，并应承担责任。

(2) 施工单位要做好施工记录、检验记录、交工验收记录和签证等，整理好变更文件，按规定编制好竣工图。工程竣工验收前，由主管部门、建设单位组织检查竣工图的质量，基本建设主管部门、施工企业的主管部门应检查施工单位编制施工档案的质量。

(3) 编制竣工图的费用，按下列办法处理：

① 因设计失误造成设计变更较大，施工图不能代用或利用的，由设计单位负责绘制竣工图，并承担其费用。

② 因建设单位或主管部门要求变更设计，需要重新绘制竣工图时，由建设单位绘制或委托设计单位负责绘制，其费用由建设单位在基建投资中解决。

③ 第①、②项规定以外的，则由施工单位负责编制竣工图，所需费用，由施工单位自行解决。

# 第3章 园林建设工程招标与投标管理

## 3.1 建设项目招投标概述

### 3.1.1 招标投标的概念和性质

**(1) 招标投标的概念**

建设工程招标是指招标人在发包建设项目之前，公开招标或邀请投标人，使投标人根据招标人的意图和要求提出报价，择日当场开标，以便从中择优选定中标人的一种经济活动。

建设工程投标是工程招标的对称概念，指具有合法资格和能力的投标人根据招标条件，经过初步研究和估算，在指定期限内填写标书，提出报价，并等候开标以决定能否中标的经济活动。

**(2) 招标投标的性质**

我国法学界一般认为，建设工程招标是要约邀请，而投标是要约，中标通知书是承诺。我国《合同法》也明确规定，招标公告是要约邀请。也就是说，招标实际上是邀请投标人对其提出要约（即报价），属于要约邀请。投标则是一种要约，它符合要约的所有条件。如具有缔结合同的主观目的；一旦中标，投标人将受投标书的约束；投标书的内容具有足以使合同成立的主要条件等。招标人向中标的投标人发出的中标通知书则是招标人同意接受中标的投标人的投标条件，即同意接受该投标人的要约表示，应属于承诺。

### 3.1.2 建设项目招标的范围、种类与方式

#### 3.1.2.1 建设项目招标的范围

(1) 我国《招标投标法》指出，凡在中华人民共和国境内进行下列工程建设项目，包括项目的勘察、设计、施工、监理以及与工程建设有关的重要设备、材料等的采购，必须进行招标。一般包括：

① 大型基础设施、公用事业等关系社会公共利益、公共安全的项目；

② 全部或者部分使用国有资金投资或国家融资的项目；

③ 使用国际组织或者外国政府贷款、援助资金的项目。

(2) 可以采用邀请招标方式的工程建设项目一般包括：

① 因技术复杂、专业性强或者其他特殊要求等原因，只有少数几家潜在投标人可以选择的；

② 采购规模小，为合理减少采购费用和采购时间而不宜公开招标的；

③ 公开招标的结果未能产生中标单位的；

④ 法律或国务院规定的其他不适宜公开招标的情形。

#### 3.1.2.2 建设工程招标的种类

——建设工程项目总承包招标；

——建设工程勘察招标；

——建设工程设计招标；

——建设工程施工招标；

——建设工程监理招标；
——建设工程材料设备招标。

**3.1.2.3 建设工程招标的方式**

（1）从竞争程度进行分类，可以分为公开招标和邀请招标

公开招标由招标人公开发布招标单，并由投标人参加监督开标；不公开招标又称邀请招标，是由招标人根据自己具体的业务关系和情报资料自行选定投标人，其他人无权参加投标。

（2）从招标的范围进行分类，可以分为国际招标和国内招标

国家商务部将国际招标界定为"符合招标文件规定的国内、国外法人或其他组织，单独或联合其他法人或者其他组织参加投标，并按招标文件规定的币种结算的招标活动"；国内投标则是指"符合招标文件规定的国内法人或其他组织，单独或联合其他国内法人或其他组织参加投标，并用人民币结算的招标活动"。

## 3.1.3 建设项目招标程序

**3.1.3.1 招标活动的准备工作**

项目招标前，招标人应当办理有关的审批手续、确定招标方式以及划分标段等。

**3.1.3.2 招标公告和投标邀请书的编制**

招标公告是指采用公开招标方式的招标人（包括招标代理机构）向所有潜在的投标人发出的一种广泛的通告。投标邀请书是指采用邀请招标方式的招标人，向3个以上具备承担招标项目的能力、资信良好的特定法人或者其他组织发出的参加投标的邀请。

按照《招标投标法》的规定，招标公告与投标邀请书应当载明同样的事项，具体包括以下内容：
——招标人的名称和地址；
——招标项目的性质；
——招标项目的数量；
——招标项目的实施地点；
——招标项目的实施时间；
——获取招标文件的办法。

**3.1.3.3 资格预审**

资格预审是指招标人在招标开始之前或开始初期，对申请参加投标的潜在投标人的资质条件、业绩、信誉、技术、资金等多方面情况进行资格审查。只有资格预审中被认定合格的潜在投标人（或投标人），才可以参加投标。资格预审的程序是：

（1）发布资格预审通告；
（2）发出资格预审文件；
（3）对潜在投标人资格进行审查和评定；
（4）发出预审合格通知书。

**3.1.3.4 编制和发售招标文件**

**（1）招标文件的编制**

① 按照国家建设部第89号令《房屋建筑和市政基础设施工程施工招标投标管理办法》，工程施工招标应当具备下列条件：
——按照国家有关规定需要履行项目审批手续的，已经履行审批手续；
——工程资金或者资金来源已经落实；
——有满足施工招标需要的设计文件及其他技术资料；
——法律、法规、规章规定的其他条件。

② 建设部第89号令指出，招标人应当根据招标工程的特点和需要，自行或者委托工程招标代理机构编制招标文件。招标文件应当包括下列内容：
——投标须知，包括工程概况，招标范围，资格预审条件，工程资金来源或者落实情况（包括银行出具的资金证明），标段划分，工期要求，质量标准，现场踏勘和答疑安排，招标文件的编制、提交、修改、撤回的要求，投标报价要求，投标有效期，开标的时间和地点，评标的方法和标准等；
——招标工程的技术要求和设计文件；
——采用工程量清单招标的，应当提供工程量清单；
——投标函的格式及附录；

——拟签订合同的主要条款；

——要求投标人提交的其他材料。

③ 根据《招标投标法》和建设部有关规定，施工招标文件编制还应遵循如下规定：

——说明评标原则和评标办法。

——投标价格中，一般结构不太复杂或工期在12个月以内的工程，可以采用固定价格，考虑一定的风险系数。结构较复杂或大型工程工期在12个月以上的，应采用调整价格。价格的调整方法及调整范围应当在招标文件中明确。

——在招标文件中应明确投标价格计算依据和类型选择。

——质量标准必须达到国家施工验收规范合格标准，对于要求质量达到优良标准时，应计取补偿费用，补偿费用的计算方法应按国家或地方有关文件规定执行，并在招标文件中明确。

——招标文件中的建设工期应当参照国家或地方颁发的工期定额来确定，如果要求的工期比工期定额缩短20%以上（含20%）的，应计算赶工措施费。赶工措施费如何计取应在招标文件中明确。

——由于施工单位原因造成不能按合同工期竣工时，计取赶工措施费的须扣除，同时还应赔偿由于误工给建设单位带来的损失。其损失费用的计算方法或规定应在招标文件中明确。

——如果建设单位要求按合同工期提前竣工交付使用，应考虑计取提前工期奖，提前工期奖的计算方法应在招标文件中明确。

——招标文件中应明确投标准备时间，即从开始发放招标文件之日起，至投标截至时间的期限，最短不得少于20天。招标文件中还应载明投标有效期。

——在招标文件中应明确投标保证金数额及支付方式。

——中标单位应按规定向招标单位提交履约担保，履约担保可采用银行保函或履约担保书。履约担保比率为：银行出具的银行保函为合同价格的5%；履约担保书为合同价格的10%。

——材料或设备采购、运输、保管的责任应在招标文件中明确。

——招标单位按国家颁布的统一工程项目划分、统一计量单位和统一的工程量计算规则，根据施工图纸计算工程量，提供给投标单位作为投标报价的基础。

——招标单位在编制招标文件时，应根据《中华人民共和国合同法》《建设工程施工合同管理办法》的规定和工程具体情况确定"招标文件合同协议条款"内容。

——投标单位在收到招标文件后，若有问题需要澄清，应于收到招标文件后以书面形式向招标单位提出，招标单位将以书面形式或投标预备会的方式予以解答，答复将送给所有获得招标文件的投标单位。

**(2) 招标文件的发售与修改**

——招标文件一般发售给通过资格预审、获得投标资格的投标人。

——招标人对已发出的招标文件进行必要的澄清或者修改的，应当在招标文件要求提交投标文件截止时间至少15日前，以书面形式通知所有招标文件收受人。该澄清或者修改的内容为招标文件的组成部分。

### 3.1.3.5 勘察现场与召开投标预备会

**(1) 勘察现场**

① 招标人组织投标人进行勘察现场的目的在于了解工程场地和周围环境情况，以获取投标人认为有必要的信息。为便于投标人提出问题并得到解答，勘察现场一般安排在投标预备会的前1~2天。

② 投标人在勘察现场中如有疑问，应在投标预备会前以书面形式向招标人提出，但应给招标人留有解答时间。

③ 招标人应向投标人介绍有关现场的情况。

**(2) 召开投标预备会**

投标预备会目的在于澄清招标文件中的疑问，解答投标人对投标文件和勘察现场中所提出的疑问。投标预备会可安排在发出招标文件7~28日内举行。投标预备会结束后，由招标人整理会议记录和解答内容，尽快以书面形式将问题及解答同时发送到所有获得招标文件的投标人。

#### 3.1.3.6 建设项目投标

（1）按照建设部第89号令《房屋建筑和市政基础设施工程施工招标投标管理办法》，投标人应当按照招标文件的要求编制投标文件，对招标文件提出的实质性要求和条件作出响应。招标文件允许投标人提供备选标的，投标人可以按照招标文件的要求提交替代方案，并作出相应报价作备选标。

（2）投标文件应当包括以下内容：
——投标函；
——施工组织设计或者施工方案；
——投标报价；
——招标文件要求提供的其他资料。

投标单位按招标文件所提供的表格格式，编制一份投标文件"正本"和"前附表"所述份数的"副本"，并由投标单位法定代表人亲自签署并加盖法人单位公章和法定代表人印鉴。投标单位应提供不少于"前附表"规定数额的投标保证金，此投标保证金是投标文件的一个组成部分。

我国《招标投标法》规定，投标人应当在招标文件要求提交投标文件的截止时间前，将投标文件送达投标地点。招标人收到招标文件后，应当签收保存，不得开启。投标人少于3个的，招标人应当依照本法重新招标。

#### 3.1.3.7 开标、评标和定标

在建设项目招投标中，开标、评标和定标是招标程序中极为重要的环节。只有客观、公正地评标、定标，才能最终选择最合适的承包商，从而顺利进入到建设项目的实施阶段。

## 3.2 施工招标

### 3.2.1 施工招标的概念

施工招标是指招标单位的施工任务发包，鼓励施工企业投标竞争，从中选出技术能力强、管理水平高、信誉可靠且报价合理的承建单位，并以签订合同的方式约束双方在施工过程中行为的经济活动。投标实际上是各施工单位完成该项目任务的技术、经济、管理等综合能力的竞争。

### 3.2.2 施工招标应具备的条件

**（1）施工招标单位应具备的条件**
——建设单位是法人或依法成立的其他组织；
——建设单位有与招标工程相适应的资金或资金已落实以及具有相关的技术管理人员；
——建设单位有组织编制招标文件的能力；
——建设单位有审查投标单位资质的能力；
——建设单位有组织开标、评标、定标的能力。

**（2）招标建设项目应具备的条件**
——概算已经批准；
——建设项目已正式列入国家、部门或地方的年度固定资产投资计划；
——建设用地的征用工作已经完成；
——有能够满足施工需要的施工图纸及技术资料；
——建设资金和主要材料、设备的来源已经落实；
——项目已经建设项目所在地规划部门批准，施工现场已经完成"四通一清"或一并列入施工项目招标范围。

**（3）招标代理机构应具备的条件**

申请工程招标代理机构资格的单位应当具备下列条件：
——是依法设立的中介组织；
——与行政机关和其他国家机关没有行政隶属关系或者其他利益关系；
——有固定的营业场所和开展工程招标代理业务所需设施及办公条件；
——有健全的组织机构和内部管理的规章制度；
——具备编制招标文件和组织评标的相应专业力量；
——具有可以作为评标委员会成员人选的技术、经济等方面的专家库。

## 3.2.3 招标标底的编制

### 3.2.3.1 标底的概念

标底是指招标人根据招标项目的具体情况，编制的完成招标项目所需的全部费用，是根据国家规定的计价依据和计价办法计算出来的工程造价，是招标人对建设工程的期望价格。

### 3.2.3.2 标底的编制原则和依据

**(1) 标底价格编制的原则**

① 根据国家公布的统一工程项目划分、统一计量单位、统一计算规则以及施工图纸、招标文件，并参照国家、行业或地方批准发布的定额和国家、行业、地方规定的技术标准规范，以及要素市场价格确定的工程量编制标底。

② 按工程项目类别计价。

③ 标底作为建设单位的期望价格，应力求与市场的实际变化吻合，要有利于竞争和保证工程质量。

④ 标底应由直接工程费、间接费、利润、税金等组成，一般应控制在批准的总概算（或修正概算）及投资包干的限额内。

⑤ 标底应考虑人工、材料、设备、机械台班等价格变化因素，还应包括不可预见费（特殊情况）、预算包干费、措施费（赶工措施费、施工技术措施费）、现场因素费用、保险以及采用固定价格的工程的风险金等。工程要求优良的还应增加相应的费用。

⑥ 一个工程只能编制一个标底。

⑦ 标底编制完成后，直至开标时，所有接触过标底价格的人员均负有保密责任，不得泄露。

**(2) 标底价格编制的依据**

工程标底的编制主要依据以下基本资料和文件：

① 国家的有关法律、法规以及国务院和省、自治区、直辖市人民政府建设行政主管部门制定的有关工程造价的文件和规定。

② 工程招标文件中确定的计价依据和计价办法，招标文件的商务条款，包括合同条件中规定由工程承包方应承担义务而可能发生的费用，以及招标文件的澄清、答疑等补充文件和资料。在标底价格计算时，计算口径和取费内容必须与招标文件中有关取费等的要求一致。

③ 工程设计文件、图纸、技术说明及招标时的设计交底，按设计图纸确定的或招标人提供的工程量清单等相关基础资料。

④ 国家、行业、地方的工程建设标准，包括建设工程施工必须执行的建设技术标准、规范和规程。

⑤ 采用的施工组织设计、施工方案、施工技术措施等。

⑥ 工程施工现场地质、水文勘探资料，现场环境和条件及反映相应情况的有关资料。

⑦ 招标时的人工、材料、设备及施工机械台班等要素市场价格信息，以及国家或地方有关政策性调价文件的规定。

### 3.2.3.3 标底的编制程序

(1) 确定标底的编制单位；
(2) 收集编制资料；
(3) 参加交底会及现场勘察；
(4) 编制标底；
(5) 审核标底价格。

### 3.2.3.4 标底文件的主要内容

(1) 标底的综合编制说明；
(2) 标底价格审定书、标底价格计算书、带有价格的工程量清单、现场因素、各种施工措施费的测算明细以及采用固定价格工程的风险系数测算明细等；
(3) 主要人工、材料、机械设备用量表；
(4) 标底附件；
(5) 标底价格编制的有关表格。

### 3.2.3.5 标底价格的编制方法

我国目前建设工程施工招标标底的编制，主要采用定额计价法和工程量清单计价法。

**(1) 以定额计价法编制标底**

定额计价法编制标底采用的是分部分项工程

量的直接费单价(或称为工料单价法),仅仅包括人工、材料、机械费用。直接费单价又可以分为单位估价法和实物量法两种。

① 单位估价法:根据施工图纸及技术说明,按照预算定额规定的分部分项工程子目,逐步计算出工程量,再套用定额单价(或单位估价表)确定直接费,然后按规定的费用定额确定其他直接费、现场经费、间接费、计划利润和税金,还要加上材料调价系数和适当的不可预见费,汇总后即为标底的基础。编制一个合理、可靠的标底还必须在此基础上综合考虑工期、质量、差价、自然地理条件和招标工程范围等因素。

② 实物量法:用实物量法编制标底,主要先用计算出的各分项工程的实物工程量,分别套取预算定额中的人工、材料、机械消耗指标,并按类相加,求出单位工程所需的各种人工、材料、施工机械台班的总消耗量,然后分别乘以当时当地的人工、材料、施工机械台班市场单价,求出人工费、材料费、施工机械使用费,再汇总求和。对于其他直接费、现场经费、间接费、计划利润和税金等费用的计算则根据当时当地建筑市场的供求情况给予具体确定。

实物量编制法与单位估价法相似,最大的区别在于两者在计算人工费、材料费、施工机械费及汇总三者费用之和时方法不同。

**(2)以工程量清单计价法编制标底**

工程量清单计价的单价按所综合的内容不同,可以划分为3种形式:

① 工料单价:单价仅仅包括人工费、材料费和机械使用费,故又称为直接费单价。

② 完全费用单价:单价中除了包括直接费外,还包括现场经费、其他直接费和间接费等全部成本。

③ 综合单价:即分部分项工程的完全单价,综合了直接工程费、间接费、有关文件规定的调价、利润或者包括税金以及采用固定价格的工程所测算的风险金等全部费用。

工程量清单计价法的单价主要采用综合单价。

用综合单价编制标底价格,要根据统一的项目划分,按照统一的工程量计算规则计算工程量,形成工程量清单。接着,估算分项工程综合单价,该单价是根据具体项目分别估算的。综合单价确定以后,填入工程量清单中,再与各部分分项工程量相乘得到合价,汇总之后即可得到标底价格。

### 3.2.4 招标标底的审查

**(1)审查标底的目的**

审查标底的目的是检查标底价格编制是否真实、准确,标底价格如有漏洞,应予以调整和修正。

**(2)标底审查的内容**

——标底计价依据;

——标底价格组成内容;

——标底价格相关费用。

**(3)标底审查的方法**

主要有全面审查法、重点审查法、分解对比审查法、分组计算审查法、标准预算审查法、筛选法、应用手册审查法等。

## 3.3 施工投标

### 3.3.1 施工投标单位应具备的基本条件

**(1)投标人应具备的条件**

① 具有招标条件要求的资质证书,并为独立的法人实体;

② 承担过类似建设项目的相关工作,并有良好的工作业绩和履约记录;

③ 财产状况良好,没有处于财产被接管、破产或其他关、停、并、转状态;

④ 在最近3年没有骗取合同以及其他经济方面的严重违法行为;

⑤ 近几年有较好的安全记录,投标当年内没有发生重大质量和特大安全事故。

**(2)共同投标的联合体的基本条件**

两个以上法人或者其他组织可以组成一个联合体,以一个投标人的身份共同投标。联合体各方均应当具备承担招标项目的相应能力;国家有关规定或者招标文件对投标人资格条件有规定的,联合体各方均应当具备规定的相应资格条件。由同一专业的单位组成的联合体，按照资质等级较低的单位确定资质等级。在很多情况下，组成联合体能够发挥联合体各方的优势，有利于建设项目的进度控制、投资控制、质量控制。但是，联合投标应当是潜在投标人的自愿行为，也只有以这种自愿为基础，才能发挥联合体的优势。因此，招标人不得强制投标人组成联合体共同投标。

联合体各方应当签订共同投标协议，明确约定各方拟承担的工作和责任，并将共同投标协议连同投标文件一并提交招标人。联合体中标的，联合体各方应当共同与招标人签订合同，就中标项目向招标人承担连带责任。

### 3.3.2 工程投标程序

(1) 投标报价前期的调查研究，收集信息资料的内容包括：政治和法律方面、自然条件、市场状况、工程项目方面的情况，业主情况，投标人自身情况，竞争对手资料。

(2) 对是否参加投标作出决策，常用的方法是"综合评价法"。

(3) 报名参加投标，办理资格预审。

(4) 取得招标文件。

(5) 研究招标文件。

(6) 提出质疑的问题。

(7) 制定施工方案。

(8) 计算投标报价。

(9) 确定投标策略。

(10) 编制标书。

(11) 投送标书。

### 3.3.3 工程投标报价的编制

#### 3.3.3.1 投标报价的计算依据

——招标单位提供的招标文件。

——招标单位提供的设计图纸、工程量清单及有关的技术说明书等。

——国家及地区颁发的现行建筑、安装工程预算定额及与之相配套执行的各种费用定额规定等。

——地方现行材料预算价格、采购地点及供应方式等。

——因招标文件及设计图纸等不明确，经咨询后由招标单位书面答复的有关资料。

——企业内部制定的有关取费、价格等的规定、标准。

——其他与报价计算有关的各项政策、规定及调整系数等。

#### 3.3.3.2 投标报价的编制方法

投标报价的编制主要是投标单位对承建招标工程所要发生的各种费用的计算。投标报价的编制方法和标底的编制方法一致，也分为以定额计价、以工程量清单计价两种模式，可以用工料单价法和综合单价法计算。其中，工程量清单计价的投标报价由分部分项工程费、措施费和其他项目费用组成，均采用综合单价法计算。

#### 3.3.3.3 投标报价的计算过程

(1) 复核或计算工程量；

(2) 确定单价，计算合价；

(3) 确定分包工程费；

(4) 确定利润；

(5) 确定风险费；

(6) 确定投标价格。

#### 3.3.3.4 投标报价的策略

**(1) 投标报价的策略**

指承包商在投标竞争中的系统工作部署及其参与投标竞争的方式和手段。投标策略主要内容有：以信取胜、以快取胜、以廉取胜、靠改进设计取胜、采用以退为进的策略、采用长远发展的策略等。

**(2) 报价技巧**

① 根据招标项目的不同特点采用不同报价：项目竞争不激烈时可报高些；反之，则低一些。

② 不平衡报价法：是指一个工程项目总报价基本确定后，通过调整内部各个项目的报价，以期既不提高总报价、不影响中标，又能在结算时得到更理想的经济效益。一般可以考虑在以下几方面采用不平衡报价：

——能够早日结账收款的项目可适当提高。

——预计今后工程量会增加的项目，单价适当提高；将工程量可能减少的项目单价降低。

——设计图纸不明确，估计修改后工程量要增加的，可以提高单价；而工程内容解说不清楚的，则可适当降低一些单价，待澄清后可再要求提价。

——暂定项目，又叫任意项目或选择项目，对这类项目要具体分析。

③ 利用计日工单价的报价：如果是单纯报计日工单价，而且不计入总价中，可以报高些，以便在业主额外用工或使用施工机械时可多赢利。但如果计日工单价要计入总报价时，则需具体分析是否报高价，以免抬高总报价。总之，要分析业主在开工后可能使用的计日工数量，再来确定报价方针。

④ 利用可供选择的项目的报价：所谓"可供选择项目"并非由承包商任意选择，而是业主才有权进行选择。因此，我们虽然适当提高了可供选择项目的报价，并不意味着肯定可以取得较好的利润，只是提供了一种可能性，一旦业主今后选用，承包商即可得到额外加价的利益。

⑤ 利用暂定工程量的报价：暂定工程量有3种：

一种是业主规定了暂定工程量的分项内容和暂定总价款，并规定所有投标人都必须在总报价中加入这笔固定金额，但由于分项工程量不很准确，允许将来按投标人所报单价和实际完成的工程量付款。投标时应当对暂定工程量的单价适当提高。

第二种是业主列出了暂定工程量的项目的数量，但并没有限制这些工程量的估价总价款，要求投标人既列出单价，也应按暂定项目的数量计算总价，当将来结算付款时可按实际完成的工程量和所报单价支付。一般来说，这类工程量可以采用正常价格。

第三种是只有暂定工程的一笔固定总金额，将来这笔金额做什么用，由业主确定。这种情况对投标竞争没有实际意义，按招标文件要求将规定的暂定款列入总报价即可。

⑥ 多方案报价法：对于一些招标文件，如果发现工程范围不很明确，条款不清楚或很不公正，或技术规范要求过于苛刻时，则要在充分估计投标风险的基础上，按多方案报价法处理。即是按原招标文件报一个价，然后再提出，如某某条款作某些变动，报价可降低多少，由此可报出一个较低的价。这样，可以降低总价，吸引业主。

⑦ 增加建议方案：有时招标文件中规定，可以提一个建议方案，即可以修改原设计方案，提出投标者的方案。投标者这时应抓住机会，组织一批有经验的设计和施工工程师，对原招标文件的设计和施工方案仔细研究，提出更为合理的方案以吸引业主，促成自己的方案中标。建议方案不要写得太具体，要保留方案的技术关键，防止业主将此方案交给其他承包商。同时要强调的是，建议方案一定要比较成熟，有很好的可操作性。

⑧ 分包商报价的采用：总承包商在投标前找2~3家分包商分别报价，而后选择其中一家信誉较好、实力较强和报价合理的分包商签订协议，同意该分包商作为本分包工程的唯一合作者，并将分包商的姓名列到投标文件中，但要求该分包商相应地提交投标保函。如果该分包商认为这家总承包商确实有可能得标，他也许愿意接受这一条件。这种把分包商的利益同投标人捆在一起的做法，不但可以防止分包商事后反悔和涨价，还可能迫使分包时报出较合理的价格，以便共同争取中标。

⑨ 无利润算标：缺乏竞争优势的承包商，在不得已的情况下，只好在算标中根本不考虑利润去夺标。这种办法一般在处于以下条件时采用：

——有可能在得标后，将大部分工程分包给索价较低的一些分包商；

——对于分期建设的项目，先以低价获得首期工程，而后赢得机会创造第二期工程中的竞争优势，并在以后的实施中赚得利润；

——较长时期内，承包商没有在建的工程项目，如果再不得标就难以维持生存。因此，虽然本工程无利可图，只要能有一定的管理费维持公司的日常运转，就可设法渡过暂时的困难，以图东山再起。

#### 3.3.3.5 投标担保

**(1) 投标担保的方式**

投标担保的方式一般有两种：

① 投标保证金：一般保证金数额不超过投标总价的2%，最高不得超过80万元（人民币）。投标保证金可以使用支票、银行汇票等。投标保证金的有效期应超过投标有效期。

② 银行或担保公司开具的投标保函：银行保函或担保书的有效期应在投标有效期满后28天内继续有效。

**(2) 投标保证金的没收**

如投标单位在投标有效期内有下列情况，将被没收投标保证金：

① 投标单位在投标效期内撤回其投标文件；

② 中标单位未能在规定期限内提交履约保证金，或签署合同协议。

## 3.4 开标、评标和定标

### 3.4.1 开标

**(1) 开标的时间和地点**

我国《招标投标法》规定，开标应当在招标文件确定的提交投标文件截止时间的同一时间公开进行。开标地点应当为招标文件中预先确定的地点。招标人应当在招标文件中对开标地点作出明确、具体的规定，以便投标人及有关方面按照招标文件规定的开标时间到达开标地点。

**(2) 出席开标会议的规定**

开标由招标人或者招标代理人主持，邀请所有投标人参加。投标单位法定代表人或授权代表未参加开标会议的视为自动弃权。

**(3) 开标程序和唱标的内容**

① 开标会议宣布开始后，应首先请各投标单位代表确认其投标文件的密封完整性，并签字予以确认。由招标单位当众宣读评标原则、评标办法。依据招标文件的要求，核查投标单位提交的证件和资料，并审查投标文件的完整性、文件的签署、投标担保等，但提交合格"撤回通知"和逾期送达的投标文件不予启封。

② 唱标顺序应按各投标单位报送投标文件时间先后的顺序进行。当众宣读有效标函的投标单位名称、投标价格、工期、质量、主要材料用量、修改和撤回通知、投标保证金、优惠条件，以及招标单位认为必要的内容。

③ 开标过程应当记录，并存档备查。

**(4) 有关无效投标文件的规定**

在开标时，投标文件出现下列情形之一的，应当作为无效投标文件，不得进入评标：

① 投标文件未按照招标文件的要求予以密封的；

② 投标文件中的投标函未加盖投标人的企业及企业法定代表人印章的，或者企业法定代表人委托代理人没有合法、有效的委托书（原件）及委托代理人印章的；

③ 投标文件的关键内容字迹模糊、无法辨认的；

④ 投标人未按照招标文件的要求提供投标保函或者投标保证金的；

⑤ 组成联合体投标，投标文件未附联合体各方共同投标协议的。

### 3.4.2 评标

#### 3.4.2.1 评标的原则以及保密性和独立性

评标是招投标过程中的核心环节。评标活动应遵循公平、公正、科学、择优的原则，保证评标在严格保密的情况下进行，并确保评标委员会在评标过程中的独立性。

#### 3.4.2.2 评标委员会的组建

评标委员会由招标人或其委托的招标代理机构熟悉相关业务的代表，以及有关技术、经济等方面的专家组成，成员人数为5人以上的单数，其中技术、经济等方面的专家不得少于成员总数的2/3。评标委员会的专家成员应当从省级以上人民政府有关部门提供的专家名册或者招标代理机构专家库内的相关专家名单中确定。评标委员会成员名单一般应于开标前确定，而且该名单在中标结果确定前应当保密,任何单位和个人都不得非法干预、影响评标过程和结果。

#### 3.4.2.3 评标的程序

评标可以按两段三审进行,两段指初审和详细评审,三审指符合性评审、技术性评审和商务性评审。

① 投标文件的符合性评审:包括商务符合性和技术符合性鉴定。投标文件应实质上响应招标文件的所有条款、条件,无显著的差异或保留。

② 投标文件的技术性评审:包括方案可行性评估和关键工序评估;劳务、材料、机械设备、质量控制措施评估以及对施工现场周围环境污染的保护措施评估。

③ 投标文件的商务性评审:包括投标报价校核,审查全部报价数据计算的正确性,分析报价构成的合理性,并与标底价格进行对比分析。

#### 3.4.2.4 评标的方法

**(1) 经评审的最低投标价法**

① 经评审的最低投标价法的含义:根据经评审的最低投标价法,能够满足招标文件的实质性要求,并且经评审的最低投标价的投标,应当推荐为中标候选人。这种评标方法是按照评审程序,经初审后,以合理低标价作为中标的主要条件。

② 最低投标价法的适用范围:一般适用于具有通用技术、性能标准或者招标人对其技术、性能没有特殊要求的招标项目。

③ 最低投标价法的评标要求:采用经评审的最低投标价法的,评标委员会应当根据招标文件中规定的评标价格调整方法,对所有投标人的投标报价以及投标文件的商务部分作必要的价格调整。

**(2) 综合评估法**

① 综合评估法的含义:不宜采用经评审的最低投标价法的招标项目,一般应当采取综合评估法进行评审。

根据综合评估法,最大限度地满足招标文件中规定的各项综合评价标准的投标,应当推荐为中标候选人。衡量投标文件是否最大限度地满足招标文件中规定的各项评价标准,可以采取折算为货币的方法、打分的方法或者其他方法。需量化的因素及其权重应当在招标文件中明确规定。

在综合评估法中,最为常用的方法是百分法。

② 综合评估法的评标要求:评标委员会对各个评审因素进行量化时,应当将量化指标建立在同一基础或者同一标准上,使各投标文件具有可比性。

对技术部分和商务部分进行量化后,评标委员会应当对这两部分的量化结果进行加权,计算出每一投标的综合评估价或者综合评估分。

**(3) 其他评标方法**

在法律、行政法规允许的范围内,招标人也可以采用其他评标方法。如评议法,评议法是一种比较特殊的评标方法,只有在特殊情况下方可采用。

### 3.4.3 定标

**(1) 中标候选人的确定**

经过评标后,就可确定中标候选人(或中标单位)。评标委员会推荐的中标候选人应当限定在1~3人,并标明排列顺序。招标人可以授权评标委员会直接确定中标人。

招标人应当在投标有效期截止时限30日前确定中标人。依法必须进行施工招标的工程,招标人应当自确定中标人之日起15日内,向工程所在地的县级以上地方人民政府建设行政主管部门提交施工招标投标情况的书面报告。建设行政主管部门自收到书面报告之日起5日内未通知招标人在招标投标活动中有违法行为的,招标人可以向中标人发出中标通知书,并将中标结果通知所有未中标的投标人。

**(2) 发出中标通知书并签订书面合同**

① 中标人确定后,招标人应当向中标人发出中标通知书,并同时将中标结果通知所有未中标的投标人。

② 招标人和中标人应当自中标通知书发出之日起30日内,按照招标文件和中标人的投标文件订立书面合同。订立书面合同后7日内,中标人应当将合同送县级以上工程所在地的建设行政主

管部门备案。

③ 招标人与中标人签订合同后 5 个工作日内,应当向中标人和未中标的投标人退还投标保证金。

④ 中标人应当按照合同约定履行义务,完成中标项目。

## 3.5 建设工程施工合同

### 3.5.1 建设工程施工合同类型及选择

#### 3.5.1.1 建设工程施工合同类型

以付款方式进行划分,合同可分为以下几种:

**(1) 总价合同**

总价合同是指在合同中确定一个完成项目的总价,承包单位据此完成项目全部内容的合同。

这类合同仅适用于工程量不太大且能精确计算、工期较短、技术不太复杂、风险不大的项目。采用这种合同类型要求建设单位必须准备详细而全面的设计图纸(一般要求施工详图)和各项说明,使承包单位能准确计算工程量。

**(2) 单价合同**

单价合同是承包单位在投标时,按招标文件就分部分项工程所列出的工程量表确定各分部分项工程费用的合同类型。

这类合同的适用范围比较宽,其风险可以得到合理的分摊,并且能鼓励承包单位通过提高工效等手段从成本节约中提高利润。这类合同能够成立的关键在于双方对单价和工程量计算方法的确认。在合同履行中需要注意的问题则是双方对实际工程量计量的确认。

**(3) 成本加酬金合同**

成本加酬金合同,是由业主向承包单位支付工程项目的实际成本,并按事先约定的某一种方式支付酬金的合同类型。

在这类合同中,业主需承担项目实际发生的一切费用,因此也就承担了项目的全部风险。而承包单位由于无风险,其报酬往往也较低。

这类合同的缺点是业主对工程总造价不易控制,承包商也往往不注意降低项目成本。这类合同主要适用于以下项目:

① 需要立即开展工作的项目,如震后的救灾工作;

② 新型的工程项目,或对项目工程内容及技术经济指标未确定的项目;

③ 风险很大的项目。

#### 3.5.1.2 建设工程施工合同类型的选择

选择合同类型应考虑以下因素:

——项目规模和工期长短;

——项目的竞争情况;

——项目的复杂程度;

——项目的单项工程的明确程度;

——项目准备时间的长短。

### 3.5.2 建设工程施工合同文本的主要条款

#### 3.5.2.1 概述

**(1) 施工合同的概念**

施工合同就是建筑安装工程承包合同,是发包人和承包人为完成商定的建筑安装工程,明确相互权利、义务关系的合同。

施工合同的当事人是发包人和承包人,双方是平等的民事主体。承发包双方签订施工合同,必须具备相应资质条件和履行施工合同的能力。

在施工合同中,由工程师对工程施工进行管理。施工合同中的工程师是指监理单位委派的总监理工程师或发包人指定的履行合同的负责人,其具体身份和职责由双方在合同中约定。

**(2)《建设工程施工合同(示范文本)》简介**

根据有关工程建设施工的法律、法规,结合我国工程建设施工的实际情况,并借鉴了国际上广泛使用的土木工程施工合同(特别是 FIDIC〈Federation Internationle Des Inginieurs-Conseils〉土木工程施工合同条件),建设部、国家工商行政管理局 1999 年 12 月 24 日发布了《建设工程施工合同(示范文本)》以下简称《施工合同文本》)。

《施工合同文本》由《协议书》《通用条款》《专用条款》3 部分组成,并附有 3 个附件:附件一是《承包人承揽工程项目一览表》、附件二是《发包人供应材料设备一览表》、附件三是《工程质量保修书》。

《协议书》是《施工合同文本》中总纲性的文件，它具有很高的法律效力。

《通用条款》对承发包双方的权利义务作出的规定，除双方协商一致对其中的某些条款作了修改、补充或取消外，双方都必须履行。它具有很强的通用性，基本适用于各类建设工程。《通用条款》共有11部分47条。

(3)施工合同文件的组成及解释顺序如下：
① 施工合同协议书；
② 中标通知书；
③ 投标书及其附件；
④ 施工合同专用条款；
⑤ 施工合同通用条款；
⑥ 标准、规范及有关技术文件；
⑦ 图纸；
⑧ 工程量清单；
⑨ 工程报价单或预算书。

双方有关工程的洽商、变更等书面协议或文件视为协议书的组成部分。

### 3.5.2.2 施工合同双方的一般权利和义务

(1)发包人的工作

发包人应做好一切使施工现场具备施工条件的工作，如办理土地征用、拆迁补偿、"三通一平"等工作；办理施工许可证及其他施工所需的证件(证明承包人自身资质的证件除外)；向承包人提供施工场地的工程地质和地下管线资料，确定水准点与坐标控制点；组织承包人和设计单位进行图纸会审和设计交底，并协调处理施工现场周围地下管线和邻近建筑物、构筑物(包括文物保护建筑)、古树名木的保护工作，并承担有关费用。

(2)承包人的工作

承包人应根据发包人的委托，完成施工图设计或与工程配套的设计；向发包人提供在施工现场办公和生活的房屋及设施；遵守有关部门对施工场地交通、施工噪声以及环境保护和安全生产等的管理规定，办理有关手续，并以书面形式通知发包人。以上3项费用由发包人负责。承包人应向工程师提供年、季、月工程进度计划及相应进度统计报表。已竣工工程未交付发包人之前，承包人按专用条款约定负责已完工程的成品保护工作。

(3)工程师的产生和职权

工程师包括监理单位委派的总监理工程师和发包人指定的履行合同的负责人两种情况。

工程师的职责包括：
① 工程师委派具体管理人员；
② 工程师发布指令、通知；
③ 工程师应当及时完成自己的职责；
④ 工程师作出处理决定。

(4)项目经理的产生和职责

项目经理是由承包人单位法定代表人授权、派驻施工场地的承包人的总负责人。他代表承包人负责工程施工的组织和实施。

项目经理的职责包括：
① 代表承包人向发包人提出要求和通知；
② 组织施工。

### 3.5.2.3 施工组织设计和工期

(1)进度计划

承包人应当按专用条款约定的日期，将施工组织设计和工程进度计划提交工程师。群体工程中采取分阶段进行施工的单项工程，承包人则应按照发包人提供图纸及有关资料的时间，按单项工程编制进度计划，分别向工程师提交。

(2)开工及延期开工

承包人应当按协议书约定的开工日期开始施工。承包人不能按时开工，应在不迟于协议书约定的开工日期前7天，以书面形式向工程师提出延期开工的理由和要求。工程师在接到延期开工申请后的48小时内以书面形式答复承包人。工程师在接到延期开工申请后的48小时内不答复，视为同意承包人的要求，工期相应顺延。因发包人的原因不能按照协议书约定的开工日期开工，工程师以书面形式通知承包人后，可推迟开工日期。承包人对延期开工的通知没有否决权，但发包人应当赔偿承包人因此造成的损失，相应顺延工期。

**(3) 工期延误**

承包人应当按照合同约定完成工程施工，如果由于其自身的原因造成工期延误，应当承担违约责任。但是，在某些情况下工期延误后，竣工日期可以相应顺延。因以下原因造成工期延误，经工程师确认，工期相应顺延：

——发包人不能按专用条款的约定提供开工条件；

——发包人不能按约定日期支付工程预付款、进度款，致使工程不能正常进行；

——设计变更和工程量增加；

——一周内非承包人原因停水、停电、停气造成停工累计超过 8 小时；

——不可抗力事件；

——专用条款中约定或工程师同意工期顺延的其他情况。

承包人在工期可以顺延的情况发生后 14 天内，应将延误的工期向工程师提出书面报告。工程师在收到报告后 14 天内予以确认答复，逾期不予答复，视为报告要求已经被确认。

### 3.5.2.4 施工质量和检验

**(1) 工程质量标准**

工程质量应当达到协议书约定的质量标准，质量标准的评定以国家或者行业的质量检验评定标准为准。在工程施工过程中，工程师及其委派人员对工程的检查检验，是一项日常性工作和重要职能。

**(2) 隐蔽工程和中间验收**

由于隐蔽工程在施工中一旦完成隐蔽，很难再对其进行质量检查（这种检查成本很大），因此，必须在隐蔽前进行检查验收。对于中间验收，合同双方应在专用条款中约定需要进行中间验收的单项工程和部位的名称、验收的时间和要求，以及发包人应提供的便利条件。

**(3) 重新检验**

工程师不能按时参加验收，须在开始验收前 24 小时向承包人提出书面延期要求，延期不能超过 2 天。工程师未能按以上时间提出延期要求，不参加验收，承包人可自行组织验收，发包人应承认验收记录。

无论工程师是否参加验收，当其提出对已经隐蔽的工程重新检验的要求时，承包人应按要求进行剥露或者开孔，并在检验后重新覆盖或者修复。检验合格，发包人承担由此发生的全部追加合同价款，赔偿承包人损失，并相应顺延工期；检验不合格，承包人承担发生的全部费用，工期不予顺延。

**(4) 试车**

对于设备安装工程，应当组织试车。试车内容应与承包人承包的安装范围相一致。

**(5) 材料设备供应**

工程建设的材料设备供应的质量控制，是整个工程质量控制的基础。建筑材料、构配件生产及设备的供应单位对其生产或者供应的产品质量负责。而材料设备的需方则应根据买卖合同的规定进行质量验收。

### 3.5.2.5 合同价款与支付

**(1) 施工合同价款及调整**

施工合同价款，是按有关规定和协议条款约定的各种取费标准计算，用以支付承包人按照合同要求完成工程内容的价款总额。合同价款应依据中标通知书中的中标价格和非招标工程的工程预算书确定。合同价款可以按照固定价格合同、可调整价格合同、成本加酬金合同 3 种方式约定。

**(2) 工程预付款**

工程预付款主要用于采购建筑材料。预付额度，建筑工程一般不得超过当年建筑（包括水、电、暖、卫等）工程工作量的 30%，双方应当在专用条款内约定发包人向承包人预付工程款的时间和数额，开工后按约定的时间和比例逐次扣回。

**(3) 工程量的确认**

首先，承包人向工程师提交已完工程量的报告。然后，工程师进行计量。工程师接到报告后 7 天内按设计图纸核实已完工程量（以下称计量），并在计量前 24 小时通知承包人，承包人为计量提供便利条件并派人参加。若承包人不参加计量，发包人自行进行，计量结果有效，作为工程价款支付的依据。

**(4) 工程款(进度款)支付**

发包人应在双方计量确认后 14 天内,向承包人支付工程款(进度款)。同期用于工程上的发包人供应材料设备的价款以及按约定时间发包人应按比例扣回的预付款,与工程款(进度款)周期结算。合同价款调整、设计变更调整的合同价款及追加的合同价款,应与工程款(进度款)同期调整支付。

### 3.5.2.6 竣工验收与结算

**(1) 竣工验收中承发包人双方的具体工作程序和责任**

工程具备竣工验收条件,承包人按国家工程竣工验收有关规定,向发包人提供完整竣工资料及竣工验收报告。

发包人收到竣工验收报告后 28 天内组织有关部门验收,并在验收后 14 天内给予认可或提出修改意见,承包人按要求修改。建设工程未经验收或验收不合格,不得交付使用。

**(2) 竣工结算**

工程竣工验收报告经发包人认可后 28 天内,承包人向发包人递交竣工结算报告及完整的结算资料。

发包人自收到竣工结算报告及结算资料后 28 天内进行核实,确认后支付工程竣工结算价款。承包人收到竣工结算价款后 14 天内将竣工工程交付发包人。

**(3) 质量保修**

建设工程办理交工验收手续后,在规定的期限内,因勘察、设计、施工、材料等原因造成的质量缺陷,应当由施工单位负责维修。

为了保证维修任务的完成,承包人应当向发包人支付保修金,也可由发包人从应付承包人工程款内预留。质量保修金的比例及金额由双方约定,但不应超过施工合同价款的 3%。工程的质量保证期满后,发包人应当及时结算和返还(如有剩余)质量保修金。发包人应当在质量保证期满后 14 天内,将剩余保修金和按约定利率计算的利息返还承包人。

### 3.5.2.7 其他内容

——安全施工;
——专利技术及特殊工艺;
——文物和地下障碍物;
——不可抗力事件;
——工程保险;
——履约担保;
——工程分包。

### 3.5.2.8 合同解除

施工合同订立后,当事人应当按照合同的约定履行。但是,在一定的条件下,合同没有履行或者没有完全履行,当事人也可以解除合同。

**(1) 可以解除合同的情形**

出现下列情形之一的,施工合同可以解除:
——合同的协商解除;
——发生不可抗力时合同的解除;
——当事人违约时合同的解除。

**(2) 一方主张解除合同的程序**

一方主张解除合同的,应向对方发出解除合同的书面通知,并在发出通知前 7 天告知对方。通知到达对方时合同解除。对解除合同有异议的,按照解决合同争议程序处理。

**(3) 合同解除后的善后处理**

合同解除后,当事人双方约定的结算和清理条款仍然有效。承包人应当按照发包人要求妥善做好已完工程和已购材料、设备的保护和移交工作。按照发包人要求将自有的机械设备和人员撤出施工现场。发包人应为承包人提供必要条件,支付发生的费用,并按合同约定支付已完工程价款。

### 3.5.2.9 施工合同的违约责任

**(1) 发包人的违约责任**

① 发包人不按时支付工程预付款的违约责任。
② 发包人不按时支付工程款(进度款)的违约责任。
③ 发包人不按时支付结算价款的违约责任。
④ 发包人不履行合同义务或者不按合同约定

履行其他义务从而给承包人造成直接损失，发包人承担违约责任，延误的工期相应顺延。

**(2) 承包人施工违约的违约责任**

承包人不能按合同工期竣工，工程质量达不到约定的质量标准，或由于承包人原因致使合同无法履行，承包人承担违约责任，赔偿因其违约给发包人造成的损失。

双方应当在专用条款内约定承包人赔偿发包人损失的计算方法。一方违约后，另一方可按约定的担保条款，要求提供担保的第三方承担相应责任。违约方承担违约责任后，双方仍可继续履行合同。

### 3.5.2.10 争议的解决

合同当事人在履行施工合同时发生争议，可以和解或者要求合同管理及其他有关主管部门调解。和解或调解不成的，双方可以达成仲裁协议，或向有管辖权的人民法院起诉。

# 第 4 章
# 园林建设工程造价管理

园林建设工程的主要任务是通过施工创造出园林建筑产品,包括园林建筑、园林小品、仿古建筑、绿化工程等。这些园林建设产品的形式、结构、尺寸、规格、标准千变万化,人力、物力的消耗也不相同,不可能用简单、统一的价格,对这些园林建设产品进行精确的核算。但是,园林建设产品经过层层分解后,具有许多共同的特征。如一般园林建筑都是由基础、墙体、门窗、屋面、地面等组成;仿古建筑一般都由台基、屋身、屋顶构成,构件的材料不外乎砖、木、石、钢材、混凝土等。工程做法虽不尽相同,但有统一的常用模式及方法;设备安装也可按专业及设备品种、型号、规格等加以区分。因此,可以按照同等或相近的条件确定单位分项工程的人工、材料、施工机械台班等消耗指标,再根据具体工程的实际情况按规定逐项计算,求其产品的价值。

园林建设是国家基本建设项目之一。建设单位、设计单位和施工单位都必须按照基本建设程序进行建设,严格执行预算制度,加强"三算"(即设计概算,施工图预算,竣工决算),合理使用资金,充分发挥投资效益。

另外,认真做好总预(概)算等造价管理不但是贯彻基本建设程序、合理组织施工、按时按质按量完成建设任务的重要环节,同时又是对建设工程进行财政监督和审计的重要依据,因此,做好园林建设工程造价管理工作有着重要的现实意义。

## 4.1 园林建设工程造价内容

### 4.1.1 工程造价的范围

园林建设工程造价,是指园林建设工程从筹建到竣工验收交付使用前所需的全部建设费用,包括下列各项:

(1)建筑安装工程费用,包括土建工程和安装工程的直接费、间接费、利润和税金;

(2)设备及工器具购置费用,包括为建设项目购置或者自制的达到固定资产标准的各种设备、工具、器具的购置费用;

(3)工程建设其他费用,包括土地使用权取得费、勘察设计费、工程监理费、中介机构咨询费、研究试验费、招标费用、建设单位管理费、建设单位临时设施费、工程保险费;

(4)预备费,包括基本预备费、涨价预备费;

(5)建设单位为实施改建设项目贷款、发行债券,在建设期内应当偿付的利息;

(6)建设项目的税金、行政事业性收费、政府性基金;

(7)国家规定应当计入工程造价的其他费用。

### 4.1.2 工程造价的分类

园林建设工程造价计价,按照工程进程,可以分为下列几种类型:

**(1)编制投资估算**

投资估算是指整个投资决策过程中,依据现有资料和一定的方法,对建设项目的投资数额进行估计。建设项目投资估算，是可行性研究报告的重要组织部分，也是对建设项目进行经济效益评价的重要基础，项目确定后，投资估算总额还将对初步设计和概算编制起控制作用。

**(2) 编制设计概算**

设计概算是设计部门在初步设计阶段，为确定拟建基本建设项目所需的投资额或费用而编制的一种文件。它是设计文件的重要组成部分，是编制基本建设计划、实行基本建设投资大包干、控制基本建设拨款和贷款的依据，也是考核设计方案和建设成本是否经济合理的依据。

**(3) 编制施工图预算**

施工图预算的编制是在工程开工之前，由施工单位根据已批准的施工图纸，在既定的施工方案前提下，按照国家颁布的各类工程预算定额、单位估价表及各项费用的取费标准，预先计算和确定工程造价的文件。

**(4) 编制工程量清单、招标标底**

工程量清单是完成建设工程需要实施的各个分项及其工程数量的明细清单，它是将设计图纸和业主对项目的建设要求以及要求承建人完成的工作转换成许多条明细分项和数量的表单格式，每条分项描述叫一个清单项目或清单分项，它反映了承包人完成建设项目需要实施的具体的分项目标。工程量清单是投标人填报分项工程单价，对工程进行计价的依据。招标人提供的工程量清单为投标人奠定了一个平等竞争报价的基础。按照清单项目是否构成工程实体，某个具体建设项目的工程量清单由分部分项工程量清单、措施项目清单和其他项目清单组成。

招标标底是招标工程的预期价格，编制标底能使建设单位预先明确自己在拟建工程上应承担的财务义务，同时为上级主管部门提供核实投资规模的依据，也可作为衡量投标报价的准绳，成为评标的主要尺度之一。

**(5) 编制投标报价**

投标报价是承包商采取投标方式承揽工程项目时，计算和确定的承包该项工程的投标总价格。业主把承包商的报价作为主要标准来选择中标者，同时投标报价也是业主和承包商就工程标价进行承包合同谈判的基础，直接关系到承包商投标的成败。报价是进行工程投标的核心。报价过高会失去承包机会，而报价过低虽然得了标，但会给工程带来亏本的风险。因此，编制合理的投标报价是投标者能否中标的关键因素。

**(6) 约定工程合同价**

工程合同价是按照国家有关规定由甲乙双方在合同中约定的工程造价，工程合同价包括：合同价款、追加合同价款和费用。工程合同价的计价依据是：

① 现行预算定额应是工程合同价的计价基础。编制标底或施工图预算时如发现预算定额与招标工程的具体情况出入较大，确需调整时可适当调整；按施工图预算结算的工程对于确需调整的内容应经甲乙双方协商一致并列入合同条款之内。

② 各地区工程造价管理部门应根据市场价格的变化对人工单价、材料价格和施工机械台班单价按季度发布价格信息或价格指数，以适应造价计算和价差调整的需要。

③ 对于行之有效的新结构、新材料、新设备、新工艺的定额缺项，工程造价管理部门应及时编制补充定额，并将发布的补充定额报送建设部标准定额司备案。

④ 要加强企业定额工作。施工企业应当依据企业自身技术和管理情况，在国家定额的指导下制订用于投标报价和企业管理的企业定额，并注意经常积累工程经济资料，分析研究经营管理存在的问题，不断提高企业定额水平，以增强市场竞争能力。

⑤ 各级工程造价管理部门要注意收集整理有重复使用价值的工程造价资料，分析研究并提出对较常发生的施工措施费和索赔费用的计算方法及标准，供有关单位参考使用。

**(7) 办理竣工结算和竣工决算**

竣工结算是施工企业在完成承发包合同所规定的全部内容，并交工验收之后，根据工程实施过程中所发生的实际情况及合同的有关规定而编制的，向业主提出自己应得的全部工程价款的工程造价文件。竣工结算由施工单位编制报业主后，业主将自行或委托造价咨询部门审核，其审定后的最终结果，将直接牵涉到施工单位的切身利益。如何将已实施的工作内容和应得的利益通过竣工结算反映出来，而使自身利益不受损失，是每个施工企业应该重视的问题。同时竣工结算是施工单位考核工程成本、进行经济核算的依据，是总结和衡量企业管理水平的依据。通过竣工结算，可总结工作经验教训，找出施工浪费的原因，为提高施工管理水平服务。然而，由于种种原因，不少施工企业在这方面做得并不理想，从而使企业的经营管理及经济利益受到一定的影响。

竣工决算是建设工程从筹建到竣工投产全过程中发生的所有实际支出，包括设备工、器具购置费、建筑安装工程费和其他费用等。竣工决算由竣工财务决算报表、竣工财务决算说明书、竣工工程平面示意图、工程造价比较分析四部分组成。

### 4.1.3 园林建设项目的划分

为了便于对工程进行分级管理，便于统一参照国家和地方的定额标准进行规范化合理化的工程预决算，有必要对园林工程项目进行项目划分，对于一个工程项目来说，一般可划分为：

① 建设总项目：是指在一个场地上或数个场地上，按照一个总体设计进行施工的各个工程项目的总和。如一个游乐园、一个公园、一个动物园等就是一个建设项目。

② 单项工程：是指在一个建设项目中，具有独立的设计文件，竣工后可以发挥生产能力或工程效益的工程。它是建设项目的组成部分，一个建设项目中可以有几个单项工程，也可能只有一个单项工程。如一个公园里的码头、水榭、茶室等。

③ 单位工程：是指具有单列的设计文件，可以进行独立施工，但不能单独发挥作用的工程。它是单项工程的组成部分。如茶室工程中的给排水工程、照明工程等。

④ 分部工程：是指按单位工程的各个部位或是按照使用不同的工种、材料和施工机械而划分的工程项目。它是单位工程的组成部分。如一般土建工程可划分为：土石方、砖石、混凝土及钢筋混凝土、木结构及装修、屋面等分部工程。

⑤ 分项工程：是指分部工程中按照不同的施工方法、不同的材料、不同的规格等因素而进一步划分的最基本的工程项目。

参照《园林工程预算定额》，园林工程划分为4个分部工程(表4-1)，即园林绿化工程、堆砌假山及塑假石山工程、园路及园桥工程、园林小品工程。园林绿化工程中包括21个分项工程，堆砌假山及塑假石山工程包括2个分项工程，园路及园桥工程包括2个分项工程，园林小品工程包括2个分项工程。

表4-1 园林工程分部分项名称

| 序号 | 分部工程名称 | 分项工程名称 |
|---|---|---|
| 1 | 园林绿化工程 | 整理绿化地及起挖乔木(带土球)；栽种乔木(带土球)；起挖乔木(裸根)；栽植乔木(裸根)；起挖灌木(带土球)；栽种灌木(带土球)；起挖灌木(裸根)；栽种灌木(裸根)；起挖竹类(散生竹)；栽种竹类(散生竹)；起挖竹类(丛生竹)；栽种竹类(丛生竹)；栽植绿篱；露地花卉栽植；草皮铺种；栽植水生植物；树木支撑；草绳绕树干；栽种攀缘植物；假植；人工换土 |
| 2 | 堆砌假山及塑假石山工程 | 堆砌假山；塑假石山 |
| 3 | 园路及园桥工程 | 园路；园桥 |
| 4 | 园林小品工程 | 堆塑装饰；小型设施 |

### 4.1.4 园林建设工程概、预算分类

园林建设工程概、预算根据设计阶段、所起的作用及编制依据的不同可分为：设计概算、施工图预算和施工预算3种。

**(1) 设计概算**

设计概算是初步设计文件的重要组成部分。它是由设计单位在初步设计阶段或扩大初步设计阶段时，根据初步设计图纸或扩大初步设计图纸，按照各类工程概算定额和有关的费用定额等资料进行编制的。设计概算是控制工程投资、进行建

设投资包干和编制年度建设计划的依据，也是促使设计人员对所设计项目负责、进行设计方案经济比较的依据，使其符合国家的经济技术指标，同时也是实行财政监督的依据。

**(2) 施工图预算**

施工图预算是指在工程开工之前，由施工单位根据已批准的施工图纸，在既定的施工方案前提下，按照国家颁布的各类工程预算定额、单位估价表及各项费用的取费标准预先计算和确定工程造价的文件。施工图预算是建设单位与施工单位签订工程合同、拨付工程价款、竣工决算、实行招投标和建设包干的主要依据，也是施工单位安排施工计划、进行经济核算、考核工程成本的依据。

**(3) 施工预算**

施工预算是施工单位内部编制的一种预算。在施工图预算的控制下，结合施工组织设计中的平面布置、施工方法、技术组织措施以及现场施工条件等因素编制而成的。

由于施工预算主要计算施工用工数及材料用量等，故主要编制工料分析，即根据工程量及定额来计算各个分部工程项目的用工数和各种材料的用量，以此确定工料计划，下达生产任务书，指导生产。施工预算是施工企业内部实行定额管理、进行内部经济核算、签订内部承包合同的依据。

综上所述，概算和预算既有共性又有特性。表现在作为编制依据的定额、取费标准和价格的基础水平和标准是基本一致的，但也是相互制约的，概算控制预算，预算控制施工预算。三者都有独立的功能，在工程建设的不同阶段发挥各自的作用。

## 4.1.5 建设工程定额及其分类

### 4.1.5.1 建设工程定额的概念及作用

定额是进行生产经营活动时，在人力、物力、财力消耗方面所应遵守或达到的数量标准。

建设工程定额是指在建筑生产中，为了完成建筑产品，所消耗一定的人工、材料和机械台班的数额。在我国现阶段，定额是按平均合理的原则制订的，它是企业有计划组织生产的依据，是进行经济核算的基础，是贯彻"按劳分配"的指导文件，是衡量经济效果的杠杆。

定额伴随着管理科学的产生而产生，伴随着管理科学的发展而发展。定额是管理科学的基础，也是现代管理科学中的重要内容和基本环节。我国要实现工业化和生产的社会化、现代化，就必须积极地吸收和借鉴世界上各个发达国家的先进管理方法，必须充分认识定额在社会主义经济管理中的地位和作用。

定额是节约社会劳动、提高劳动生产率的重要手段；是组织和协调社会化大生产的工具；是宏观调控的依据；在实现分配、兼顾效率与社会公平方面有巨大的作用。

### 4.1.5.2 工程定额的分类

工程建设定额是根据国家一定时期的管理体制和管理制度，根据不同定额的用途和适用范围，由指定的机构按照一定的程序制定的，并按照规定的程序审批和办法执行。工程建设定额反映了工程建设和各种资源消耗之间的客观规律，是工程建设中各类定额的总称。按照不同的原则和方法可对其进行科学的分类。

**(1) 按定额反映的生产要素消耗内容分类**

① 劳动消耗定额：简称劳动定额(也称为人工定额)，是指完成一定的合格产品(工程实体或者劳务)规定活劳动消耗的数量标准。

② 机械消耗定额：我国机械消耗定额以一台机械一个工作班为计量单位，所以又称为机械台班定额。机械消耗定额是指为完成一定合格产品(工程实体或者劳务)所规定的施工机械消耗的数量标准。

③ 材料消耗定额：简称材料定额，是指完成一定合格产品所需消耗材料的数量标准。

材料是工程建设中使用的原材料、成品、半成品、构配件、燃料以及水、电等动力资源的统称，对建设工程的项目投资、建筑产品的成本控制都起着决定性的作用。

**(2) 按定额的编制程序和用途分类**

可以把工程建设定额分为施工定额、预算

定额、概算定额、概算指标、投资估算指标等5种。

① 施工定额：是以同一性质的施工过程——工序，作为研究的对象，根据生产产品数量与时间消耗综合关系编制的定额。施工定额本身由劳动定额、机械定额和材料定额3个相对独立的部分组成，主要直接用于工程的施工管理，作为编制工程施工设计、施工预算、施工作业计划、签发施工人任务单、限额领料卡及结算记件工资或者计量奖励工资等用。它同时也是编制预算定额的基础。

② 预算定额：是以建筑物或者构筑物各个分部分项工程为对象编制的定额，其内容包括劳动定额、机械台班定额、材料消耗定3个基本部分，并列有工程费用，是一种计价的定额。从编制程序上来看，预算定额是以施工定额为基础综合扩大编制的；同时它也是编制概算定额的基础。

③ 概算定额：是以扩大的分部分项工程为对象编制的，计算和确定该工程项目的劳动、机械台班、材料消耗量所使用的定额，同时它也列有工程费用，也是一种计价性定额。概算定额是编制扩大初步设计概算、确定建设项目投资额的依据。概算定额的项目划分粗细与扩大初步设计的深度相适应，一般是在预算定额的基础上综合扩大而成的，每一综合分项概算定额都包含了数项预算定额。

④ 概算指标：是概算定额的扩大与合并，它是以整个建筑物和构筑物为对象，以更为扩大的计量单位编制的。概算指标的内容包括劳动、机械台班、材料定额3个基本部分，同时还列出了各个结构分部的工程量及单位建筑工程（以体积或者面积计）的造价，是一种计价定额。为了增加概算指标的适用性，也以房屋或者构筑物的扩大的分部工程或者结构构件为对象编制，称为扩大结构定额。

概算指标通常按工业建筑和民用建筑分别编制，工业建筑中又按各个工业部门类别、企业大小、车间结构编制，民用建筑按照用途性质、建筑层高、结构类别编制。概算指标的设定应和初步设计的深度相适应，一般是在概算定额和预算定额的基础上编制的，比概算定额更加综合扩大。它是设计单位编制工程概算或者建设单位编制年度任务计划、施工准备期间编制材料和机械设备供应计划的依据，也可供国家编制年度建设计划参考。

⑤ 投资估算指标：它是在项目建议书和可行性研究阶段编制投资估算、计算投资需要量时使用的一种定额。它非常概略，往往以独立的单项工程或者完整的工程项目为计算对象，编制内容是所有项目费用之和。编制基础仍然离不开预算定额、概算定额。

**(3) 按照投资的费用性质分类**

可以把工程建设定额分为建筑工程定额、设备安装工程定额、建筑安装工程费用定额、工器具定额以及工程建设其他费用定额等。

① 建筑工程定额：是建筑工程的施工定额、预算定额、概算定额和概算指标的统称。建筑工程，一般可以理解为房屋和构筑物工程。具体包括一般土建工程、电气工程（动力、照明、弱电）、卫生技术（水、暖、通风）工程、工业管道工程、特殊构筑物工程等。广义上，它也被理解为除房屋和构筑物以外还包含其他各类工程，如道路、铁路、桥梁、隧道、运河、堤坝、港口、电站、机场等工程。在我国统计年鉴中对固定资产投资构成的划分，就是根据这种理解设计的。

② 设备安装工程定额：是安装工程施工定额、预算定额、概算定额和概算指标的统称。设备安装工程是对需要安装的设备进行定位、组合、校正、调试等工作的工程。在工业项目中，机械设备安装工程和电气设备安装工程占有重要的地位，因为生产设备大多要安装后才能运转，不需要安装的设备很少。在非生产性的建设项目中，由于社会生活和城市设施的日益现代化，设备安装工程量也在不断增加。所以设备安装工程定额也是工程建设定额中的重要部分。

通常把建筑和安装工程作为一个施工过程，即建筑安装工程。在通用的定额中有时把建筑工程定额和安装工程定额合二为一，称为建筑安装工程定额。建筑安装工程定额属于直接费定额，仅仅包括施工过程中人工、材料、机械消耗定额。

③ 建筑安装工程费用定额：一般包括以下三部分内容：

**其他直接费用定额** 指预算定额分项内容以外，而与建筑安装施工生产直接有关的各项费用开支标准。

**现场经费定额** 指与现场施工直接有关，施工准备、组织施工生产和管理所需的费用定额。

**间接费定额** 是指与建筑安装施工生产的个别产品无关，而为企业生产全部产品所必须、为维持企业的经营管理活动所必需发生的各项费用开支标准。

④ 工、器具定额：是为新建或者扩建项目投产运转首次配置的工具、器具数量标准。工具和器具标准，是指按照有关规定不够固定资产标准而起劳动手段作用的工具、器具和生产用家具。

⑤ 工程建设其他费用定额：是独立于建筑安装工程、设备和工器具购置之外的其他费用开支的标准。工程建设的其他费用的发生和整个项目的建设密切相关。它一般要占项目总投资的10%左右。其他费用定额是按各项独立费用分别制定的，以便合理控制这些费用的开支。

**（4）按照专业性质分类**

工程建设定额可以分为全国通用定额、行业统一定额、地区统一定额、企业定额、补充定额5种。

① 全国通用定额是由国家建设行政主管部门，综合全国工程建设中技术和施工组织管理的情况编制，并在全国范围内执行的定额。

② 行业统一定额，是考虑到各行业部门专业工程技术特点，以及施工生产和管理水平编制的。一般是只在本行业和相同专业性质的范围内使用。

③ 地区统一定额包括省、自治区、直辖市定额。地区统一定额主要是考虑到地区性特点和全国统一定额水平作适当调整和补充编制的。

④ 企业定额是指由施工企业考虑本企业具体情况，参照国家、部门或地区定额的水平制定的定额。

⑤ 补充定额是指随着设计、施工技术的发展，现行定额不能满足需要的情况下，为了补充缺陷所编制的定额。

## 4.2 园林建设工程费用组成

风景园林建设工程造价的各类费用，除定额直接费是按设计图纸和预算定额计算外，其他的费用项目，应根据国家及地区制定的最新费用定额及有关规定计算。一般都采用工程所在地区的地区统一定额。风景园林建设工程费用一般由直接费、间接费、利润和税金组成（表4-2）。

**表4-2 园林建设工程费用项目组成表**

（2004年1月1日起实行）

| | | | |
|---|---|---|---|
| 建设工程费 | 直接费 | 直接工程费 | 1. 人工费 |
| | | | 2. 材料费 |
| | | | 3. 施工机械使用费 |
| | | 施工组织措施费 | 1. 环境保护费 |
| | | | 2. 文明施工费 |
| | | | 3. 安全施工费 |
| | | | 4. 临时设施费 |
| | | | 5. 夜间施工费 |
| | | | 6. 缩短工期增加费 |
| | | | 7. 二次搬运费 |
| | | | 8. 已完工程及设备保护费 |
| | | | 9. 其他施工组织措施费 |
| | | 施工技术措施费 | 1. 大型机械设备进出场及安拆费 |
| | | | 2. 混凝土、钢筋混凝土模板及支架费 |
| | | | 3. 脚手架费 |
| | | | 4. 施工排水、降水费 |
| | | | 5. 其他施工技术措施费 |
| | 间接费 | 规费 | 1. 工程排污费 |
| | | | 2. 工程定额测定费 |
| | | | 3. 社会保障费（养老保险费、失业保险费、医疗保险费） |
| | | | 4. 住房公积金 |
| | | | 5. 危险作业意外伤害保险 |
| | | 企业管理费 | 1. 管理人员工资 |
| | | | 2. 办公费 |
| | | | 3. 差旅交通费 |

(续)

| 建设工程费 | 间接费 | 企业管理费 | 4. 固定资产使用费 |
| --- | --- | --- | --- |
| | | | 5. 工具用具使用费 |
| | | | 6. 劳动保险费 |
| | | | 7. 工会经费 |
| | | | 8. 职工教育经费 |
| | | | 9. 财产保险费 |
| | | | 10. 财务费 |
| | | | 11. 税金 |
| | | | 12. 其他 |
| | 利润 | | |
| | 税金 | | 1. 营业税 |
| | | | 2. 城市维护建设税 |
| | | | 3. 教育附加费 |

## 4.2.1 直接费

直接费是指施工中直接用在工程上的各项费用的总和，由直接工程费和措施费两部分组成。

### 4.2.1.1 直接工程费

是指施工过程中耗用的构成工程实体和有助于工程形成的各项费用，包括人工费、材料费、施工机械使用费。

**(1) 人工费**

指直接从事建筑安装工程施工的生产工人的各项支出费用，包括：

① 基本工资：指发放给生产工人的基本工资。

② 工资性补贴：指按规定标准发放的物价补贴，煤、燃气补贴，交通补贴，住房补贴，流动施工津贴等。

③ 生产工人辅助工资：指生产工人年有效施工天数以外非作业天数的工资，包括职工学习、培训期间的工资，调动工作、探亲、休假期间的工资，因气候影响的停工工资，女工哺乳时间的工资，病假在6个月以内的工资及产、婚、丧假期的工资。

④ 职工福利费：指按规定标准计提的职工福利费。

⑤ 生产工人劳动保护费：指按规定标准发放的劳动保护用品的购置费及修理费，徒工服装补贴，防暑降温费，在有碍身体健康环境中施工的保健费用等。

**(2) 材料费**

指施工过程中耗费的构成工程实体的原材料、辅助材料、构配件、零件、半成品的费用，包括：

① 材料原价（或供应价格）

② 材料运杂费：指材料自来源地运至工地仓库或指定堆放地点所发生的全部费用。

③ 运输损耗费：指材料在运输装卸过程中不可避免的损耗。

④ 采购及保管费：指组织采购、供应和保管材料过程中所需要的各项费用，包括采购费、仓储费、工地保管费、仓储损耗费。

⑤ 检验试验费：指对建筑材料、构件和建筑安装物进行一般鉴定、检查所发生的费用，包括自设试验室进行试验所耗用的材料和化学药品等费用。不包括新结构、新材料的试验费和建设单位对具有出厂合格证明的材料进行检验，对构件做破坏性试验及其他特殊要求检验试验的费用。

**(3) 施工机械使用费**

施工机械使用费是指施工机械作业所发生的机械使用费以及机械安拆费和场外运费。施工机械台班单价应由下列7项费用组成：

① 折旧费：指施工机械在规定的使用年限内，陆续收回其原值及购置资金的时间价值。

② 大修理费：指施工机械按规定的大修理间隔台班进行必要的大修理，以恢复其正常功能所需的费用。

③ 经常修理费：指施工机械除大修理以外的各级保养和临时故障排除所需的费用。包括为保障机械正常运转所需替换设备与随机配备工具附具的摊销和维护费用、机械运转中日常保养所需润滑与擦拭的材料费用及机械停滞期间的维护和保养费用等。

④ 安拆费及场外运费：安拆费指施工机械在现场进行安装与拆卸所需的人工、材料、机械和试运转费用以及机械辅助设施的折旧、搭设、拆除等费用；场外运费指施工机械整体或分体自停放地点运至施工现场或由一施工地点运至另一施工地点的运输、装卸、辅助材料及架线等费用。

⑤ 人工费：指机上司机（司炉）和其他操作人

员的工作日人工费及上述人员在施工机械规定的年工作台班以外的人工费。

⑥ 燃料动力费：指施工机械在运转作业中所消耗的固体燃料（煤、木柴）、液体燃料（汽油、柴油）及水、电等。

⑦ 养路费及车船使用税：指施工机械按照国家规定和有关部门规定应缴纳的养路费、车船使用税、保险费及年检费等。

**(4) 措施费**

措施费是指为完成工程项目施工，发生于该工程施工前和施工过程中非工程实体项目的费用。包括施工组织措施费和施工技术措施费两部分。具体的措施费，各地区各工程项目可根据具体情况而定。

① 施工组织措施费：组成内容包括：

*环境保护费* 指施工现场为达到环保部门要求所需要的各项费用。

*文明施工费* 指施工现场文明施工所需要的各项费用。一般包括施工现场的文明标牌设置、施工现场地面硬化、现场周边设置防护性围墙设施、保持施工现场的整洁美观等发生的各项费用。

*安全施工费* 指施工现场安全施工所需要的各项费用。包括施工安全防护用具和服装、施工现场的安全警示标牌、施工场地内消防设施和消防器材、对施工人员的安全教育培训、安全检查以及编制安全措施方案等发生的各项费用。

*临时设施费* 指施工企业为进行建筑工程施工所必须搭设的生活和生产用的临时建筑物、构筑物和其他临时设施的费用等。临时设施包括临时宿舍、文化福利及公用事业房屋与构筑物、仓库、办公室、加工厂以及规定范围内道路、水、电、管线等临时设施和小型临时设施；临时设施费用包括临时设施的搭设、维修、拆除费或摊销费。

*夜间施工费* 指因夜间施工所发生的夜班补助费、夜间施工降效、夜间施工照明设备摊销及照明用电等费用。

*缩短工期增加费* 指合同工期小于定额工期时，应计算的增加费。包括以下内容：

——夜间施工增加费：是指因夜间施工所发生的夜班补助费、夜间施工降效、夜间施工照明设备摊销及照明用电等费用。

——周转材料加大投入量及增加场外运费：指合同工期小于定额工期时，施工不能按正常流水进行，因赶工需加大周转材料投入量及所增加的场外运费费用。

*二次搬运费* 是指因施工场地狭小等特殊情况而发生的二次搬运费用。

*已完工程及设备保护费* 是指竣工验收前，对已完工程及设备进行保护所需费用。

*其他施工组织措施费* 是指根据各专业、地区及工程特点补充的施工组织措施费用项目。

② 施工技术措施费：组成内容包括：

*大型机械设备进出场及安拆费* 指机械整体或分体自停放场地运至施工现场或由一个施工地点运至另一个施工地点，所发生的机械进出场运输及转移费用和机械在施工现场进行安装、拆卸所需的人工费、材料费、机械费、试运转费和安装所需的辅助设施的费用。

*混凝土、钢筋混凝土模板及支架费* 指混凝土施工过程中需要的各种钢模板、木模板、支架等的支、拆、运输费用及模板、支架的摊销（或租赁）费用。

*脚手架费* 指施工需要的各种脚手架搭、拆、运输费用及脚手架的摊销（或租赁）费用。

*施工排水、降水费* 指为确保工程在正常条件下施工，采取各种排水、降水措施所发生的各种费用。

*其他施工技术措施费* 指根据各专业、地区及工程特点补充的施工技术措施费用项目。

### 4.2.2 间接费

间接费是指施工企业为组织施工和进行经营管理以及间接为工程生产服务所产生的各项费用。它不直接发生在工程本身，而是间接地为工程服务。间接费由规费、企业管理费两部分组成。

**(1) 规费**

规费是指政府和有关权力部门规定必须缴纳的费用。内容包括：

① 工程排污费：是指施工现场按规定缴纳的

工程排污费。

② 工程定额测定费：是指按规定支付工程造价（定额）管理部门的定额测定费。

③ 社会保障费：包括

养老保险费　指企业按规定标准为职工缴纳的基本养老保险费。

失业保险费　指企业按照规定标准为职工缴纳的失业保险费。

④ 医疗保险费：指企业按照规定标准为职工缴纳的基本医疗保险费。

⑤ 住房公积金：指企业按照规定标准为职工缴纳的住房公积金。

⑥ 危险作业意外伤害保险：指按照建筑法规定，企业为从事危险作业的建筑安装施工人员支付的意外伤害保险费。

**(2) 企业管理费**

企业管理费是指建筑安装企业组织施工生产和经营管理所需费用。内容包括：

① 管理人员工资：指管理人员的基本工资、工资性补贴、职工福利费、劳动保护费等。

② 办公费：指企业管理办公用的文具、纸张、账表、印刷、邮电、书报、会议、水电、烧水和集体取暖（包括现场临时宿舍取暖）用煤等费用。

③ 差旅交通费：指职工因公出差、调动工作的差旅费、住勤补助费，市内交通费和误餐补助费，职工探亲路费，劳动力招募费，职工离退休、退职一次性路费，工伤人员就医路费，工地转移费以及管理部门使用的交通工具的油料、燃料、养路费及牌照费。

④ 固定资产使用费：指管理和试验部门及附属生产单位使用的属于固定资产的房屋、设备仪器等的折旧、大修、维修或租赁费。

⑤ 工具用具使用费：指管理使用的不属于固定资产的生产工具、器具、家具、交通工具和检验、试验、测绘、消防用具等的购置、维修和摊销费用。

⑥ 劳动保险费：指由企业支付离退休职工的易地安家补助费、职工退职金、6个月以上的病假人员工资、职工死亡丧葬补助费、抚恤费、按规定支付给离休干部的各项经费。

⑦ 工会经费：指企业按职工工资总额计提的工会经费。

⑧ 职工教育经费：指企业为职工学习先进技术和提高文化水平，按职工工资总额计提的费用。

⑨ 财产保险费：指施工管理用财产、车辆保险。

⑩ 财务费：指企业为筹集资金而发生的各种费用。

⑪ 税金：指企业按规定缴纳的房产税、车船使用税、土地使用税、印花税等。

⑫ 其他：包括技术转让费、技术开发费、业务招待费、绿化费、广告费、公证费、法律顾问费、审计费、咨询费等。

### 4.2.3　利润

利润是指施工企业完成所承包工程获得的盈利。

### 4.2.4　税金

税金是指国家税法规定的应计入建筑安装工程造价内的营业税、城市维护建设税及教育附加费等。纳税地点在市区的企业，税率按3.413%计取，纳税地点在县城、镇的企业税率按3.348%计取，纳税地点不在市区、县城、镇的企业税率按3.22%计取。

## 4.3　设计概算的编制与审查

### 4.3.1　设计概算的基本概念

#### 4.3.1.1　设计概算的含义

设计概算是设计文件的重要组成部分，是在投资估算的控制下由设计单位根据初步设计（或扩大初步设计）图纸、概算定额（或概算指标）、各项费用定额或取费标准（指标）、建设地区自然技术经济条件和设备材料预算价格等资料，编制和确定的建设项目从筹建至竣工交付使用所需全部费用的文件。

#### 4.3.1.2 设计概算的作用

(1) 设计概算是编制建设项目投资计划、确定和控制建设项目投资的依据。

(2) 设计概算是控制施工图设计和施工图预算的依据。

(3) 设计概算是衡量设计方案经济合理性和选择最佳设计方案的依据。

(4) 设计概算是工程造价管理及编制招标标底和投标报价的依据。

(5) 设计概算是考核建设项目投资效果的依据。

#### 4.3.1.3 设计概算的内容

设计概算可分单位工程概算、单项工程综合概算和建设项目总概算三级。各级之间的关系如表 4-3 所示。

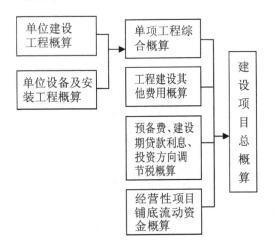

表 4-3　设计概算的三级概算关系图

**(1) 单位工程概算**

单位工程概算是确定各单位工程建设费用的文件，是编制单项工程综合概算的依据，是单项工程综合概算的组成部分。单位工程概算按其工程性质分为建筑工程概算和设备及安装工程概算两大类。建筑工程概算包括土建工程概算，给排水、采暖工程概算，通风、空调工程概算，电气、照明工程概算，弱电工程概算，特殊构筑物工程概算、园林绿化概算等；设备及安装工程概算包括机械设备及安装工程概算，电气设备及安装工程概算，热力设备及安装工程概算，工具、器具及生产家具购置费概算等。

**(2) 单项工程综合概算**

单项工程综合概算是确定一个单项工程所需建设费用的文件，它是由单项工程中的各单位工程概算汇总编制而成的，是建设项目总概算的组成部分。

**(3) 建设项目总概算**

建设项目总概算是确定整个建设项目从筹建到竣工验收所需全部费用的文件，它是由各单项工程综合概算、工程建设其他费用概算、预备费、建设期贷款利息和固定资产投资方向调节税概算汇总编制而成的。

### 4.3.2　设计概算的编制原则和依据

**(1) 设计概算的编制原则**

① 严格执行国家的建设方针和经济政策的原则；

② 完整、准确地反映设计内容的原则；

③ 坚持结合拟建工程的实际，反映工程所在地当时价格水平的原则。

**(2) 设计概算的编制依据**

① 国家发布的有关法律、法规、规章、规程等；

② 批准的可行性研究报告及投资估算、设计图纸等有关资料；

③ 有关部门颁布的现行概算定额、概算指标、费用定额等和建设项目设计概算编制办法；

④ 有关部门发布的人工、设备材料价格、造价指数等；

⑤ 建设地区的自然、技术、经济条件等资料；

⑥ 有关合同、协议等；

⑦ 其他有关资料。

### 4.3.3　设计概算的编制方法

#### 4.3.3.1　单位工程概算的编制方法

**(1) 单位工程概算的含义**

单位工程是单项工程的组成部分，是指具有单独设计、可以独立组织施工，但不能独立发挥生产能力或使用效益的工程。单位工程概算是确定单位工程建设费用的文件，是单项工程综合概算的组成部分。它由直接工程费、间接费、计划利润和税金组成。

单位工程概算分建筑工程概算和设备及安装工程概算两大类。建筑工程概算的编制方法有概算定额法、概算指标法、类似工程预算法等；设备及安装工程概算的编制方法有预算单价法、扩大单价法、设备价值百分比法和综合吨位指标法等。

**（2）建筑单位工程概算的编制方法**

① 概算定额法：又叫扩大单价法或扩大结构定额法。它是采用概算定额编制建筑工程概算的方法，类似于用预算定额编制建筑工程预算。它根据初步设计图纸资料和概算定额的项目划分计算出工程量，然后套用概算定额单价（基价），计算汇总后，再计取有关费用，得出单位工程概算造价。

概算定额法要求初步设计达到一定深度，建筑结构比较明确，能按照初步设计的平面、立面、剖面图纸计算出楼地面、墙身、门窗和屋面等扩大分项工程（或扩大结构构件）项目的工程量时，才可采用。

② 概算指标法：采用的是直接费指标，是用拟建的园林建筑、住宅的建筑面积（或体积）或园林绿化面积乘以技术条件相同或基本相同的概算指标得出直接费，然后按规定计算出其他直接费、现场经费、间接费、利润和税金等，编制出单位工程概算的方法。

概算指标法的适用范围是当初步设计深度不够，不能准确地计算出工程量，但工程设计技术比较成熟而又有类似工程概算指标可以利用时，可采用此法。

由于拟建工程（设计对象）往往与类似工程的概算指标的技术条件不尽相同，而且概算指标编制年份的设备、材料、人工等价格与拟建工程当时当地的价格也不会一样，因此，必须对其进行调整。其调整方法是：

第一，设计对象的结构特征与概算指标有局部差异时的调整。

结构变化修正概算指标$(元/m^2) = J + Q_1P_1 - Q_2P_2$

$$(4-1)$$

式中　$J$——原概算指标；

$Q_1$——换入新结构的含量；

$Q_2$——换出旧结构的含量；

$P_1$——换入新结构的单价；

$P_2$——换出旧结构的单价。或：

结构变化修正概算指标$(元/m^2)$ = 原概算指标的指标 + 换入新结构件含量 × 换入新结构单价 − 换出旧结构件的含量 × 换出旧结构的单价

以上两种方法，前者是直接修正结构件指标单价，后者是修正结构件指标人工、材料、机械数量。

第二，设备、人工、材料、机械台班费用的调整。

设备、人工、材料、机械修正概算费用 = 原概算指标的设备、人工、材料、机械费用 + $\sum$（换入设备、人工、材料、机械数量 × 拟建地区相应单价）− $\sum$（换出设备、人工、材料、机械数量 × 原概算指标设备、人工、材料、机械单价）

③ 类似工程预算法：是利用技术条件与设计对象相类似的已完工程或在建工程的工程造价资料来编制拟建工程设计概算的方法。类似工程预算法适用于拟建工程初步设计与已完工程或在建工程的设计相类似又没有可用的概算指标时采用，但必须对建筑结构差异和价差进行调整。建筑结构差异的调整方法与概算指标法的调整方法相同。类似工程造价的价差调整常用的两种方法是：

第一，类似工程造价资料有具体的人工、材料、机械台班的用量时，可按类似工程预算造价资料中的主要材料用量、工日数量、机械台班用量乘以拟建工程所在地的主要材料预算价格、人工单价、机械台班单价，计算出直接费，再乘以当地的综合费率，即可得出所需的造价指标。

第二，类似工程造价资料只有人工、材料、机械台班费用和其他直接费、现场经费、间接费时，可按以下公式调整：

$$D = AK \quad (4\text{-}2)$$

$$K = a\%K_1 + b\%K_2 + c\%K_3 + d\%K_4 + e\%K_5 + f\%K_6 \quad (4\text{-}3)$$

式中 $D$——拟建工程单方概算造价；

$A$——类似工程单方预算造价；

$K$——综合调整系数；

$a\%$、$b\%$、$c\%$、$d\%$、$e\%$、$f\%$——类似工程预算的人工费、材料费、机械台班费、其他直接费、现场经费、间接费占预算造价的比重。如 $a\%$ = 类似工程人工费（或工资标准）/类似工程预算造价×100%；$b\%$、$c\%$、$d\%$、$e\%$、$f\%$ 类同。

$K_1$、$K_2$、$K_3$、$K_4$、$K_5$、$K_6$——拟建工程地区与类似工程预算造价在人工费、材料费、机械台班费、其他直接费、现场经费和间接费之间的差异系数。如 $K_1$ = 拟建工程概算的人工费（或工资标准）/类似工程预算人工费（或地区工资标准）；$K_2$、$K_3$、$K_4$、$K_5$、$K_6$ 类同。

**(3) 设备及安装单位工程概算的编制方法**

设备及安装工程概算包括设备购置费概算和设备安装工程费概算两大部分。

① 设备购置费概算：其公式为：

$$\text{设备购置费概算} = \Sigma\left(\begin{array}{c}\text{设备清单中}\\\text{的设备数量}\end{array} \times \begin{array}{c}\text{设备}\\\text{原价}\end{array}\right) \times \left(1 + \begin{array}{c}\text{运杂}\\\text{费率}\end{array}\right) \quad (4\text{-}4)$$

或：

$$\text{设备购置费概算} = \Sigma\left(\begin{array}{c}\text{设备清单中}\\\text{的设备数量}\end{array} \times \begin{array}{c}\text{设备预}\\\text{算价格}\end{array}\right) \quad (4\text{-}5)$$

国产标准设备原价可根据设备型号、规格、性能、材质、数量及附带的配件，向制造厂家询价或向设备、材料信息部门查询或按主管部规定的现行价格逐项计算。非主要标准设备和工器具、生产家具的原价可按主要标准设备原价的百分比计算，百分比指标按主管部门或地区有关规定执行。

国产非标准设备原价在设计概算时可按下列两种方法确定：

第一，非标准设备台（件）估价指标法。即：

$$\text{非标准设备原价} = \text{设备台数} \times \text{每台设备估价指标（元/台）} \quad (4\text{-}6)$$

第二，非标准设备吨重估价指标法。即：

$$\text{非标准设备原价} = \text{设备吨重} \times \text{每吨重设备估价指标（元/t）} \quad (4\text{-}7)$$

② 设备安装工程费概算

第一，预算单价法。当初步设计较深、有详细的设备清单时，可直接按照工程预算定额单价编制安装工程概算，概算编制程序基本同安装工程施工图预算。该法具有计算比较具体、精确性较高的优点。

第二，扩大单价法。当初步设计深度不够，设备清单不完备，只有主体设备或仅有成套设备重量时，可根据主体设备、成套设备的综合扩大安装单价编制概算。

第三，设备价值百分比法。又叫安装设备百分比法。当初步设计深度不够，只有设备出厂价而无详细规格、重量时，安装费可按占设备费的百分比计算。公式为：

$$\text{设备安装费} = \text{设备原价} \times \text{安装费率}(\%) \quad (4\text{-}8)$$

第四，综合吨位指标法。当初步设计提供设备清单有规格和设备重量时，可采用综合吨位指标编制概算，其综合吨位指标由主管部门或由设计院根据已完类似工程资料确定。公式为：

$$\text{设备安装费} = \text{设备吨重} \times \text{每吨设备安装费指标（元/t）} \quad (4\text{-}9)$$

#### 4.3.3.2 单项工程综合概算的编制方法

**(1) 单项工程综合概算的含义**

单项工程综合概算是确定单项工程建设费用的综合性文件，它是由该单项工程的各专业的单位工程概算汇总而成的，是建设项目总概算的组成部分。

**(2) 单项工程综合概算的内容**

单项工程综合概算文件一般包括：

① 编制说明：其内容包括

——编制依据；

——编制方法；
——主要设备、材料(苗木、钢材、木材、水泥)的数量；
——其他需要说明的有关问题。

② 综合概算表：是根据单项工程所辖范围内的各单位工程概算等基础资料，按照国家或部委所规定的统一表格进行编制的。

——综合概算表的项目组成。工业建设项目综合概算表由建筑工程和设备及安装工程两大部分组成；民用工程项目综合概算表就是建筑工程一项。

——综合概算的费用组成。一般应包括建筑工程费用、安装工程费用、设备购置及工器具和生产家具购置费。当不编制总概算时，还应包括工程建设其他费用、建设期贷款利息、预备费和固定资产方向调节税等费用项目。

#### 4.3.3.3 建设项目总概算的编制方法

**(1) 总概算的含义**

建设项目总概算是设计文件的重要组成部分，是确定整个建设项目从筹建到竣工交付使用所预计花费的全部费用的文件。它是由各单项工程综合概算、工程建设其他费用、建设期贷款利息、预备费、固定资产投资方向调节税和经营性项目的铺底资金概算组成，按照主管部门规定的统一表格进行编制的。

**(2) 总概算的内容**

设计总概算文件一般应包括：
① 封面、签署页及目录。
② 编制说明。编制说明应包括下列内容：
——工程概况；
——资金来源及投资方式；
——编制依据及编制原则；
——编制方法；
——投资分析；
——其他需要说明的问题。
③ 总概算表。总概算表应反映静态投资和动态投资两个部分。
④ 工程建设其他费用概算表。
⑤ 单项工程综合概算表和建筑安装单位工程概算表。
⑥ 工程量计算表和工、料数量汇总表。
⑦ 分年度投资汇总表和分年度资金流量汇总表。

### 4.3.4 设计概算的审查

**(1) 审查设计概算的意义**

① 有利于合理分配投资资金、加强投资计划管理，有助于合理确定和有效控制工程造价。
② 有利于促进概算编制单位严格执行国家有关概算的编制规定和费用标准。
③ 有利于促进设计的技术先进性与经济合理性。
④ 有利于核定建设项目的投资规模。
⑤ 有利于为建设项目投资的落实提供可靠的依据。

**(2) 审查设计概算的内容**

① 审查设计概算的编制依据
——审查编制依据的合法性；
——审查编制依据的时效性；
——审查编制依据的适用范围。
② 审查概算编制深度
——审查概算编制说明。审查概算编制说明可以检查概算的编制方法、深度和编制依据等重大原则问题，若编制说明有差错，具体概算必有差错。
——审查概算编制深度。审查是否符合规定的"三级概算"，各级概算的编制、核对、审核是否按规定签署，有无随意简化，有无把"三级概算"简化为"二级概算"甚至"一级概算"。
③ 审查概算的编制范围
④ 审查工程概算的内容
——审查概算的编制是否符合党的方针、政策，是否根据工程所在地的自然条件进行编制。
——审查建设规模(投资规模、生产能力等)、建设标准(用地指标、建筑标准等)、配套工程、设计定员等是否符合原批准的可行性研究报告或立项批文的标准。
——审查编制方法、计价依据和程序是否符合现行规定。

——审查工程量是否正确。

——审查材料用量和价格。

——审查设备规格、数量和配置是否符合设计要求，是否与设备清单相一致，设备预算价格是否真实，设备原价和运杂费的计算是否正确，非标准设备原价的计价方法是否符合规定，进口设备的各项费用的组成及其计算程序、方法是否符合国家主管部门的规定。

——审查建筑安装工程的各项费用的计取是否符合国家或地方有关部门的现行规定，计算程序和取费标准是否正确。

——审查综合概算、总概算的编制内容、方法是否符合现行规定和设计文件的要求，有无设计文件外项目，有无将非生产性项目以生产性项目列入。

——审查总概算文件的组成内容，是否完整地包括了建设项目从筹建到竣工投产为止的全部费用组成。

——审查工程建设其他各项费用。

——审查项目的"三废"治理。

——审查技术经济指标。

——审查投资经济效果。

**(3) 审查设计概算的方法**

① 对比分析法：主要将通过建设规模、标准与立项批文对比；工程数量与设计图纸对比；综合范围、内容与编制方法、规定对比；各项取费与规定标准对比；材料、人工单价与统一信息对比；引进设备、技术投资与报价要求对比；技术经济指标与同类工程对比等。通过以上对比，容易发现设计概算存在的主要问题和偏差。

② 查询核实法：是对一些关键设备和设施、重要装置、引进工程图纸不全、难以核算的较大投资进行多方查询核对、逐项落实的方法。主要设备的市场价向设备供应部门或招标公司查询核实；重要生产装置、设施向同类企业（工程）查询了解；引进设备价格及有关费税向进出口公司调查落实；复杂的建筑安装工程向同类工程的建设、承包、施工单位征求意见；深度不够或不清楚的问题直接同原概算编制人员、设计者询问清楚。

③ 联合会审法：联合会审前，可先采取多种形式分头审查。包括设计单位自审，主管、建设、承包单位初审，工程造价咨询公司评审，邀请同行专家预审，审批部门复审等。经层层审查把关后，由有关单位和专家进行联合会审。在会审大会上，由设计单位介绍概算编制情况及有关问题，各有关单位、专家汇报初审、预审意见。然后进行认真分析、讨论，结合对各专业技术方案的审查意见所产生的投资增减，逐一核实原概算出现的问题。经过充分协商，认真听取设计单位意见后，实事求是地处理和调整。

## 4.4 施工图预算的编制与审查

### 4.4.1 施工图预算的基本概念

**(1) 施工图预算的含义**

施工图预算是指在工程开工之前，由施工单位根据已批准的施工图纸，在既定的施工方案前提下，按照国家颁布的各类工程预算定额、单位估价表及各项费用的取费标准预先计算和确定工程造价的文件。施工图预算是建设单位和施工单位签订工程合同、拨付工程价款和竣工决算、实行招投标和建设包干的主要依据，也是施工单位安排施工计划、进行经济核算、考核工程成本的依据。

**(2) 施工图预算的作用**

① 施工图预算是设计阶段控制工程造价的重要环节，是控制施工图设计不突破设计概算的重要措施。

② 施工图预算是编制或调整固定资产投资计划的依据。

③ 对于实行施工招标的工程，施工图预算是编制标底的依据，也是承包企业投标报价的基础。

④ 对于不宜实行招标而采用施工图预算加调整价结算的工程，施工图预算可作为确定合同价款的基础或作为审查施工企业提出的施工图预算的依据。

**(3) 施工图预算的内容**

施工图预算包括单位工程施工图预算、单项工程施工图预算和建设项目总预算。一般先是根据施工图设计文件、现行预算定额、费用标准以及人工、材料、机械台班等预算价格资料，以一定的方法，编制单位工程的施工图预算（单位工程预算包括建筑工程预算和设备安装工程预算）；然后汇总所有单位工程施工图预算，成为单项工程施工图预算；再汇总所有单项工程施工图预算，组成园林建设项目的总预算。

### 4.4.2 施工图预算的编制依据

**(1) 施工图纸及说明书和标准图集**

经审定的施工图纸、说明书和标准图集，完整地反映了工程的具体内容、各部分的具体做法、结构尺寸、技术特征以及施工方法，是编制施工图预算的直接依据。

**(2) 现行预算定额及单位估价表**

国家和地区颁发的现行建筑、园林及安装工程预算定额及单位估价表和相应的工程量计算规则，是编制施工图预算、确定分项工程子目、计算工程量、选用单位估价表、计算直接工程费的重要依据。

**(3) 施工组织设计或施工方案**

施工组织设计或施工方案中包括了编制施工图预算必不可少的有关资料，如建设地点的土质、地质情况、土石方开挖的施工方法及余土外运方式与运距、施工机械使用情况、结构件预制加工方法及运距、重要的梁板柱的施工方案、重要或特殊机械设备的安装方案等。

**(4) 材料、人工、机械台班预算价格及调价规定**

材料、人工、机械台班预算价格是预算定额的三要素，是构成直接工程费的主要因素，尤其是材料费在工程成本中占的比重很大。在市场经济条件下，材料、人工、机械台班的价格是随市场而变化的，为使预算造价尽可能接近实际，各地区主管部门对此都有明确的调价规定。因此，合理确定材料、人工、机械台班预算价格及其调价规定是编制施工图预算的重要依据。

**(5) 园林建设工程管理费及其他费用定额**

指省、自治区、直辖市和各专业部门规定的费用定额及计算程序。

**(6) 预算员工作手册及有关工具书**

预算员工作手册和工具书包括了计算各种结构件面积和体积的公式，钢材、木材等各种材料规格、型号及用量数据，各种单位换算比例，特殊断面、结构件的工程量的速算方法，金属材料重量表等。以上这些公式、资料、数据是施工图预算中经常用到的，是编制施工图预算必不可少的依据。

### 4.4.3 施工图预算的编制程序

编制的施工图预算应在设计交底及会审图纸的基础上按下列程序和方法进行：

**(1) 收集各种编制依据资料**

如预算定额、材料预算价格、机械台班费以及当地相关的各种取费标准等。

**(2) 熟悉施工图纸和施工说明书**

施工图纸和施工说明书是编制工程预算的重要基础资料，它为选择套用定额子目、取定尺寸和计算各项工程量的计算提供重要的依据。因此，在编制预算之前，必须对施工图纸和施工说明书进行全面细致的了解和审查，从而掌握设计意图和工程全貌，以免在选用定额子目和工程量计算上发生错误。

**(3) 熟悉施工组织设计和了解现场情况**

施工组织设计是由施工单位根据工程特点以及施工现场的实际情况等各种有关条件编制的，是编制预算的依据。

**(4) 学习并掌握工程预算定额及其有关规定**

为了提高施工图预算的编制水平，正确地运用预算定额及其有关规定，必须认真地熟悉现行预算定额的全部内容，了解和掌握定额子目的工程内容、施工方法、材料规格、质量要求、计量单位、工程量计算规则等，以便能熟练地查找和正确地应用。

**(5) 确定工程项目并计算工程量**

工程项目的划分及工程量的计算，必须根据设计图纸和施工说明书提供的工程构造、设计尺寸和做法要求，结合施工现场的施工条件，按照预算定额的项目划分、工程量的计算规则和计量单位的规定，对每个分项工程的工程量进行具体计算。它是工程预算编制工作中最繁重、细致的环节，工程量计算的正确与否将直接影响预算的编制质量和速度。

① 确定工程项目：在熟悉施工图纸及施工组织设计的基础上，要严格按定额的项目确定工程项目。为了防止丢项、漏项现象的发生，在编制项目时应首先将工程分为若干分部工程，如基础工程、主体工程、门窗工程、园林建筑小品工程等。

② 计算工程量：正确地计算工程量，对制订基本建设计划、统计施工作业计划工作、合理安排施工进度、组织劳动力和物资的供应都是不可缺少的，同时也是进行基本建设财务管理与会计核算的重要依据。工程量计算不单纯是技术计算工作，还对基本建设发展具有重要意义。计算工程量是把设计图纸的内容转化成按照定额的分项工程项目划分的工程数量，再把各分项工程项目的工程量填入工程量计算表（表4-4）。

表4-4 工程量计算表

工程名称： 　　　　　　　　　年　月　日

| 序号 | 项目说明 | 单位 | 工程数量 | 计算式 |
|---|---|---|---|---|
|  |  |  |  |  |
|  |  |  |  |  |
|  |  |  |  |  |
|  |  |  |  |  |

在计算工程量时应注意以下几点：

——在根据施工图纸和预算定额确定工程项目的基础上，必须严格按照定额规定和工程量计算规则，以施工图所注位置与尺寸为依据进行计算，不能人为地加大或缩小构件尺寸。

——计算单位必须与定额的计算单位相一致才能准确地套用预算定额中的预算单价。

——取定的尺寸要准确，而且便于核对。

——计算底稿要整齐，数字清楚，数值要准确，切忌草率零乱，辨认不清。对数字精确度的要求，工程量算至小数点后两位，钢材、木材及使用贵重材料的项目可算至小数点后三位，余数四舍五入。

——要按照一定的计算顺序计算，为了便于计算和审核工程量，防止遗漏或重复计算，计算工程量时除了按照定额项目的顺序进行计算外，也可以采用先外后内或先横后竖等不同的计算顺序。

——利用基数，连续计算。有些"线"和"面"是计算许多分项工程的基数，在整个工程量计算中要反复多次地进行运算。在运算中找出共性因素，再根据预算定额分项工程量的有关规定找出计算过程中各分项工程量的内在联系，就可以把烦琐工程简化，从而迅速准确地完成大量的工程量计算工作。

**(6) 编制工程预算书**

① 确定单位预算价值：填写预算单价时要严格按照预算定额中的子目及有关规定进行，要正确使用单价及每一分项工程的定额编号、工程项目名称、规格、计量单位。单价均应与定额要求相符，要防止错套，以免影响预算的质量。

② 计算工程直接费：是各个分部分项工程直接费的总和。首先用分项工程量乘以该地区预算定额工程预算单价并把各分项工程所套用该地区的定额编号、计量单位、预算定价计价等填入分项工程预算表（表4-5）中，将各分项工程工程量与单价相乘汇总即得出分部工程项目的定额直接费，再将各分部工程项目直接费汇总得到单位工程直接费汇总表（表4-6）。人工与主要材料的定额用量分别与工程量相乘，即得到人工和材料用量，将其填入人工与主要材料统计表（表4-7）中，以便计算人工与材料价差。

③ 计算其他各种费用及工程预算总造价：单位工程直接费计算完毕，即可通过园林工程造价计算表计算其他直接费、间接费、独立费、法定利润以及按规定应计取的其他各种费用。汇总工程直接费、其他直接费、现场经费、间接费，最后求得工程预算总造价（表4-8，表4-9，表4-10）。

④ 编写"工程预算书的编制说明"，填写工程预算书的封面。

**表 4-5　分项工程预算表**

工程名称　　　　　　　　　　　　　　　　　　　　　　　　　　　　　　　　　　　　年　　月　　日

| 序号 | 定额编号 | 工程项目 | 工程量 | | 造价(元) | | 其中 | | | 备注 |
|---|---|---|---|---|---|---|---|---|---|---|
| | | | 单位 | 数量 | 单价 | 合价 | 人工费(元) | 材料费(元) | 机械费(元) | |
| | | | | | | | | | | |
| | | | | | | | | | | |
| | | | | | | | | | | |
| | | | | | | | | | | |

**表 4-6　工程直接费汇总表**

工程名称　　　　　　　　　　　　　　　　　　　　　　　　　　　　　　　　　　　　年　　月　　日

| 序号 | 分部工程项目 | 直接费合计(元) | 其中 | | |
|---|---|---|---|---|---|
| | | | 人工费(元) | 材料费(元) | 机械费(元) |
| | | | | | |
| | | | | | |
| | | | | | |
| | | | | | |

**表 4-7　人工与主要材料统计表**

工程名称　　　　　　　　　　　　　　　　　　　　　　　　　　　　　　　　　　　　年　　月　　日

| 序号 | 定额编号 | 工程项目 | 工程量 | 人工 | | 材料名称 | | | |
|---|---|---|---|---|---|---|---|---|---|
| | | | | | | | | | |
| | | | | | | | | | |
| | | | | | | | | | |
| | | | | | | | | | |

**表 4-8　园林工程造价计算顺序表**(以直接费为取费基数)

| 序号 | 费用项目 | 计算方法 | 备注 |
|---|---|---|---|
| (1) | 直接工程费 | 按预算表 | 表 4-6 中工程直接费汇总表 |
| (2) | 措施费 | 按规定标准计算 | |
| (3) | 小计 | (1)+(2) | |
| (4) | 间接费 | (3)×相应费率 | 按园林工程综合间接费标准表确定 |
| (5) | 利润 | [(3)+(4)]×相应利润率 | 按园林工程利润率标准表确定 |
| (6) | 合计 | (3)+(4)+(5) | |
| (7) | 含税造价 | (6)×(1+相应税率) | 税率由工程所在地选择相应费率 |

表4-9 园林工程造价计算顺序表(以人工费和机械费为取费基数)

| 序号 | 费用项目 | 计算方法 | 备注 |
| --- | --- | --- | --- |
| (1) | 直接工程费 | 按预算表 | 表4-6中工程直接费汇总表 |
| (2) | 其中人工费和机械费 | 按预算表 | |
| (3) | 措施费 | 按规定标准计算 | |
| (4) | 其中人工费和机械费 | 按规定标准计算 | |
| (5) | 小计 | (1)+(3) | |
| (6) | 人工费和机械费小计 | (2)+(4) | |
| (7) | 间接费 | (6)×相应费率 | 按园林工程综合间接费标准表确定 |
| (8) | 利润 | (6)×相应利润率 | 按园林工程利润率标准表确定 |
| (9) | 合计 | (5)+(7)+(8) | |
| (10) | 含税造价 | (9)×(1+相应税率) | 税率由工程所在地选择相应费率 |

表4-10 绿化种植工程造价计算顺序表(以人工费为取费基数)

| 序号 | 费用项目 | 计算方法 | 备注 |
| --- | --- | --- | --- |
| (1) | 直接工程费 | 按预算表 | |
| (2) | 直接工程费中人工费 | 按预算表 | |
| (3) | 措施费 | 按规定标准计算 | |
| (4) | 措施费中人工费 | 按规定标准计算 | |
| (5) | 小计 | (1)+(3) | |
| (6) | 人工费小计 | (2)+(4) | |
| (7) | 间接费 | (6)×相应费率 | |
| (8) | 利润 | (6)×相应利润率 | |
| (9) | 合计 | (5)+(7)+(8) | |
| (10) | 含税造价 | (9)×(1+相应税率) | |

**(7) 工料分析**

工料分析是在编写预算时,根据分部分项工程项目的数量和相应定额中的项目所列的用工及用料的数量,算出各工程项目所需的人工及用料数量,然后进行统计汇总,计算出整个工程的工料所需数量。

**(8) 复核、装订、签章及审批**

复核是指一个工程预算编制完成后,由本企业的有关人员对所编制预算的主要内容及计算情况进行一次检查核对,以便及时发现可能出现的差错并及时纠正,提高工程预算准确性,审核无误后进行装订、签章,经上级机关批准后送交建设单位和建设银行审批。

## 4.4.4 工程量计算规则和方法

### 4.4.4.1 土方工程

土方工程包括平整场地、挖地槽,挖地坑、挖土方、回填土、运土等分项工程。

**(1) 有关计算资料的统一规定**

计算土方工程量时,应根据图纸标明的尺寸,勘探资料确定的土质类别以及施工组织设计规定的施工方法、运土距离等资料,分别以立方米或平方米为单位计算。在计算各项工程之前,首先应确定以下有关资料：

① 土壤的分类：土壤的种类很多，各种土质的物理性质各不相同，而土壤的物理性质直接影响土石方工程的施工方法。不同的土质所消耗的人工、机械台班差别很大，综合反映的施工费用也有所不同，因此正确区分土方的类别，对于准确套用定额计算土方工程费用关系很大。

② 挖土方、挖基槽、挖基坑及平整场地等子目的划分（表4-11）、各子目之间的区别及相互关系。

表4-11 挖土方、挖槽（沟）、挖柱坑（基）的划分

| 区别条件<br>项目 | 坑底面积（m²） | 槽底宽度（m） | 备注 |
|---|---|---|---|
| 挖柱坑（基） | ≤20 | | |
| 挖槽（沟） | | ≤3 | |
| 挖土方 | >20 | >3 | |

③ 土方放坡及工作面的确定：土方工程施工时，为了防止塌方，保证施工安全，当挖土深度超过一定限度时，均应在其边沿做成具有一定坡度的边坡。

放坡起点 对某种土壤类别、挖土深度在一定范围内，可以不放坡；如超过这个范围，则上口开挖宽度必须加大，即所谓放坡。放坡起点应根据土质情况确定（表4-12）。

表4-12 放坡起点

| 土壤类别 | 放坡起点（m） |
|---|---|
| 密实、中密实砂土和碎石类土（一类土） | 1.00 |
| 硬塑、可塑的轻亚黏土及亚黏土（二类土） | 1.25 |
| 硬塑、可塑的黏土和碎石黏土（三类土） | 1.50 |
| 坚硬的黏土（四类土） | 2.00 |

放坡坡度 根据土质情况，在挖土深度超过放坡限度时，均应在其边沿做成具有一定坡度的边坡。

土方边坡的坡度以其高度 $H$ 与底 $B$ 之比表示，放坡系数用"$K$"表示，公式如下：

$$K = \frac{B}{H} \quad (4-10)$$

工作面的确定 工作面系指在槽坑内施工时，在基础宽度以外还需增加工作面，其宽度应根据施工组织设计确定；若无规定时，可按表4-13增加挖土宽度。

表4-13 增加挖土宽度

| 基础工程施工项目 | 每边增加工作面（cm） |
|---|---|
| 毛石砌筑 | 15 |
| 混凝土基础或基础垫层需支模板 | 30 |
| 使用卷材或防水砂浆作垂直防潮层 | 80 |
| 带挡土板 | 10 |

**（2）主要分项工程量的计算方法**

① 工程量除注明者外，均按图示尺寸以实体积计算。

② 挖土方：凡平整场地厚度在30cm以上，槽底宽度在3m以上和坑底面积在20m²以上的挖土，均按挖土方计算。

③ 挖地槽：凡槽宽在3m以内，槽长为槽宽3倍以上的挖土，按挖地槽计算。外墙地槽长度按其中心线长度计算，内墙地槽长度以内墙地槽的净长计算，宽度按图示宽度计算，突出部分挖土量应予增加。

④ 挖地坑：凡挖土底面积在20m²以内，槽宽在3m以内，槽长小于槽宽3倍者按挖地坑计算。

⑤ 挖土方、地槽、地坑的高度，按室外自然地坪至槽底计算。

⑥ 挖管沟槽，按规定尺寸计算，槽宽如无规定者可按表4-14计算，沟槽长度不扣除检查井。检查井的突出管道部分的土方也不增加。

表4-14 管沟底宽度

| 管径（mm） | 铸铁管、钢管石棉水泥管 | 混凝土管钢筋混凝土管 | 缸瓦管 | 附注 |
|---|---|---|---|---|
| 50~75 | 0.6 | 0.8 | 0.7 | ① 本表为埋深在1.5m以内沟槽底宽度，单位为米；② 当深度在2m以内，有支撑时，表中数值应增加0.1m；③ 当深度在3m以内及有支撑时，表中数值应增加0.2m |
| 100~200 | 0.7 | 0.9 | 0.8 | |
| 250~350 | 0.8 | 1.0 | 0.9 | |
| 400~450 | 1.0 | 1.3 | 1.1 | |
| 500~600 | 1.3 | 1.5 | 1.4 | |

⑦ 平整场地系指厚度在±30cm 以内的就地挖、填、找平，其工程量按建筑物的首层建筑面积计算。

⑧ 回填土、场地填土、分松填和夯填，以立方米计算，挖地槽原土回填的工程量，可按地槽挖土工程量乘以系数 0.6 计算。

——满堂红挖土方，其设计室外地坪以下部分如采用原土者，此部分不计取填土价值的其他直接费和各项间接费用。

——大开槽四周的填土，按回填土定额执行。

——地槽、地坑回填土的工程量，可按地槽地坑的挖土工程量乘以系数 0.6 计算。

——管道回填土按挖土体积减去垫层和直径大于 500mm（包括 500mm 本身）的管道体积计算，管道直径小于 500mm 的可不扣除其所占体积，管道在 500mm 以上的应减除的管道体积，可按表 4-15 计算。

——用挖槽余土作填土时，应套用相应的填土定额，结算时应减除其利用部分的填土价值，但其他直接费和各项间接费不予扣除。

表 4-15　每米管道应减土方量表

| 管道种类＼管径(mm) | 减去量(m³) | | | | | |
|---|---|---|---|---|---|---|
| | 500~600 | 700~800 | 900~1000 | 1100~1200 | 1300~1400 | 1500~1600 |
| 钢管 | 0.24 | 0.44 | 0.71 | | | |
| 铸铁管 | 0.27 | 0.49 | 0.77 | | | |
| 钢筋混凝土管及缸瓦管 | 0.33 | 0.60 | 0.92 | 1.15 | 1.35 | 1.55 |

#### 4.4.4.2　基础垫层

基础垫层工程包括素土夯实、基础垫层。基础垫层均以立方米为单位，其长度为外墙按中心线，内墙按垫层净长、宽、高尺寸计算。

#### 4.4.4.3　砖石工程

砖石工程包括砌基础与砌体、其他砌体、毛石基础及护坡等。

**（1）有关计算资料的统一规定**

——砌体砂浆强度等级为综合强度等级，编制预算时不得调整。

——砌墙综合了墙的厚度，划分为外墙、内墙。

——砌体内采用钢筋加固者，按设计规定的重量，套用"砖砌体加固钢筋"定额。

——檐高是指由设计室外地坪至前后檐口滴水的高度。

**（2）主要分项工程量计算规则**

——标准砖墙体厚度，按表 4-16 计算。

表 4-16　标准砖墙体厚度

| 墙厚 | 1/4 砖 | 1/2 砖 | 3/4 砖 | 1 砖 | 1½ 砖 | 2 砖 | 2½ 砖 | 3 砖 |
|---|---|---|---|---|---|---|---|---|
| 计算厚度(mm) | 53 | 115 | 180 | 240 | 365 | 490 | 615 | 740 |

——基础与墙身的划分：砖基础与砖墙以设计室内地坪为界，设计室内地坪以下为基础，以上为墙身，如墙身与基础为两种不同材料以材料为分界线；砖围墙以设计室外地坪为分界线。

——外墙基础长度，按外墙中心线计算。内墙基础长度，按内墙净长计算，墙基大放脚重叠处因素已综合在定额内；突出墙外的墙垛的基础大放脚宽出部分不增加，嵌入基础的钢筋、铁件、管件等所占的体积不予扣除。

——砖基础工程量不扣除 0.3m² 以内的孔洞，基础内混凝土的体积应扣除，但砖过梁应另列项目计算。

——基础抹隔潮层按实抹面积计算。

——外墙长度按外墙中心线长度计算。内墙长度按内墙净长计算。女儿墙工程量并入外墙计算。

——计算实砌砖墙身时，应扣除门窗洞口（门窗框外围面积）、过人洞空圈、嵌入墙身的钢筋砖柱、梁、过梁、圈梁的体积，但不扣除每个面积在 0.3m² 以内的孔洞梁头、梁垫、檩头、垫木、木砖、砌墙内的加固钢筋、墙基抹隔潮层等及内墙板头压 1/2 墙者所占的体积。突出墙面窗台虎头砖、压顶线、门窗套、三皮砖以下的腰线、挑檐等体积也不增加。嵌入外墙的钢筋混凝土板头已在定额中考虑，计算工程量时，不再扣除。

——墙身高度从首层设计室内地坪算至设计

——砖垛、三皮砖以上的挑檐、砖砌腰线的体积，并入所附的墙身体积内计算。

——砌体内通风铁篦的用量按设计规定计算，但安装工已包括在相应定额内，不另计算。

——附墙烟囱（包括附墙通风道、垃圾道）按其外形体积计算，并入所依附的墙体积内。不扣除每一孔洞横断面积在0.1m²以内的体积，孔洞内的抹灰工料也不增加。如每一孔洞横断面积超过0.1m²，应扣除孔洞所占体积，孔洞内的抹灰应另列项目计算，如砂浆强度等级不同时，可按相应墙体定额执行。附墙烟囱如带缸瓦管、除灰门以及垃圾道带有垃圾道门、垃圾斗、通风百叶窗、铁篦子以及钢筋混凝土预制盖等，均应另列项目计算。

——框架结构间砌墙，分为内、外墙，以框架间的净空面积乘墙厚，按相应的砖墙定额计算。框架外表面镶包砖部分也并入框架结构间砌墙的工程量内一并计算。

——围墙以立方米计算，按相应外墙定额执行，砖垛和压顶等工程量应并入墙身内计算。

——暖气沟及其他砖砌沟道不分墙身和墙基，其工程量合并计算。

——砖砌地下室内外墙身工程量与砌砖计算方法相同，但基础与墙身的工程量合并计算，按相应内外墙定额执行。

——砖柱不分柱身和柱基，其工程量合并计算，按砖柱定额执行。

——空花墙按带有空花部分的局部外形体积以立方米计算，空花所占体积不扣除，实砌部分另按相应定额计算。

——半圆旋按图示尺寸以立方米计算，执行相应定额。

——零星砌体定额适用于厕所蹲台、小便槽、水池腿、煤箱、垃圾箱、台阶、台阶挡墙、花台、花池、房上烟囱、阳台隔断墙、小型池槽、楼梯基础等，以立方米计算。

——炉灶按外形体积以立方米计算，不扣除各种空洞的体积，定额中只考虑了一般的铁件及炉台面抹灰，炉灶面镶贴块料面层者应另列项目计算。

——毛石砌体按图示尺寸，以立方米计算。

#### 4.4.4.4 混凝土及钢筋混凝土工程

混凝土及钢筋混凝土工程包括现浇、预制、接头灌缝及混凝土的安装、运输等。

**(1) 有关计算资料的统一规定**

① 混凝土及钢筋混凝土工程预算定额系综合定额，包括了模板、钢筋和混凝土各工序的用料及施工机械的耗用量。模板钢筋不需单独计算，如与施工图规定的用量另加损耗后的数量不同，可按实调整。

② 定额中模板按木模板、工具式钢模板、定型钢模板等综合考虑的，实际采用模板不同时，不得换算。

③ 钢筋按手工绑扎、部分焊接及点焊编制的，实际施工与定额不同时，不得换算。

④ 混凝土设计强度等级与定额不同时，应以定额中选定的石子粒径，按相应的混凝土配合比换算，但混凝土搅拌用水不换算。

**(2) 工程量计算规则**

① 混凝土和钢筋混凝土以体积为计算单位的各种构件，均根据图示尺寸以构件的实体积计算，不扣除其中的钢筋、铁件、螺栓和预留螺栓孔洞所占的体积。

② 基础垫层与基础的划分，混凝土的厚度12cm以内者为垫层，执行基础定额。

③ 基础

带形基础　凡在墙下的基础或柱与柱之间与单独基础相连接的带形结构，统称为带形基础。与带形基础相连的杯形基础，执行杯形基础定额。

独立基础　包括各种形式的独立柱和柱墩，独立基础的高度按图示尺寸计算。

满堂基础　底板定额适用于无梁式和有梁式满堂基础的底板。有梁式满堂基础中的梁、柱另按相应的基础梁或柱定额执行，梁只计算突出基础的部分，伸入基础底板部分，并入满堂基础底板工程量内。

④ 柱

——柱高按柱基上表面至柱顶面的高度计算。

——依附于柱上的云头、梁垫的体积另列项目计算。

——多边形柱，按相应的圆柱定额执行，其规格按断面对角线长套用定额。

——依附于柱上的牛腿的体积，应并入柱身体积计算。

⑤ 梁

——梁的长度：梁与柱交接时，梁长应按柱与柱之间的净距计算；次梁与主梁或柱交接时，次梁的长度算至柱侧面或主梁侧面的净距；梁与墙交接时，伸入墙内的梁头应包括在梁的长度内计算。

——梁头处如有浇制垫块者，其体积并入梁内一起计算。

——凡加固墙身的梁均按圈梁计算。

——戗梁按设计图示尺寸，以立方米计算。

⑥ 板

——有梁板是指带有梁的板，按其形式可分为梁式楼板、井式楼板和密肋形楼板。梁与板的体积合并计算。应扣除大于 $0.3m^2$ 的孔洞所占的体积。

——平板系指无柱、无梁直接由墙承重的板。

——亭屋面板（曲形）系指古典建筑中亭面板，形状为曲形。其工程量按设计图示尺寸，以实体积立方米计算。

——凡不同类型的楼板交接时，均以墙的中心线划为分界。

——伸入墙内的板头，其体积应并入板内计算。

——现浇混凝土挑檐、天沟与现浇屋面板连接时，以外墙皮为分界线；与圈梁连接时，以圈梁外皮为分界线。

——戗翼板系指古典建筑中在翘角部位，并连有摔网椽的翼角板；椽望板系指古典建筑中在飞沿部位，并连有飞椽和出沿椽重叠之板，其工程量按设计图示尺寸，以实体积立方米计算。

⑦ 中式屋架系指古典建筑中立贴式屋架，其工程量（包括立柱、童柱、大梁）按设计图示尺寸，以实体积立方米计算。

⑧ 其他

——整体楼梯应分层按其水平投影面积计算。楼梯井宽度超过 50cm 时的面积应扣除。伸入墙内部分的体积已包括在定额内不另计算，但楼梯基础、栏杆、栏板、扶手应另列项目套用相应定额计算。

——楼梯的水平投影面积包括踏步、斜梁、休息平台、平台梁以及楼梯与楼板连接的梁。

——楼梯与楼板的划分以楼梯梁的外侧面为界。

——阳台、雨篷均按伸出墙外的水平投影面积计算，伸出墙外的牛腿已包括在定额内，不再计算。但嵌入墙内的梁应按相应定额另列项目计算。阳台上的栏板、栏杆及扶手均应另列项目计算，楼梯、阳台的栏杆、栏板、吴王靠（美人靠）、挂落均按延长米计算（包括楼梯伸入墙内的部分），楼梯斜长部分的栏板长度，可按其水平长度乘系数 1.15 计算。

——小型构件系指单件体积小于 $0.1m^3$ 以内未列入项目的构件。

——古式零件系指梁垫、云头、插角、宝顶、莲花头子、花饰块等以及单件体积小于 $0.05m^3$ 未列入古式的小构件。

——池槽按实体积计算。

⑨ 枋、桁

——枋子、桁条、梁垫、梓桁、云头、斗拱、椽子等构件，均按设计图示尺寸，以实体积立方米计算。

——枋与柱交接时，枋的长度应按柱与柱间的净距计算。

⑩ 装配式构件制作、安装、运输

——装配式构件一律按施工图示尺寸以实体积计算，空腹构件应扣除空腹体积。

——预制混凝土板或补现浇板缝，按平板定额执行。

——预制混凝土花漏窗按其外围面积以平方米计算，边框线抹灰另按抹灰工程规定计算。

#### 4.4.4.5 堆砌假山及塑假石山工程

中国园林艺术的一个特点，就是把山石作为重要的景物来利用，使之"无园不山，无园不石"。

叠山工程是中国造园中的一项重要工程。
**(1) 有关计算资料的统一规定**
① 堆砌假山的工作内容：包括放样、选石、运石，调、制、运混凝土（砂浆），堆砌、搭、拆简单脚手架、塞垫嵌缝、清理、养护；
② 塑假石山工作内容：包括放样划线、挖土方、浇捣混凝土垫层、砌骨架或焊接骨架、挂钢网、堆筑成型；
③ 定额中综合了园内（200m 内运距）山石倒运，必要的脚手架、加固铁件，塞垫嵌缝用的石料砂浆，以及 5t 汽车起重机吊装的人工、材料、机械费用；
④ 定额中的主体石料（如太湖石、房山石、英石、石笋等）的材料预算价格，因石材的产地不同，规格不同，可按实际调整差价；
⑤ 假山基础按照相应定额项目执行。
**(2) 工程量计算规则**
① 假山工程量按实际堆砌的石料以吨计算。如果无法按进料数计算时，按假山外围投影高度分层分段，每立方米外围体积按 1.25t 计算。石头本身的空洞扣除，人工堆山洞口 0.5m³ 以内不扣除，超过 0.5m³ 扣除体积。
② 假山石的基础和自然式驳岸下部的挡水墙，按相应项目定额执行。
③ 塑石假山的工程量按其外围表面积以平方米计算。

#### 4.4.4.6 园路及园桥工程

**(1) 有关计算资料的统一规定**
① 园路及园桥工程包括园路和园桥两部分。
② 园路包括垫层、面层，垫层缺项可按《仿古建筑及园林工程预算定额（单位估价表）（第一册）》中的地面工程相应项目定额执行，其合计工日乘系数 1.10，块料面层中包括的砂浆结合层或铺筑用砂的数量不调整。
③ 用路面同样材料铺设的路沿或者路牙，其工料、机械台班费已包括在定额内，用其他材料或预制块铺设的，按相应项目定额另行计算。
④ 园桥包括基础、桥台、桥墩、护坡、石桥面等项目，如遇缺项可按《仿古建筑及园林工程预算定额（单位估价表）（第一册）》的相应项目定额执行，其合计工日乘系数 1.25，其他不变。

**(2) 工程量计算规则**
① 园路
——园路土基整理路床工作内容：厚度在 30cm 以内挖、填土、找平、夯实、整修、弃土 2m 以内。
——园路土基整理路床工程量，按整理路床的面积计算，计算单位为 10m²。
——园路基础垫层工作内容包括筛土、浇水、拌和、铺设、找平、灌浆、震实、养护。
——园路基础垫层工程量，按不同垫层材料，以基础垫层的体积计算，计量单位为 m³。基础垫层体积按垫层设计宽度两边各放宽 5cm 乘以垫层厚度计算。
——园路面层工作内容包括放线、整修路槽、夯实、修平垫层、调浆、铺面层、嵌缝、清扫。
——园路面层工程量，按不同面层材料、面层厚度、面层花式，以面层的铺设面积计算，计量单位为 10m²。
② 园桥
——园桥工作内容包括选料、运石、调制砂浆、铺砂浆、砌石、安装桥面。
——园桥基础、桥台、桥墩、护坡工程量，按不同材料，以其体积计算，计量单位为 m³。
——园桥石桥面工作量，按桥面铺装面积计算，计量单位为 10m²。

#### 4.4.4.7 园林小品工程

**(1) 有关计算资料的统一规定**
园林小品是指园林建设中的工艺点缀品，艺术性较强，包括堆塑装饰和小型设施。

**(2) 工程量计算规则**
——堆塑装饰中的塑松（杉）树皮、塑竹节竹片、壁画面工作内容包括调运砂浆、找平、二底二油、压光、塑面层清理、养护。
——堆塑装饰中的塑松（杉）树皮、塑竹节竹片、壁画面工程量，按其展开面积计算，计量单位为 10m²。
——预制塑松根、塑松皮柱、塑黄竹、塑金

丝竹工作内容包括钢筋制作、绑扎、调制砂浆、底面层抹灰及现场安装。

——预制塑松根、塑松皮柱、塑黄竹、塑金丝竹工程量，按其不同直径，以其所塑长度计算，计量单位为10m。

——小型设施工作内容包括制作、安装及拆卸模板，制作及绑扎钢筋，搅拌及浇捣混凝土，砂浆抹平，构件养护，面层磨光，打蜡擦光及现场安装。

——白色水磨石景窗现场抹灰、预制、安装工程量，均按不同景窗断面面积，以景窗长度计算，计量单位为10m。

——白色水磨石平板凳预制、现浇工程量，按平板凳的长度计算，计量单位为10m。

——白色水磨石花檐、角花、博古架预制、安装工程量，按其不同断面面积，以其长度计算，计量单位为10m。

——水磨木绞板制作工程量，按其面积计算，计量单位为平方米（$m^2$）；水磨木绞板安装工程量，按其面积计算，计量单位为$10m^2$。

——不水磨原色木绞板制作工程量，按其面积计算，计量单位为$10m^2$；不水磨原色木绞板安装工程量，按其面积计算，计量单位为$10m^2$。

——白色水磨石飞来椅制作工程量，按其长度计算，计量单位为10m。

——砖砌园林小摆设工程量，按其体积计算，计量单位为立方米（$m^3$）。

——砖砌园林小摆设抹灰工程量，按其抹灰面积计算，计量单位为$10m^2$。

——预制混凝土花式栏杆工程量，按不同栏杆高度、栏杆脚断面尺寸，以栏杆长度计算，计量单位为10m。

——金属花色栏杆制作工程量，按不同栏杆材料、栏杆结构复杂程度，以栏杆长度计算，计量单位为10m。

——花色栏杆安装工程量，按不同栏杆材料（预制混凝土或金属），以栏杆长度计算，计量单位为10m。

#### 4.4.4.8 绿化工程

绿化工程包括工程的准备工作、植树工程、花卉种植与草坪铺设工程、大树移植工程、绿化养护管理工程。

**(1) 与本部分相关的有关规定**

① 名词注释

胸径　是指距地面1.2m处的树干的直径。

苗高　指从地面起到顶梢的高度。

冠径　指展开枝条幅度的水平直径。

条长　指攀缘植物从地面起到顶梢的长度。

年生　指从繁殖起到刨苗时止的树龄。

② 本分部中各种植物材料，在运输、栽植过程当中，其合理损耗率为乔木、果树、花灌木、常绿树为1.5%；绿篱、攀缘植物为2%；木本花卉为4%；草坪地被植物为4%；草花为10%。

③ 绿化工程，新栽树木浇水以3遍为准，浇齐3遍水即为工程结束。

④ 植树工程中乔木胸径为3～10cm以内或常绿乔木苗高1～4m以内。大于此规格者，按大树移植执行。

**(2) 绿化工程的准备工作**

① 准备工作包括

勘察现场　绿化工程施工前对现场进行调查，对架高物、地下管网、各种障碍物以及水源、地质、交通等状况做全面的了解，并做好施工组织设计。

人工平整　是指地面凸凹高差在±30cm以内的就地挖填找平；凡高差超出±30cm的，每超出10cm，增加人工费35%，不足10cm的按10cm计算。

机械平整场地　不论地面凸凹高差多少，一律执行机械平整。

② 工程量计算规则

——勘察现场的计算方式：灌木类以株计算，绿篱以延长米计算，乔木不分品种规格一律按株计算。

——拆除障碍物，视实际拆除体积，以立方米计算。

——平整场地，按设计供栽植的绿地范围，以平方米计算。

**(3) 植树工程**

① 有关计算资料的统一规定

——刨树坑分为刨树坑、刨绿篱沟、刨绿带

——土壤划分为坚硬土、杂质土、普通土3种。

——刨树坑应从设计地面标高下掘,无设计标高的按一般地面水平。

——施肥共分7项,包括乔木施肥、观赏乔木施肥、花灌木施肥、常绿乔木施肥、绿篱施肥、攀缘植物施肥、草坪及地被施肥(施肥主要指有机肥,其价格已包括场外运费)。

——修剪分为修剪、强剪、绿篱平剪3项。

——修剪指栽植前的修根、修枝;强剪即指"抹头";绿篱平剪指栽植后的第1次顶部定高平剪及两侧面垂直或正梯形坡剪。

——防治病虫害分为刷药、涂白、人工喷药3项。刷药泛指以波美度0.5石硫合剂为准,刷药的高度至分枝点涂药需均匀全面;涂白指以浆料为生石灰:氯化钠:水 = 2.5:1:18为准,刷涂料高度在1.3m以下,要求上口平齐,高度一致;人工喷药指栽植前需要人工肩背喷药防治病虫害,或在必要的土壤有机肥中人工拌入农药进行灭菌消毒。

——树木栽植的对象共分为乔木、果树、观赏乔木、花灌木、常绿灌木、绿篱、攀缘植物7项。

——树木支撑共分5种,包括两架一拐、三架一拐、四肢钢筋架、竹竿支撑、绑扎幌绳。

——新植树木浇水分为人工胶管浇水、汽车浇水两种。

——人工胶管浇水,以距水源100m以内为准,每超50m用工费用增加14%。

——清理废土分为人力车运土、装载机自卸车运土两种。

——铺高盲管包括找泛水、接口、养护、清理并保证管内无滞塞物。

——铺淋水层需由下至上、由粗至细配级,按设计厚度均匀平铺。

——原土过筛的目的是在保证工程质量前提下,充分利用原土降低造价,但原土必须含瓦砾、杂物不超过30%,且土质理化性质符合种植土要求。

② 工程量计算规则

——刨树坑以个计算,绿篱沟以延长米计算,绿带沟以立方米计算。

——原土过筛,按筛后的好土以立方米计算。

——土坑换土,以实挖的土坑体积乘以1.43系数计算。

——施肥、刷药、涂白、人工喷药、栽植支撑等项目的工程量均按植物的株数计算,其他均以平方米计算。

——植物修剪、新树浇水的工程量,除绿篱以延长米计算外,树木均按株数计算。

——清理竣工现场,每株树木(不分规格)按$5m^2$计算,绿篱每延长米按$3m^2$计算。

——盲管工程量按管道中心线全长,以延长米计算。

(4) 花卉种植与草坪铺栽工程

包括花卉种植和草坪铺栽两部分。苗木栽植按土壤情况、品种、类别分别计算,草花、木本花卉、草坪均以百平方米为计量单位。工程量计算规则为每平方米栽植数量按草花25株、木本花卉5株计算。

(5) 大树移植工程

有关计算资料的统一规定。

① 本分部包括大型落叶乔木移植、大型常绿乔木移植两部分,每部分又分为带土台和装木箱两种。

② 大树移植的规格,乔木以胸径10cm以上为起点,分10~15cm、15~20cm、20~30cm、30cm以上4个规格。小于此规格者可按一般植树工程定额计算。

③ 浇水系按自来水考虑,为3遍水的费用。

④ 所用吊车、汽车按不同规格计算。工程量按移植株数计算。

(6) 绿化养护管理工程

① 有关计算资料统一规定:本分部为甲方要求或委托乙方继续管理时执行的定额。

——浇灌:乔木透水10次,常绿树木6次,花灌木浇透水13次,花卉每周浇透水1~2次。

——中耕除草:乔木3遍,花灌木6遍,常绿树木2遍;草坪除草可按草种不同修剪2~4次,草坪清杂草应随时进行。

——喷药：乔木、花灌木、花卉7~10遍。

——打芽及定型修剪：落叶乔木3次，常绿树木2次、花灌木1~2次。

——喷水：移植大树浇水适当喷水，常绿类6~7月份共喷124次，植保用农药化肥随浇水执行。

——防寒越冬可按不同防寒措施分别计算。

② 工程量计算规则：乔灌木以株计算；绿篱以延长米计算；花卉、草坪、地被类以平方米计算。

**(7) 脚手架工程**

① 有关计算资料的统一规定

——凡单层建筑，执行单层建筑综合脚手架；二层以上建筑执行多层建筑综合脚手架。

——单层综合脚手架适用于檐高20m以内的单层建筑工程；多层综合脚手架适用于檐高140m以内的多层建筑物。

——综合脚手架定额中包括内外墙砌筑脚手架、墙面粉饰脚手架、单层建筑的综合脚手架和顶棚装饰脚手架。

——各项脚手架定额中均不包括脚手架的基础加固，如需加固，加固费用按实计算。

② 工程量计算规则

——建筑物的檐高应以设计室外地坪到檐口滴水的高度为准。如有女儿墙，其高度算到女儿墙顶面；带挑檐者，其高度算到挑檐下皮；多跨建筑物如高度不同，应分别以不同高度计算；同一建筑物有不同结构时，应以建筑面积比重较大者为准；前后檐高度不同时，以较高的檐高为准。

——综合脚手架按建筑面积以平方米计算。

——围墙脚手架按里脚手架定额执行，其高度为自然地坪到围墙顶面，长度按围墙中心线计算，不扣除大门面积，也不另行增加独立门柱的脚手架。

——独立砖石柱的脚手架，按单排外脚手架定额执行，其工程量按柱截面的周长另加3.6m再乘柱高，以平方米计算。

——凡不适宜使用综合脚手架定额的建筑物，可按以下规定计算，执行单项脚手架定额：

第一，砌墙脚手架，按墙面垂直投影面积计算。外墙脚手架长度按外墙外边线计算，内墙脚手架长度按内墙净长计算，高度按自然地坪到墙顶的总高计算。

第二，檐高15m以上的建筑物的外墙砌筑脚手架，一律按双排脚手架计算。

第三，檐高15m以内的建筑物，室内净高4.5m以内者，内外墙砌筑，均应按里脚手架计算。

### 4.4.5 施工图预算的审查

#### 4.4.5.1 审查施工图预算的意义

——有利于控制工程造价，克服和防止预算超出概算；

——有利于加强固定资产投资管理，节约建设资金；

——有利于施工承包合同价的合理确定和控制；

——有利于积累和分析各项技术经济指标，不断提高设计水平。

#### 4.4.5.2 审查施工图预算的内容

审查施工图预算的重点，应该放在工程量计算、预算单价套用、设备材料预算价格取定是否正确、各项费用标准是否符合现行规定等方面。

**(1) 审查工程量**

**(2) 审查设备、材料的预算价格**

——审查设备、材料的预算价格是否符合工程所占地的真实价格及价格水平。

——设备、材料的原价确定方法是否正确。

——设备的运杂费率及其运杂费的计算是否正确，材料预算价格的各项费用的计算是否符合规定。

**(3) 审查预算单价的套用**

审查预算单价套用是否正确，是审查预算工作的主要内容之一。审查时应注意以下几个方面：

——预算中所列各分项工程预算单价是否与现行预算定额的预算单价相符，其名称、规格、计量单位和所包括的工程内容是否与单位估价表

——审查换算的单价，首先要审查换算的分项工程是否是定额中允许换算的，其次审查换算是否正确。

——审查补充定额和单位估价表的编制是否符合编制原则，单位估价表计算是否正确。

**(4) 审查有关费用项目及其计取**

——其他直接费和现场经费及间接费的计取基础是否符合现行规定，是否将不能作为计费基础的费用列入计费的基础。

——预算外调增的材料差价是否计取了间接费。直接费或人工费增减后，有关费用是否相应作了调整。

——有无巧立名目、乱计费、乱摊费用现象。

#### 4.4.5.3 审查施工图预算的方法

审查施工图预算的方法较多，主要有 8 种方法。

**(1) 全面审查法**

全面审查法又叫逐项审查法，就是按预算定额顺序或施工的先后顺序，逐一地全部进行审查的方法。其具体计算方法和审查过程与编制施工图预算基本相同。此方法的优点是全面、细致，经审查的工程预算差错比较少，质量比较高；缺点是工作量大。对于一些工程量比较小、工艺比较简单、编制工程预算的技术力量又比较薄弱的工程，可采用全面审查法。

**(2) 标准预算审查法**

标准预算审查法是指对于利用标准图纸或通用图纸施工的工程，先集中力量，编制标准预算，以此为标准审查预算的方法。按标准图纸设计或通用图纸施工的工程一般上部结构和做法相同，可集中力量细审一份预算或编制一份预算，作为这种标准图纸的标准预算，或用这种标准图纸的工程量为标准，对照审查，而对局部不同的部分作单独审查即可。这种方法的优点是时间短、效果好、好定案；缺点是只适用于按标准图纸设计的工程，适用范围小。

**(3) 分组计算审查法**

分组计算审查法是一种加快审查工程量速度的方法，把预算中的项目划分为若干组，并把相邻且有一定内在联系的项目编为一组，审查或计算同一组中某个分项工程量，利用工程量间具有相同或相似计算基础的关系，判断同组中其他几个分项工程量计算的准确程度。

**(4) 对比审查法**

对比审查法是用已建成工程的预算或虽未建成但已审查修正的工程预算对比审查拟建的类似工程预算的一种方法。

**(5) 筛选审查法**

筛选法是统筹法的一种，也是一种对比方法。建筑工程虽然有建筑面积和高度的不同，但是它们的各个分部分项工程的工程量、造价、用工量在每个单位面积上的数值变化不大，我们把这些数据加以汇集、优选、归纳为工程量、造价（价值）、用工 3 个单方基本值表，并注明其适用的建筑标准。这些基本值犹如"筛子孔"，用来筛选各分部分项工程，筛下去的无需审查，没有筛下去的就意味着此分部分项的单位建筑面积数值不在基本值范围之内，应对该分部分项工程详细审查。当所审查的预算的建筑面积标准与"基本值"所适用的标准不同，就要对其进行调整。

筛选法的优点是简单易懂，便于掌握，审查速度和发现问题快；缺点是解决差错分析其原因还需继续审查。此法适用于住宅工程或不具备全面审查条件的工程。

**(6) 重点抽查法**

重点抽查法是抓住工程预算中的重点进行审查的方法。审查的重点一般是工程量大或造价较高、工程结构复杂的工程的依据单位估价表，计取各项费用（计费基础、取费标准等）。重点抽查法的优点是重点突出，审查时间短、效果好。

**(7) 利用手册审查法**

利用手册审查法是把工程中常用的构件、配件事先整理成预算手册，按手册对照审查的方法。

**(8) 分解对比审查法**

一个单位工程，按直接费与间接费进行分解，然后再把直接费按工种和分部工程进行分解，分别与审定的标准预算进行对比分析的方法，叫分解对比审查法。

#### 4.4.5.4 审查施工图预算的步骤

(1) 做好审查前的准备工作

——熟悉施工图纸；

——了解预算包括的范围；

——弄清预算采用的单位估价表。

(2) 选择合适的审查方法，按相应内容审查

## 4.5 园林工程量清单报价及其规定

### 4.5.1 工程量清单概述

**(1) 工程量清单的含义**

工程量清单是列示拟建工程的分部分项工程项目、措施项目、其他项目名称和相应数量的明细清单。它是将设计图纸和业主对项目的建设要求以及要求承建人完成的工作转换成许多条明细分项和数量的表单格式，每条分项描述叫一个清单项目或清单分项，反映了承包人完成建设项目需要实施的具体的分项目标。工程量清单是投标人填报分项工程单价，对工程进行计价的依据。招标人提供的工程量清单为投标人提供了一个平等竞争报价的基础。

**(2) 工程量清单的作用和要求**

① 工程量清单是编制招标工程标底价、投标报价和工程结算时调整工程量的依据。

② 工程量清单必须依据行政主管部门颁发的工程量计算规则、分部分项工程项目划分及计算单位的规定、施工设计图纸、施工现场情况和招标文件中的有关要求进行编制。

③ 工程量清单应由具有相应资质的中介机构进行编制。

④ 工程量清单应符合有关规定要求。

### 4.5.2 工程量清单的组成及格式

具体建设项目的工程量清单由封面、填表须知、总说明、分部分项工程量清单、措施项目清单、其他项目清单和零星工作项目表7部分组成。

#### 4.5.2.1 封面

详见表4-17。

需按封面规定的内容填写并签字盖章。

**表4-17 封面**

```
_____工程
           工程量清单

招 标 人_____（单位签字盖章）

法定代表人_____（签字盖章）

中介机构

法定代表人_____（签字盖章）

造价工程师
及注册证号_____（签字盖执业专用章）

编制时间_____
```

#### 4.5.2.2 填表须知

详见表4-18。

**表4-18 填表须知**

```
              填表须知

1. 工程量清单及其计价格式中所有要求签字、盖章的地方，
必须由规定的单位和人员签字、盖章。

2. 工程量清单及其计价格式中的任何内容不得随意删除或
涂改。

3. 工程量清单计价格式中列明的所有需要填报的单价和合
价，投标人均应填报，未填报的单价和合价，视为此项费用已
包含在工程量清单的其他单价和合价中。

4. 金额（价格）均应以_____币表示。
```

#### 4.5.2.3 总说明

详见表4-19。

总说明应按下列内容填写：

① 工程概况：建设规模、工程特征、计划工期、施工现场实际情况、交通运输情况、自然地理条件、环境保护要求等。

② 工程招标和分包范围。

③ 工程量清单编制依据。

**表 4-19　总说明**

工程名称：　　　　　　　　　　第　页共　页

④ 工程质量、材料、施工等的特殊要求。
⑤ 招标人自行采购材料的名称、规格型号、数量等。
⑥ 预留金、自行采购材料的金额数量。
⑦ 其他需说明的问题。

#### 4.5.2.4　分部分项工程量清单

分部分项工程量清单又称为实体分项工程量清单，是完整的建筑产品的组成部分。每个实体分项工程是一个不完整的建筑产品（假定产品），清单中所有实体分项工程将构成完整的建筑产品（表4-20）。实体清单项目的设置与承包人的施工方案、施工组织关系不大，也不会因施工主体不同而不同。它的工程量应按照统一的工程量计算规则计算，对所有投标人来说，工程数量是确定的、唯一的，它不属于投标人竞争的内容。

**表 4-20　分部分项工程量清单**

工程名称：　　　　　　　　　　第　页共　页

| 序号 | 项目编码 | 项目名称 | 计量单位 | 工程数量 |
|---|---|---|---|---|
|  |  |  |  |  |

分部分项工程量清单应根据《建设工程工程量清单计价指引》规定的统一项目编码、项目名称、计量单位和工程量计算规则进行编制。

#### 4.5.2.5　措施项目清单

措施项目清单中的内容是承包商必须完成的工作。这部分项目的完成并不构成建筑产品形体，

**表 4-21　措施项目清单**

工程名称：　　　　　　　　　　第　页共　页

| 序号 | 项目名称 |
|---|---|
|  |  |

它是有助于工程实体形成的措施性项目（表4-21）。措施项目的费用消耗是工程直接成本的组成部分。由不同的承包企业完成建设工程，采用的措施方法不一定完全相同，其措施项目的费用消耗也会有差异。措施项目一般由企业根据自己采用的措施方法和措施性消耗自主立项、自主报价。对某个具体的建设工程，应设置哪些措施项目、每年措施项目包含多少工程内容以及每个项目的报价均由企业自主填报。因此，措施项目是企业竞争的内容。

措施项目一般包括：
**(1) 施工技术措施项目**
——大型机械设备进出场及安拆；
——混凝土、钢筋混凝土模板及支架；
——脚手架；
——施工排水、降水；
——其他施工技术措施。
**(2) 施工组织措施项目**
——环境保护；
——文明施工；
——安全施工；
——临时设施；
——夜间施工；
——缩短工期增加费；
——二次搬运；
——已完工程及设备保护；
——其他施工组织措施。

措施项目清单中的项目名称，应根据工程的具体情况以及工程具体的施工组织设计，并参照《建设工程工程量清单计价指引》相应的项目名称

列项。对于未列出的措施项目，编制人可进行补充，且补充的措施项目应填写在相应的措施清单项目最后。

#### 4.5.2.6 其他项目清单

其他项目清单是指分部分项清单和措施项目清单中未包括的工作项目或费用项目。这部分往往是应招标人的要求而发生的与拟建工程有关的费用项目（表4-22）。例如，在工程建设中可以发生的一些零星工作所需要的人工、材料、机械台班及其费用，发包人自备材料和设备所需的费用等。其他项目清单应根据拟建工程的具体情况，参照下列内容列项：

招标人部分　包括预留金、材料购置费等。
投标人部分　包括总承包服务费、零星工作费等。

表4-22　其他项目清单

工程名称：　　　　　　　　　　第　页共　页

| 序号 | 项目名称 |
|---|---|
| 1 | 招标人部分 |
| 2 | 投标人部分 |

#### 4.5.2.7 零星工作项目表

零星工作项目应该根据拟建工程的具体情况，详细列出人工、材料、机械的名称、计量单位和相应的数量（表4-23）。

表4-23　零星工作项目表

工程名称：　　　　　　　　　　第　页共　页

| 序号 | 名　称 | 计量单位 | 数　量 |
|---|---|---|---|
| 1 | 人工 | | |
| 2 | 材料 | | |
| 3 | 机械 | | |

### 4.5.3　工程量清单报价

#### 4.5.3.1　基本操作规程

（1）工程量清单报价应包括按照招标文件规定，完成工程量清单所列项目的全部费用，包括分部分项工程费、措施项目费、其他项目费、规费和税金。

（2）工程量清单投标报价应根据招标文件的有关要求和工程量清单，结合施工现场实际情况、拟订的施工方案或施工组织设计、投标人自身情况，依据企业定额和市场价格信息，或参照各省颁布的"计价依据"以及《建设工程工程量清单计价指引》进行编制。

（3）工程量清单报价应统一使用综合单价计价方法。综合单价计价方法是指项目单价采用全费用单价（规费、税金按照各省建设工程施工取费定额规定的程序另行计算）的一种计价方法。综合单价是指完成工程量清单中的一个规定计量单位项目所需的人工费、材料费、机械使用费、企业管理费、利润和风险费用之和。

（4）工程量清单报价格式应与招标文件一起发至投标人。

（5）"其他项目清单"和"零星工作项目表"以空白表格形式提供的，"其他项目清单计价表"、"零星工作项目计价表"中小计和合计栏均以"0"计价。

#### 4.5.3.2　工程量清单报价内容

工程量清单报价采用统一格式，由下列内容组成：

（1）封面；
（2）编制说明；
（3）投标总价；
（4）工程项目总价表；
（5）单项工程费汇总表；
（6）单位工程费汇总表；
（7）分部分项工程量清单计价表；
（8）措施项目清单计价表；
（9）其他项目清单计价表；

(10) 零星工作项目计价表；
(11) 分部分项工程量清单综合单价分析表；
(12) 措施项目费分析表；
(13) 主要材料价格表。

### 4.5.3.3　工程量清单具体格式

**(1) 封面**

格式如下：

_____ 工程

**工程量清单报价表**

投　标　人：_____（单位签字盖章）

法定代表人：_____（签字盖章）

造价工程师
及注册证号：_____（签字盖执业专用章）

编 制 时 间：_____

**(2) 编制说明**

格式如下：

**编制说明**

工程名称：　　　　　　　　　　　第　页共　页

**(3) 投标总价**

格式如下：

**投标总价**

建设单位：_____

工程名称：_____

投标总价(小写)：_____

　　　　(大写)：_____

投　标　人：_____（单位签字盖章）

法定代表人：_____（签字盖章）

编制时间：_____

**(4) 工程项目总价表**

格式如下：

**工程项目总价表**

工程名称：　　　　　　　　　第　页共　页

| 序号 | 单项工程名称 | 金额(元) |
|---|---|---|
|  |  |  |
|  | 合　计 |  |

**(5) 单项工程费汇总表**

格式如下：

**单项工程费汇总表**

工程名称：　　　　　　　　　第　页共　页

| 序号 | 单项工程名称 | 金额(元) |
|---|---|---|
|  |  |  |
|  | 合　计 |  |

**(6) 单位工程费汇总表**

格式如下：

**单位工程费汇总表**

工程名称：　　　　　　　　　第　页共　页

| 序号 | 项目名称 | 金额(元) |
|---|---|---|
| 1 | 分部分项工程量清单计价合计 |  |
| 2 | 措施项目清单计价合计 |  |
| 3 | 其他项目清单计价合计 |  |
| 4 | 规费 |  |
| 5 | 税金 |  |
|  | 合　计 |  |

**(7) 分部分项工程量清单计价表**

格式如下：

**分部分项工程量清单计价表**

工程名称：　　　　　　　　　第　页共　页

| 序号 | 项目编码 | 项目名称 | 计量单位 | 工程数量 | 金额(元) | |
|---|---|---|---|---|---|---|
|  |  |  |  |  | 综合单价 | 合价 |
|  |  |  |  |  |  |  |
|  |  | 本页小计 |  |  |  |  |
|  |  | 合　计 |  |  |  |  |

**(8) 措施项目清单计价**

格式如下：

**措施项目清单计价**

工程名称：　　　　　　　　　第　页共　页

| 序号 | 项目名称 | 金额(元) |
|---|---|---|
|  |  |  |
|  | 合　计 |  |

**(9) 其他项目清单计价表**

格式如下：

**其他项目清单计价表**

工程名称：　　　　　　　　　第　页共　页

| 序号 | 项目名称 | 金额(元) |
|---|---|---|
| 1 | 招标人部分 |  |
|  | 小计 |  |
| 2 | 投标人部分 |  |
|  | 小计 |  |
|  | 合　计 |  |

**(10) 零星工作项目计价表**

格式如下：

**零星工作项目计价表**

工程名称：　　　　　　　　　第　页共　页

| 序号 | 名称 | 计量单位 | 数量 | 金额(元) | |
|---|---|---|---|---|---|
|  |  |  |  | 综合单价 | 合价 |
| 1 | 人工 |  |  |  |  |
|  | 小计 |  |  |  |  |
| 2 | 材料 |  |  |  |  |
|  | 小计 |  |  |  |  |
| 3 | 机械 |  |  |  |  |
|  | 小计 |  |  |  |  |
|  | 合　计 |  |  |  |  |

**(11) 分部分项工程量清单综合单价分析表**

格式如下:

分部分项工程量清单综合单价分析表

工程名称: 　　　　　　　　　　第　　页共　　页

| 序号 | 项目编码 | 项目名称 | 综合单价组成(元) | | | | | |
|---|---|---|---|---|---|---|---|---|
| | | | 人工费 | 材料费 | 机械使用费 | 管理费 | 利润 | 风险费用 | 小计 |

**(12) 措施项目费分析表**

格式如下:

措施项目费分析表

工程名称: 　　　　　　　　　　第　　页共　　页

| 序号 | 措施项目名称 | 单位 | 数量 | 综合单价组成(元) | | | | | |
|---|---|---|---|---|---|---|---|---|---|
| | | | | 人工费 | 材料费 | 机械使用费 | 管理费 | 利润 | 风险费用 | 小计 |

**(13) 主要材料价格表**

格式如下:

主要材料价格表

工程名称: 　　　　　　　　　　第　　页共　　页

| 序号 | 材料编号 | 材料名称 | 规格、型号等特殊要求 | 单位 | 单价(元) |
|---|---|---|---|---|---|

### 4.5.3.4 工程量清单计价格式的填写

工程量清单计价格式的填写应符合下列规定:

(1) 工程量清单计价格式应由投标人填写。

(2) 封面应按规定内容填写、签字、盖章。

(3) 投标总价应按工程项目总价表合计金额填写。

(4) 工程项目总价表。

① 表中单项工程名称应按单项工程费汇总表的工程名称填写。

② 表中金额应按单项工程费汇总表的合计金额填写。

(5) 单项工程费汇总表。

① 表中单位工程名称应按单位工程费汇总表的工程名称填写。

② 表中金额应按单位工程费汇总表的合计金额填写。

(6) 单位工程费汇总表中的金额应分别按照分部分项工程量清单计价表、措施项目清单计价表和其他项目清单计价表的合计金额和按有关规定计算的规费、税金填写。

(7) 分部分项工程量清单计价表中的序号、项目编码、项目名称、计量单位、工程数量必须按分部分项工程量清单中的相应内容填写。

(8) 措施项目清单计价表。

① 表中的序号、项目名称必须按措施项目清单中的相应内容填写。

② 投标人可根据施工组织设计采取的措施增加项目。

(9) 其他项目清单计价表。

① 表中的序号、项目名称必须按其他项目清单中的相应内容填写。

② 投标人部分的金额必须按规范中招标人提出的数额填写。

(10) 零星工作项目计价表。

表中的人工、材料、机械名称、计量单位和相应数量应按零星工作项目表中相应的内容填写,工程竣工后零星工作费应按实际完成的工程量所需费用结算。

(11) 分部分项工程量清单综合单价分析表和措施项目费分析表,应由招标人根据需要提出要求后填写。

(12) 主要材料价格表。

① 招标人提供的主要材料价格表应包括详细

的材料编码、材料名称、规格型号和计量单位等。

② 所填写的单价必须与工程量清单计价中采用的相应材料的单价一致。

## 4.5.4 园林工程工程量清单报价编制实例

（封面）

<u>　×××景观绿化　</u>工程

**工程量清单报价表**

投 标 人：<u>　（略）　</u>（单位签字盖章）

法定代表人：<u>　（略）　</u>（签字盖章）

造价工程师
及注册证号：<u>　（略）　</u>（签字盖执业专用章）

编制时间：<u>　（略）　</u>

**投 标 总 价**

建设单位：<u>　（略）　</u>

工程名称：<u>　×××景观绿化　</u>

投标总价（小写）：<u>　1 411 248.77（元）　</u>
　　　　（大写）：<u>壹佰肆拾壹万壹仟贰佰肆拾捌元柒角柒分</u>

投 标 人：<u>　（略）　</u>（单位签字盖章）

法定代表人：<u>　（略）　</u>（签字盖章）

编制时间：<u>　（略）　</u>

**编制说明**

工程名称：×××工程绿化　　　　　第1页 共1页

1. 编制依据：
（1）按2001年××省建筑工程、安装工程定额；
（2）相应的费用定额及取费文件；
（3）部分子目无相应定额子参照时，按市场综合单价以独立费的形式计入预算。
2. 工程量范围：
（1）业主签发详细施工图；
（2）图纸中未设计详图的分项工程按通常做法考虑计算。
3. 其他：
（1）用量不大的需调差材料或调差幅度不大的材料及未明确材料，本预算书中暂不详细计算其差价，因其对整个造价的影响不大，结算时按实调整。
（2）对造价影响不大的其余零星工程项目也不再详细计算，结算时按实调整。

**单位工程造价汇总表**

工程名称：×××工程绿化　　　　　第1页 共1页

| 序号 | 项目名称 | 造价(元) |
|---|---|---|
| 一 | 分部分项工程费 | 1 293 548.41 |
| 二 | 措施项目费 | 112 590.18 |
| 三 | 其他项目费 | |
| 四 | 规费：(1)+(2)+(3)+(4) | 5 110.18 |
| | (1)建筑垃圾处置费：m³×8元/m³ | 976.35 |
| | (2)工程定额测定费：(一＋二＋三)×0.11% | 1 546.75 |
| | (3)工伤保险费：一×1% | 1 293.54 |
| | (4)危险作业意外伤害保险：一×1% | 1 293.54 |
| 五 | 含税工程造价：一＋二＋三＋四 | 1 411 248.77 |
| 总造价（大写） | 壹佰肆拾壹万壹仟贰佰肆拾捌元柒角柒分 | 1 411 248.77 |

## 分部分项工程量清单计价表

工程名称：×××工程绿化　　　　　　　　　　　　　　　　　　　　　　　　　　　　　　　　　　　　　　第1页　共1页

| 序号 | 项目编码 | 项目名称 | 计量单位 | 工程数量 | 金额(元) | |
|---|---|---|---|---|---|---|
| | | | | | 综合单价 | 合价 |
| 1 | 050101006001 | 整理绿化用地、回填种植土30cm | $m^2$ | 11 804 | 15.79 | 186 385.16 |
| | | (1)微地形处理 土方造型高差(在50cm以内) | | | | |
| 2 | 050102001001 | 栽植蒲葵A | 株(株丛) | 201 | 434.42 | 87 318.42 |
| | | (1)乔木(带土球) 土球规格(90cm内) | | | | |
| | | (2)树木支撑 树棍桩 三脚桩 | | | | |
| | | (3)乔木(胸径在30cm以内) | | | | |
| | | (4)乔木(胸径在30cm以内) | | | | |
| 3 | 050102001002 | 栽植银海枣A | 株(株丛) | 2 | 4 386.4 | 8 772.8 |
| | | (1)乔木(带土球) 土球规格(120cm内) | | | | |
| | | (2)树木支撑 树棍桩 三脚桩 | | | | |
| | | (3)乔木(胸径在40cm以上) | | | | |
| | | (4)乔木(胸径在40cm以上) | | | | |
| | | (5)乔木(带土球) 土球规格(80cm内) | | | | |
| | | (6)树木支撑 树棍桩 三脚桩 | | | | |
| | | (7)乔木(胸径在20cm以内) | | | | |
| | | (8)乔木(胸径在20cm以内) | | | | |
| 4 | 050102004014 | 栽植海芋 | 株(株丛) | 5 | 28.36 | 141.8 |
| | | (1)灌木 土球规格(直径30cm以内) | | | | |
| | | (2)灌木(高度在100cm以内) | | | | |
| | | (3)灌木(高度在100cm以内) | | | | |
| 5 | 050102004016 | 栽植红绒球 | 株(株丛) | 35 | 116.4 | 4 074.00 |
| | | (1)灌木 土球规格(直径40cm以内) | | | | |
| | | (2)灌木(高度在150cm以内) | | | | |
| | | (3)灌木(高度在150cm以内) | | | | |
| 6 | 050102007017 | 栽植金边吊兰 | $m^2$ | 275 | 88.16 | 24 244.00 |
| | | (1)多品种图案栽植 木本花卉 20cm营养袋(钵) | | | | |
| | | (2)露地花坛(人工灌溉)木本 | | | | |
| | | (3)露地花坛(人工灌溉)木本 | | | | |
| 7 | 050102007018 | 栽植葱兰 | $m^2$ | 30 | 74.56 | 2 236.80 |
| | | (1)多品种图案栽植 木本花卉 20cm营养袋(钵) | | | | |
| | | (2)露地花坛(人工灌溉)木本 | | | | |
| | | (3)露地花坛(人工灌溉)木本 | | | | |
| 8 | 050102010001 | 铺种草皮 | $m^2$ | 6 009.4 | 9.87 | 59 312.78 |
| | | (1)栽植地被 铺草皮 | | | | |
| | | (2)地被、草皮(人工灌溉) | | | | |
| | | (3)地被、草皮(人工灌溉) | | | | |
| | | 合　计 | | | | 372 543.37 |
| …… | | | | | | |

## 措施项目清单计价表

工程名称：×××工程绿化　　　　　　　　　　　　　　　　　　　　　第1页 共1页

| 序号 | 项目名称 | 计量单位 | 工程数量 | 金额(元) 综合单价 | 合价 |
|---|---|---|---|---|---|
| 1 | 临时设施费 | 项 | 1 | 26 807.19 | |
| 2 | 夜间、雨季施工增加费 | 项 | 1 | 11 669.01 | |
| 3 | 二次搬运费 | 项 | 1 | 7 096.02 | |
| 4 | 生产工具用具使用费 | 项 | 1 | 15 768.93 | |
| 5 | 安全文明施工费(基本部分) | 项 | 1 | 26 807.19 | |
| 6 | 园林建筑、庭院绿化工程安全文明施工费(浮动部分) | 项 | | 14 192.04 | |
| 7 | 道路绿化工程安全文明施工费(浮动部分) | 项 | | | |
| 8 | 环境保护费 | 项 | 1 | 6 307.57 | |
| 9 | 工程保险费 | 项 | 1 | 1 576.89 | |
| 10 | 工程保修费 | 项 | 1 | 1 261.51 | |
| 11 | 工程定位、复测、工程点交、场地清理费 | 项 | | 1 103.83 | |
| | 合　计 | | | 112 590.18 | |

## 其他项目清单计价表

工程名称：×××工程绿化　　　　　　　　第1页 共1页

| 序号 | 项目名称 | 计量单位 | 数量 | 金额(元) 综合单价 | 合价 |
|---|---|---|---|---|---|
| 1 | 1 招标人部分 | | | | |
| | 1.1 预留金 | 项 | 1 | | |
| | 1.2 材料购置费 | 项 | 1 | | |
| | 小计 | 元 | | | |
| 2 | 2 投标人部分 | | | | |
| | 2.1 总承包服务费 | 项 | 1 | | |
| | 2.2 零星工作费 | 项 | 1 | | |
| | 小计 | 元 | | | |
| | 合计 | 元 | | | |

## 零星工作项目计价表

工程名称：×××工程绿化　　　　　　　　第1页 共1页

| 序号 | 项目名称 | 计量单位 | 数量 | 金额(元) 综合单价 | 合价 |
|---|---|---|---|---|---|
| 1 | 一、可暂估工程量项目 | | | | |
| 2 | 1.1 | | | | |
| 3 | 1.2 | | | | |
| 4 | 1.3 | | | | |
| 5 | 小计 | 元 | | | |
| 6 | 二、以人工、材料、机械列项 | | | | |
| 7 | 1. 人工： | | | | |
| 8 | 1.1 | | | | |
| 9 | 1.2 | | | | |
| 10 | 1.3 | | | | |
| 11 | 小计 | 元 | | | |
| 12 | 2. 材料： | | | | |
| 13 | 2.1 | | | | |
| 14 | 2.2 | | | | |
| 15 | 2.3 | | | | |
| 16 | 小计 | 元 | | | |
| 17 | 3. 机械： | | | | |
| 18 | 3.1 | | | | |
| 19 | 3.2 | | | | |
| 20 | 3.3 | | | | |
| 21 | 小计 | 元 | | | |
| | 合计 | 元 | | | |

## 分部分项工程量清单综合单价分析表

工程名称：×××工程绿化专业　　　　　　　　　　　　　　　　　　　　　　　　　　　第1页 共2页

| 序号 | 项目编码 | 项目名称 | 单位 | 工程内容 | 综合单价组成（元） | | | | | | 小计 |
|---|---|---|---|---|---|---|---|---|---|---|---|
| | | | | | 人工费 | 材料费 | 机械费 | 管理费 | 利润 | 风险 | |
| 1 | 050101006001 | 整理绿化用地,回填种植土30cm | m² | 微地形处理,造型高差（在50cm以内） | 2.06 | 10.5 | 1.39 | 0.8 | 0.52 | 0.52 | 186 416.53 |
| | | | | 小计 | 2.06 | 10.5 | 1.39 | 0.8 | 0.52 | 0.52 | |
| 2 | 050102001001 | 栽植蒲葵A | 株 | 乔木（带土球） 土球规格(90cm内) | 55.61 | 13.13 | 29.73 | 21.69 | 13.9 | 13.21 | 87 318.22 |
| | | | | 树木支撑：树棍桩,三脚桩 | | | | | | | |
| | | | | 乔木（胸径在30cm内） | 6.5 | 5.93 | 1.15 | 2.53 | 1.62 | 0.61 | |
| | | | | 乔木（胸径在30cm内） | 5.06 | 6.34 | 0.66 | 1.97 | 1.26 | 0.52 | |
| | | | | 小计 | 67.16 | 25.4 | 31.54 | 26.19 | 16.79 | 14.34 | |
| 3 | 050102001002 | 栽植银海枣A | 株 | 乔木（带土球） 土球规格(120cm内) | 88.84 | 21.13 | 62 | 34.65 | 22.21 | 17.62 | 8 772.8 |
| | | | | 树木支撑：树棍桩,三脚桩 | | | | | | | |
| | | | | 乔木（胸径在40cm以上） | 12.91 | 11.43 | 1.77 | 5.04 | 3.23 | 1.18 | |
| | | | | 乔木（胸径在40cm以上） | 10.04 | 11.07 | 1.25 | 3.92 | 2.51 | 0.98 | |
| | | | | 乔木（带土球） 土球规格(80cm内) | 453.52 | 133.99 | 227.93 | 176.88 | 113.38 | 115.44 | |
| | | | | 树木支撑：树棍桩,三脚桩 | | | | | | | |
| | | | | 乔木（胸径在20cm内） | 59.8 | 39.87 | 10.8 | 23.32 | 14.95 | 5.08 | |
| | | | | 乔木（胸径在20cm内） | 46.51 | 48.3 | 6.19 | 18.14 | 11.63 | 4.46 | |
| | | | | 小计 | 671.62 | 265.77 | 309.93 | 261.94 | 167.91 | 144.75 | |
| 4 | 050102001014 | 栽植铁刀木 | 株 | 乔木（带土球） 土球规格(70cm内) | 24.7 | 7.01 | 13.01 | 9.63 | 6.18 | 3.94 | 5 205.74 |
| | | | | 树木支撑：树棍桩,三脚桩 | | | | | | | |
| | | | | 乔木（胸径在20cm内） | 5.2 | 3.47 | 0.94 | 2.03 | 1.3 | 0.44 | |
| | | | | 乔木（胸径在20cm内） | 4.04 | 4.2 | 0.54 | 1.58 | 1.01 | 0.39 | |
| | | | | 小计 | 33.95 | 14.67 | 14.48 | 13.24 | 8.49 | 4.77 | |
| 5 | 050102001015 | 栽植红花紫荆 | 株 | 乔木（带土球） 土球规格(80cm内) | 39.44 | 11.65 | 19.82 | 15.38 | 9.86 | 8.91 | 6 199.04 |
| | | | | 树木支撑：树棍桩,三脚桩 | | | | | | | |
| | | | | 乔木（胸径在20cm内） | 5.2 | 3.47 | 0.94 | 2.03 | 1.3 | 0.44 | |

4.5 园林工程量清单报价及其规定

(续)

| 序号 | 项目编码 | 项目名称 | 单位 | 工程内容 | 综合单价组成(元) | | | | | | 小计 |
|---|---|---|---|---|---|---|---|---|---|---|---|
| | | | | | 人工费 | 材料费 | 机械费 | 管理费 | 利润 | 风险 | |
| 6 | 050102001016 | 栽植桃花心木 | 株 | | | | | | | | |
| | | | | 树木支撑:树棍桩,三脚桩 | 4.04 | 4.2 | 0.54 | 1.58 | 1.01 | 0.39 | |
| | | | | 乔木(带土球) 土球规格(80cm以内) | 48.68 | 19.32 | 21.3 | 18.99 | 12.17 | 9.74 | |
| | | | | 小计 | 39.44 | 11.65 | 19.82 | 15.38 | 9.86 | 7.04 | 18 826.92 |
| 7 | 050102001017 | 栽植木棉 | 株 | 树木支撑:树棍桩,三脚桩 | 5.2 | 3.47 | 0.94 | 2.03 | 1.3 | 0.44 | |
| | | | | 乔木(胸径在20cm以内) | 4.04 | 4.2 | 0.54 | 1.58 | 1.01 | 0.39 | |
| | | | | 小计 | 48.68 | 19.32 | 21.3 | 18.99 | 12.17 | 7.86 | |
| | | | | 乔木(带土球) 土球规格(90cm以内) | 55.61 | 13.13 | 29.73 | 21.69 | 13.9 | 12.08 | 11 208.2 |
| 8 | 050102001018 | 栽植菠萝蜜 | 株 | 树木支撑:树棍桩,三脚桩 | 6.5 | 5.93 | 1.15 | 2.54 | 1.63 | 0.61 | |
| | | | | 乔木(胸径在30cm以内) | 5.06 | 6.34 | 0.66 | 1.97 | 1.26 | 0.52 | |
| | | | | 小计 | 67.16 | 25.4 | 31.54 | 26.19 | 16.79 | 13.21 | |
| | | | | 乔木(带土球) 土球规格(100cm以内) | 75.08 | 16.19 | 46.45 | 29.28 | 18.77 | 12.23 | 2 769.48 |
| 9 | 050102001019 | 栽植大叶榄仁 | 株 | 树木支撑:树棍桩,三脚桩 | 5.2 | 3.47 | 0.94 | 2.03 | 1.3 | 0.44 | |
| | | | | 乔木(胸径在20cm以内) | 4.04 | 4.2 | 0.54 | 1.58 | 1.01 | 0.39 | |
| | | | | 小计 | 84.33 | 23.85 | 47.93 | 32.89 | 21.08 | 13.06 | |
| | | | | 乔木(带土球) 土球规格(120cm以内) | 88.84 | 21.13 | 62 | 34.65 | 22.21 | 17.62 | 13 066.14 |
| | | | | 树木支撑:树棍桩,三脚桩 | 6.5 | 5.93 | 1.15 | 2.53 | 1.62 | 0.61 | |
| | | | | 乔木(胸径在30cm以内) | 5.06 | 6.34 | 0.66 | 1.97 | 1.26 | 0.52 | |
| | | | | 小计 | 100.4 | 33.39 | 63.81 | 39.15 | 25.1 | 18.75 | |
| 10 | 050102001020 | 栽植麻楝 | 株 | 乔木(带土球) 土球规格(100cm以内) | 75.08 | 16.19 | 46.45 | 29.28 | | | |
| ⋮ | ⋮ | ⋮ | ⋮ | ⋮ | ⋮ | ⋮ | ⋮ | ⋮ | ⋮ | ⋮ | ⋮ |

## 措施项目计算表

工程名称：×××工程绿化　　　　　　　　　　　　　　　　　　　　　　　　　　　　　　　　　第1页 共1页

| 序号 | 项目名称 | 单位 | 计算公式 | 金额(元) |
|---|---|---|---|---|
| 1 | 临时设施费 | 项 | (综合价)×1.7% | 26 807.19 |
| 2 | 夜间、雨季施工增加费 | 项 | (综合价)×0.74% | 11 669.01 |
| 3 | 二次搬运费 | 项 | (综合价)×0.45% | 7 096.02 |
| 4 | 生产工具用具使用费 | 项 | (综合价)×1% | 15 768.93 |
| 5 | 安全文明施工费(基本部分) | 项 | (综合价)×1.7% | 26 807.19 |
| 6 | 园林建筑、庭院绿化工程安全文明施工费(浮动部分) | 项 | (综合价)×0.9% | 14 192.04 |
| 7 | 道路绿化工程安全文明施工费(浮动部分) | 项 | (综合价)×% | |
| 8 | 环境保护费 | 项 | (综合价)×0.4% | 6 307.57 |
| 9 | 工程保险费 | 项 | (综合价)×0.1% | 1 576.89 |
| 10 | 工程保修费 | 项 | (综合价)×0.08% | 1 261.51 |
| 11 | 工程定位、复测、工程点交、场地清理费 | 项 | (综合价)×0.07% | 1 103.83 |
| | 合　计 | | 壹拾壹万贰仟伍佰玖拾元零壹角捌分 | 112 590.18 |

## 主要材料价格表

工程名称：×××工程绿化　　　　　　　　　　　　　　　　　　　　　　　　　　　　　　　　　第1页 共1页

| 序号 | 材料编码 | 材料名称、规格、型号等特殊要求 | 单位 | 单价(元) |
|---|---|---|---|---|
| 1 | 050080 | 素土 | $m^3$ | 35 |
| 2 | 130351 | 柴油 | kg | 5.56 |
| 3 | 130505 | 肥料 | kg | 3.07 |
| 4 | 130527 | 杀虫剂 | kg | 38.63 |
| 5 | 130532 | 有机肥 | t | 197.65 |
| 6 | 250025 | 水 | $m^3$ | 3.93 |

## 4.6　园林工程竣工结算与决算

### 4.6.1　工程竣工结算

工程竣工结算是指单项工程完成并达到验收标准，取得竣工验收合格签证后，园林施工企业与建设单位(业主)之间办理的工程财务结算。

单项工程竣工验收后，由园林施工企业及时整理交工技术资料。主要工程应绘制竣工图和编制竣工结算以及施工合同、补充协议、设计变更洽商等资料，送建设单位审查，经承发包双方达成一致意见后办理结算。但属于中央和地方财政投资的园林建设工程的结算，需经财政主管部门委托的专业银行或中介机构审查，有的工程还需经过审计部门审计。

#### 4.6.1.1　工程竣工结算编制依据

工程竣工结算的编制是一项政策性较强，反映技术经济综合能力的工作，既要做到正确地反映工人创造的工程价值，又要正确地贯彻执行国家有关部门的各项规定，因此编制工程竣工结算必须提供如下依据：

——工程竣工报告及工程竣工验收单；

——招、投标文件和施工图概(预)算以及经建设行政主管部门审查的建设工程施工合同书；

——设计变更通知单和施工现场工程变更洽商记录；

——按照有关部门规定及合同中有关条文规定持凭据进行结算的原始凭证；

——本地区现行的概（预）算定额，材料预算价格、费用定额及有关文件规定；

——其他有关技术资料。

### 4.6.1.2 工程竣工结算方式

**(1) 定标或议标后的合同价加签证结算方式**

① 合同价：经过建设单位、园林施工企业、招投标主管部门对标底和投标报价进行综合评定后确定的中标价以合同的形式固定下来。

② 变更增减账等：对合同中未包括的条款或出现的一些不可预见费等，在施工过程中由于工程变更所增、减的费用，经建设单位或监理工程师签证后，与原中标合同价一起结算。

**(2) 施工图概（预）算加签证结算方式**

① 施工图概（预）算：这种结算方式一般是小型园林建设工程，以经建设单位审定后的施工图概（预）算作为工程竣工结算的依据。

② 变更增减账等：凡施工图概（预）算未包括的，在施工过程中工程变更所增减的费用，各种材料（构配件）预算价格与实际价的差价等经建设单位或监理工程师签证后，与审定的施工图预算一起在竣工结算中进行调整。

**(3) 预算包干结算方式**

预算包干结算，也称施工图预算加系数包干结算。

结算工程造价：经施工单位审定后的施工图预算造价×(1＋包干系数)。

在签订合同条款时，预算外包干系数要明确包干内容及范围。包干费通常不包括下列费用：

——在原施工图外增加的建设面积；

——工程结构设计变更、标准提高，非施工原因的工艺流程的改变等；

——隐蔽性工程的基础加固处理；

——非人为因素所造成的损失。

**(4) 平方米造价包干的结算方式**

它是双方根据一定的工程资料事先协商好每平方米造价指标后，乘以建设面积。

结算工程造价＝建设面积×每平方米造价

此种方式适用于广场铺装、草坪铺栽等。

### 4.6.1.3 工程竣工结算的编制方法

工程竣工结算的编制因承包方式的不同而异，其结算方法均应根据各地建设工程造价（定额）管理部门、当地园林管理部门和施工合同管理部门的有关规定办理工程结算，下面介绍几种不同承包方式在办理结算时一般发生的内容。

**(1) 采用招标方式**

这种工程结算原则上应以中标价（议标价）为基础进行，如遇工程有较大设计变更、材料价格的调整，合同条款规定允许调整的或当合同条文规定不允许调整但非施工企业原因发生中标价格以外的费用时，承发包双方应签订补充合同或协议，承包方可以向发包方提出工程索赔，作为结算调整的依据。园林施工企业在编制竣工结算时，应按本地区主管部门的规定，在中标价格基础上进行调整。

采用招标（或议标）方式承包工程的结算方法是常用方法。

**(2) 以原施工图概（预）算为基础**

对施工中发生的设计变更、原概（预）算书与实际不相符、经济政策的变化等，编制变更增减账，在施工图概（预）算的基础上作增减调整。

竣工结算的具体增减内容包括以下几个方面：

① 工程量量差：是指施工图概（预）算所列分项工程量与实际完成的分项工程量不相符，而需要增加或减少的工程量。一般包括以下几种：

设计变更 工程开工后建设单位提出要求改变某些施工做法，如树种的变更，草种及草坪面积的变更，假山、置石外形及体量及质地的变更，增减某些具体工程项目等；设计单位对原施工图进行完善，如有些部位相互衔接而发生量的变化；施工单位在施工过程中遇到一些原设计中不可预见的情况，如挖基础时遇到古墓、废井等。

设计变更经设计、建设单位（或监理单位）、施工企业三方研究、签证，填写设计变更洽商记录，作为结算增减工程量的依据。

工程施工中的特殊做法　对特殊做法，施工企业编报施工组织设计，经建设（或监理）单位同意、签认后，作为工程结算的依据。

施工图概（预）算分项工程量不准确　在编制工程竣工结算前，应结合工程竣工验收，核对实际完成的分项工程量。如发现与施工图概（预）算书所列分项工程量不符时应进行调整。

② 各种人工、材料、机械价格的调整：在园林建设工程结算中，人工、材料、机械费差价的调整办法及范围，应按当地主管部门的规定办理。

人工单价的调整　在施工过程中，国家对工人工资政策性调整或劳务市场工资单价变化，一般按文件公布执行之日起的未完施工部分的定额工日数计算，有以下3种调整方法：

一是按概（预）算定额分析的人工工日乘以人工单价的差价。

二是按概（预）算定额分析的人工费乘以系数。

三是按概（预）定额编制的直接费为基数乘以主管部门公布的季度或年度的综合系数一次调整。

材料价格的调整　概（预）算定额中材料的基价表示一定时限的价格（静态价）。在施工过程中，价格不断地变化，应对市场不同施工期的材料价格与定额基价的差价及其相应的材料量进行调整。调整的方法有以下两种：

一是对于主要材料，按规格、品种以定额的分析量为准，定额量乘以材料单价差即为主要材料的差价。市场价格以当地主管部门公布的指导价或中准价为准。

对于辅助（次要）材料，以概（预）算定额编制的直接费乘以当地主管部门公布的调价系数。

二是造价管理部门根据市场价格变化情况，将单位工程的工期与价格调整结合起来测定综合系数，并以直接费为基数乘以综合系数。该系数一个单位工程只能使用一次，使用的时间为国家或地方制定的《工期定额》计算的工程竣工期。

机械价格的调整　一是采用机械增减幅度系数。一般机械价格的调整是按概（预）算定额编制的直接费乘以规定的机械调整综合系数，或以概（预）算定额编制的分部工程直接乘以相应规定的机械调整系数。

二是采用综合调整系数。根据机械费增减总价，由主管部门测算按季度或年度公布综合调整系数一次进行调整。

其他费用的调整　间接费、计划利润及税金是以直接费（或定额人工费总额）为基数计取的。随着人工费、材料费和机械费的调整，间接费、计划利润及税金也同样在变化，除了间接费的内容发生较大变化外，一般间接费的费率不作变动。

各种人工、材料、机械价格进行调整后，计取间接费、计划利润和税金有以下两种方法：

——各种人工、材料等差价，不计算间接费和计划利润，但允许计取税金；

——将人工、材料、机械的差价列入工程成本，计取间接费、计划利润及税金。

**(3) 采用施工图概（预）算加包干系数和平方米造价包干的方式**

采用施工图概（预）算加包干系数和平方米造价包干方式承包的工程结算，一般在承包合同中已分清了承发包单位之间的义务和经济责任，不再办理施工过程中所承包范围内的经济洽商，在工程结算时不再办理增减调整。工程竣工后，仍以原概（预）算加系数或平方米造价包干进行结算。

对于上述的承包方式，必须对工程施工期内各种价格变化进行预测，获得一个综合系数，即风险系数。这种做法对承包或发包方均具有很大的风险性，一般只适用于建设面积小、施工项目单一、工期短的园林建设工程；对工期较长、施工项目复杂、材料品种多的园林建设工程不宜采用这种方式承包。

#### 4.6.1.4　工程索赔

所谓工程索赔是指由于建设单位的直接或间接原因，使承包者在完成工程中增加了额外的费用，承包者通过合法的途径和程序要求建设单位偿还其在施工中所遭受的损失。工程索赔的内容包括：

(1) 因工程变更而引起的索赔。如地质条件变化、工程施工中发现地下构筑物或文物、增加和删减工程量等。

(2) 材料价差的索赔。

(3) 因工程质量要求的变更而引起的索赔。如工程承包合同中的技术规范与建设单位要求不符。

(4) 工程款结算中建设单位不合理扣款而引起费用损失的索赔。

(5) 拖欠工程进度款、利息的索赔。

(6) 工程暂停、中止合同的索赔。

(7) 因非承包者的原因造成的工期延误损失的索赔。

索赔是国际各类建设工程承包中经常发生并且随处可见的正常现象，在承包合同中都有索赔的条款。在我国，索赔刚刚起步，而在园林部门更为鲜见，故还需要在实践中加以总结，使承包者能够利用工程索赔手段，来维护自身的利益。

### 4.6.2 工程竣工决算

**(1) 工程竣工决算概述**

园林建设项目的工程竣工决算是在建设项目或单项工程完工后，由建设单位财务及有关部门，以竣工结算、前期工程费用等资料为基础进行编制的。竣工决算全面反映了建设项目或单项工程从筹建到竣工使用全过程中各项资金的使用情况和设计概测算执行的结果，它是考核建设成本的重要依据。

**(2) 园林建设工程竣工决算包含内容**

① 文字说明

——工程概况。

——设计概算和建设项目计划的执行情况。

——各项技术经济指标完成情况及各项资金使用情况。

——建设工期建设成本、投资效果等。

② 竣工工程概况表：设计概算的主要招标与实际完成的各项主要指标进行对比，可用表格的形式表现。

③ 竣工财务决算表：以表格形式反映出资金来源与资金运用情况。

④ 交付使用财产明细表：交付使用的园林项目中固定资产的详细内容，不同类型的固定资产应以不同形式的表格表示。

**(3) 施工企业的竣工决算**

园林施工企业的竣工决算，是企业内部对竣工的单位工程进行实际成本分析，反映其经济效果的一项决算工作。它是以单位工程的竣工结算为依据，核算其预算成本、实际成本和成本降低额，并编制单位工程竣工成本决算表，以总结经验，提高企业经营管理水平。

实行监理的工程，监理工程师要督促承接施工的单位编制工程预算书，依据有关资料审查竣工结算并代建设单位编制竣工决算。

# 第5章 园林建设工程施工组织与管理

## 5.1 工程项目管理

### 5.1.1 项目及项目管理的概念

#### 5.1.1.1 项目

**(1) 概念**

项目是指在一定的约束条件下(主要是在限定时间、限定资源),具有明确目标的一次性任务。

**(2) 内容**

项目包括许多内容,可以是建设一项工程,如工业与民用建筑工程、港口工程、公路工程等;也可以是完成某项科研课题或研制一套设备;还可以是开发一套计算机应用软件等。这些都是一个项目,有一定的时间、质量要求,也都是一次性任务。

**(3) 特征**

项目作为被管理的对象,具有以下特征:

① 项目具有单件性或一次性:这是项目的最主要的特征。所谓单件性或一次性,是指就任务本身和最终结果而言,没有与这项任务完全相同的另一项任务。

② 项目具有一定的约束条件:在一般情况下,项目的约束条件为限定的质量、限定的时间、限定的投资,通常称这三个约束条件为项目的三大目标。对一个项目而言,这些项目是具体的、可检查的,实现目标的措施也应该是明确的、可操作的。

③ 项目具有生命周期:任何项目都具有其生产时间、发展过程和结束时间,在不同的阶段中都具有不同的任务、程序和工作内容。

#### 5.1.1.2 项目管理

**(1) 概念**

项目管理是指在一定的约束条件下,为达到项目目标(在规定的时间和预算费用内,达到所要求的质量)而对项目所实施的计划、组织、指挥、协调和控制的过程。

**(2) 项目管理的特点**

① 每个项目具有特定的管理程序和管理步骤:项目的一次性或单件性决定了各个项目都具有其特定的目标,而项目管理的内容和方法要根据项目目标而定,项目目标的不同决定了每一个项目都有自身的管理程序和步骤。

② 项目管理是以项目经理为中心的管理:由于项目管理具有较大的责任和风险,其管理涉及人力、技术、设备、材料、资金等多方面因素,为了更好地进行计划、组织、指挥、协调和控制,必须实施以项目经理为中心的管理模式,在项目实施过程中应授予项目经理较大的权力,以使其能及时处理项目实施过程中出现的各种问题。

③ 应用现代管理方法和技术手段进行项目管理:现代项目的大多数属于先进科学的产物或者是一种涉及多学科的系统工程,要使项目圆满完成,就必须综合运用现代化管理方法和科学设计,如决策技术、价值工程、系统工程、目标管理、样板管理等。

④ 项目管理过程实施动态控制:为了保证项目目标的实现,在项目实施过程中采用动态

控制的方法，阶段性地检查实际值与计划目标值的差异，采取措施纠正偏差，制订新的计划目标值，使项目的实施结果逐步向最终目标逼近。

### 5.1.2 园林工程项目

#### 5.1.2.1 工程项目管理

工程项目管理是项目管理的一个重要分支，它是指通过一定的组织形式，用系统工程的观点、理论和方法对工程建设项目生命周期内的所有工作，包括项目建议书、可行性研究、项目决策、设计、设备询价、施工、签证、验收等系统运动过程进行计划、组织、指挥、协调和控制，以达到保证工程质量、缩短工期、提高投资效益的目的。

工程项目管理是以工程项目目标控制（质量控制、进度控制和投资控制）为核心的管理活动。

#### 5.1.2.2 园林工程项目

**(1) 园林建设项目**

通常将园林建设中各方面的项目，统称为园林建设项目，如一个风景区、一座公园、一个游乐园、一组居住小区绿地等。它具有完整的结构系统、明确的使用功能和工程质量标准、确定的工程数量、限定的投资数额、规定的建设工期以及固定的建设单位等基本特征；其建设过程主要包括项目论证、项目设计、项目施工、项目竣工验收、养护与保修5个阶段。

园林建设项目既是一项固定资产投资项目，同时也是一项社会公益事业，既有投资者为实现其投资目标而进行的一系列工作，也有为改善人们生活质量和环境而进行的社会活动。

**(2) 园林施工项目**

通常将处于项目施工准备、施工规划、项目施工、项目竣工验收和养护阶段的园林建设工程，统称为园林施工项目。园林施工项目的管理主体是承包单位（园林施工企业）并为实现其经营目标而进行工作。园林施工项目既可以是园林建设项目的施工、单项工程或单位工程的施工，也可以是分部工程或分项工程的施工。其工作内容包括施工项目的准备、规划、实施和管理。

#### 5.1.2.3 园林工程项目管理的内容

根据合同，建设工程必须完成工程项目，保证并提高质量，确保施工安全，遵守工期，保证和提高经济效益，编制施工计划，并遵循施工计划进行施工，这就是施工管理。施工管理一般起到提高工程质量、缩短工期和降低工程费用的作用。施工管理主要包括以下内容：

① 质量管理：建立质量体系，确保施工质量；
② 进度管理：均衡合理施工，保证合同工期；
③ 成本管理：采取有效措施，降低成本，提高效益；
④ 安全管理：创造安全的施工条件和环境，保证施工顺利；
⑤ 劳动管理：建立用工、分配制度，优化劳动组合，提高劳动生产率；
⑥ 材料管理：合理、节约使用材料，降低材料成本；
⑦ 现场管理：对施工场地合理安排，保证施工有条不紊进行；
⑧ 工程照片管理：确认及证明工程的进展状况及工程施工内容；
⑨ 机械设备管理：合理选择配备机械设备，提高施工机械化水平和效率；
⑩ 技术管理：采用新技术，实现施工管理现代化；
⑪ 合同管理：以法律手段处理经济关系和问题，保证施工正常进行。

质量、进度、成本、安全4种管理，叫做四大管理。

制定施工计划并开展施工管理的目的，在于确保和提前施工工期，确保并提高施工质量和经济效益。质量管理、进度管理和成本管理，是为达到上述目的的最基本的三大管理职能。当然，安全施工是最经济的方法，应该在确保安全施工的前提下，编制能满足优质、高速、低造价3项条件的施工计划，进行施工管理。

### 5.1.2.4 三大管理机能之间的相互关系

工程项目的质量、进度和投资三大目标是一个相互关联的整体，既矛盾，又统一。进行工程项目管理，必须充分考虑工程项目三大目标之间的对立统一关系，注意统筹兼顾，合理确定三大目标，防止发生盲目追求单一目标而冲击或干扰其他目标的现象。

**（1）三大目标之间的对立关系**

在通常情况下，如果对工程质量有较高的要求，就需要投入较多的资金和花费较长的建设时间；如果要抢时间、争进度，以极短的时间完成工程项目，势必会增加投资或者使工程质量下降；如果要减少投资、节约费用，势必会考虑降低项目的功能要求和质量标准。所有这些都表明，工程项目三大目标之间存在着矛盾和对立的一面。

**（2）三大目标之间的统一关系**

在通常情况下，适当增加投资数量，为采取加快进度的措施提供经济条件，即可加快项目建设进度，缩短工期，使项目尽早动用，投资尽早回收，项目全寿命周期经济效益得到提高；适当提高项目功能要求和质量标准，虽然会造成一次性投资和建设工期的增加，但能够节约项目动用后的经常费和维修费，从而获得更好的投资经济效益；如果项目进度计划制定得既科学又合理，使工程进展具有连续性和均衡性，不但可以缩短建设工期，而且有可能获得较好的工程质量和降低工程费用。所有这一切都说明，工程项目三大目标之间存在着统一的一面。

如图5-1所示，$X$坐标表示进度，$Y$坐标表示成本，$Z$坐标表示质量，它们之间的相互关系为$x$、$y$、$z$曲线。具体说明如下：

① $x$曲线表示进度和成本的一般关系：工程进度快，可以降低单位数量的成本。若形成突击施工，势必要加大成本；拖延工期，也使成本增加。所以$x$曲线最接近$OX$轴线的速度，是最经济的进度，成本最低。

② $y$曲线表示质量和成本的一般关系：质量越好，成本越高。

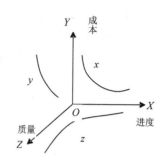

**图5-1 三大管理机能相互关联性**

③ $z$曲线表示质量和进度的一般关系：采取突击施工方式加快工程进度时，质量会降低。

图5-2是图5-1的分解图。$O$为原点。沿箭头方向移动，则表示速度、质量、成本的增加。

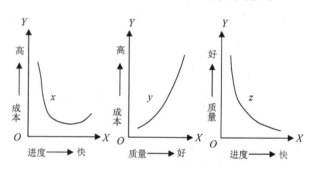

**图5-2 三大管理机能相互关联性分解图**

### 5.1.3 管理的顺序

施工管理上存在着管理周期。最有效的管理周期是计划、实施、检查、处理的循环活动。

① 计划：编制施工计划的目的是为了安全、优质、高速、低造价地完成工程项目。

② 实施：根据计划进行施工。

③ 检查：在施工期间，将施工结果和计划作比较性检查。

④ 处理：当施工结果和计划有出入时，采取适当处理措施或者修正原计划。

施工管理就是了解、检查作业是否按照计划进行，如果发现脱离了计划，就要按照计划采取修正措施，以保证作业按计划进行。重要的是运用过去的经验和发挥以往的长处，根据科学的统计资料，充分掌握最新管理方法进行施工管理。

## 5.2 施工组织设计

### 5.2.1 工程施工组织设计概述

#### 5.2.1.1 工程施工组织设计的概念

**(1) 工程施工组织设计**

工程施工组织设计是指导工程投标、签订承包合同、施工准备和施工全过程的全局性的技术经济文件。编制和贯彻好施工组织设计是在园林建设工作中体现国家方针政策、遵守合同规定、科学组织施工,从而达到预期的质量和工期目标、提高劳动生产率、降低消耗、保证安全、不断地提高施工技术和管理水平的重要手段。

**(2) 工程施工组织设计的作用**

① 指导工程投标与签订工程承包合同,作为投标的内容和合同文件的一部分;

② 指导施工前的一次性准备和工程施工全局的全过程;

③ 作为项目管理的规划性文件,提出工程施工中进度控制、质量控制、成本控制、安全控制、现场管理、各项生产要素管理的目标及技术组织措施,提高综合效益。

#### 5.2.1.2 工程施工组织设计的分类和内容

**(1) 工程施工组织设计的分类**

根据工程施工组织的设计阶段的不同,工程施工组织设计可划分为两类:一类是投标前编制的施工组织设计(简称标前设计),另一类是签订工程承包合同后编制的施工组织设计(简称标后设计)。两类施工组织设计的区别见表5-1。

表5-1 两类施工组织设计的特点

| 种类 | 服务范围 | 编制时间 | 编制者 | 主要特性 | 追求主要目标 |
|---|---|---|---|---|---|
| 标前设计 | 投标与签约 | 投标书编制前 | 经营管理层 | 规划性 | 中标和经济效益 |
| 标后设计 | 施工准备至验收 | 签约后开工前 | 项目管理层 | 作业性 | 施工效率和效益 |

按施工组织设计的工程对象分类,施工组织设计可分为3类:施工组织总设计、单项(或单位)工程施工组织设计和分部工程组织设计。施工组织总设计是以整个园林建设项目或群体工程为对象编制的,是整个建设项目和群体工程施工准备和施工的全局性、指导性文件。单项(或单位)工程施工组织设计是施工组织总设计的具体化,以园林施工中的单项(或单位)工程为对象编制,用以指导单项(或单位)工程的施工准备和施工全过程;它还是施工单位编制月旬作业的基础性文件。对于施工难度大或施工技术复杂的园林建设工程,在编制单项(或单位)工程施工组织设计之后,还应编制主要分部工程的施工组织设计,用来指导各分部工程的施工,如复杂的基础工程、钢结构安装工程、大型结构构件吊装工程、高级装修工程、大量土石方工程等。分部工程施工组织设计突出作业性。

根据《中华人民共和国建筑法》第38条的规定,对专业性较强的工程项目,应当编制专项安全施工组织设计,并采取安全技术措施。

**(2) 工程施工组织设计的内容**

① "标前设计"的内容

施工方案 包括施工程序、施工方法选择、施工机械选用、劳动力和主要材料、半成品投入量等。

施工进度计划 包括工程开工日期,竣工日期,分期分批施工工程的开工、竣工日期,施工进度控制图及说明。

主要技术组织措施 包括保证质量的技术组织措施、保证安全的技术组织措施、保证进度的技术组织措施、环境污染防治的技术组织措施等。

施工平面布置图 包括施工用水量计算、用电量计算、临时设施需用量及费用计算、施工平面布置图。

其他有关投标和签约谈判需要的设计

② 施工组织总设计的内容

工程概况 包括建设项目的特征、建设地区的特征、施工条件、其他有关项目建设的情况。

施工部署和施工方案 包括施工任务的组织分工和安排、重要单位工程施工方案、主要工种工程的施工方法及"三通一平"规划。

**施工准备工作计划** 包括现场测量，土地征用，居民拆迁，障碍物拆除，掌握设计意图和进度，编制施工组织设计和研究有关技术组织措施，新结构、新材料、新技术、新设备的试验工作，大型临时设施工程，施工用水、电、路及场地平整的作业的安排，技术培训，物资和机具的申请和准备等。

**施工总进度计划** 用以控制总工期及各单位工程的工期和搭接关系。

**各种需要量计划** 包括劳动力需要量计划，主要材料及加工品需要量、需要时间及运输计划，主要机具需用量计划，大型临时设施建设计划等。

**施工总平面图** 对建设空间（平面）的合理利用进行设计和布置。

**技术经济指标分析** 目的是评价上述设计的技术经济效果，并作为考核的依据。

③ 单项（或单位）工程施工组织设计的内容：通过单项（或单位）工程施工组织设计的编制和实施，可以在施工方法、人力、材料、机械、资金、时间、空间方面进行科学合理地规划，使施工在一定时间、空间和资料供应条件下，有组织、有计划、有次序地进行，实现质量好、工期短、消耗少、资金省、成本低的良好效果。其内容有以下几项：

**工程概况** 工程概况应包括工程特点、建设地点特征、施工条件三方面。

**施工方案** 施工方案的内容包括确定施工程序和施工流向、划分施工段、主要分部分项工程施工方法的选择和施工机械选择、技术组织措施。

**施工进度计划** 包括确定施工顺序、划分施工项目、计算工程量、劳动量和机械台班量，确定各施工过程的持续时间并绘制进度计划表。

**施工准备工作计划** 包括技术准备，现场准备，劳动力、机具、材料、构件、加工品等的准备工作。

**编制各项需要用量计划** 包括材料需用量计划、劳动力需用量计划、构件加工半成品需用量计划、施工机具需用量计划。

**施工平面图** 表明单项（或单位）工程施工所需施工机械、加工场地、材料、构件等的设置场地及临时设施在施工现场的配置。

④ 分部工程施工组织设计的内容：分部工程施工组织设计的内容应突出作业性，主要进行施工方案、施工进度作业计划和技术措施的设计。

### 5.2.1.3 工程施工组织设计的编制原则和程序

**（1）编制原则**

① 严格遵守工期定额和合同规定的工程竣工及交付使用期限。总工期较长的大型建设项目，应根据生产的需要，安排分期分批建设，配套投产或交付使用，从实质上缩短工期，尽早地发挥建设投资的经济效益。

在确定分期分批施工的项目时，必须注意使每期交工的一套项目可以独立地发挥效用，使主要的项目同有关的附属辅助项目同时完工，以便完工后可以立即交付使用。

② 合理安排施工程序与顺序。建筑施工有其本身的客观规律，按照反映这种规律的程序组织施工，能够保证各项施工活动相互促进、紧密衔接，避免不必要的重复工作，加快施工速度，缩短工期。在安排施工程序时，通常应当考虑以下几点：

——要及时完成有关的施工准备工作，为正式施工创造良好的条件。准备工作视施工需要，可以一次完成或分期完成；

——正式施工时应该先进行平整场地、铺设管网、修筑道路等全场性工程及可供施工使用的永久性建筑物，然后，再进行各个工程项目的施工；

——对于单个房屋和构筑物的施工顺序，既要考虑空间顺序，也要考虑工种之间的顺序。

③ 用流水作业法和网络计划技术安排进度计划。

④ 恰当地安排冬雨期施工项目。对于那些必须进入冬雨期施工的工程，应落实季节性施工措施，以增加全年的施工日数，提高施工的连续性和均匀性。

⑤ 贯彻多层次技术结构政策，因时因地制宜地促进技术进步和建筑工业化的发展。

⑥ 从实际出发，做好人力、物力的综合平衡，组织均衡施工。

⑦ 尽量利用正式工程、原有或就近的已有设施，以减少各种暂设工程；尽量利用当地资源，合理安排运输、装卸与储存作业，减少物资运输量，避免二次搬运；精心进行场地规划布置，节约施工用地，不占或少占农田，防止施工事故，做到文明施工。

⑧ 实施目标管理。各类施工组织设计的编制都应当实行目标管理原则。编制施工组织设计的过程，也是提出施工项目目标及实现办法的规划过程。因此，必须遵循目标管理的原则，应使目标分解得当，决策科学，实施有法。

⑨ 与施工项目管理相结合。进行施工项目管理，必须事先进行规划，使管理工作按规划有序地进行。施工项目管理规划的内容应在施工组织设计的基础上进行扩展，使施工组织设计不仅服务于施工和施工准备发展，而且服务于经营管理和施工管理。

**（2）编制程序**

① 标前设计的编制程序：学习招标文件→进行调查研究→编制施工方案并选用主要施工机械→编制施工进度计划→确定开工日期→确定分期分批开工与竣工日期、总工期→绘制施工平面图→确定标价及钢材、水泥等主要材料用量→设计保证质量和工期的技术组织措施→提出合同谈判方案，包括谈判组织、目标、准备和策略等。

② 标后设计的编制程序：进行调查研究，获得编制依据→确定施工部署→拟定施工方案→编制施工准备工作计划及运输计划→编制供水、供热、供电计划→设计施工平面图→计算技术经济指标。

### 5.2.1.4 工程施工组织设计的编制依据

**（1）标前设计的编制依据**

① 招标文件和工程量清单；
② 施工现场踏勘情况；
③ 进行社会、市场和技术经济调查的资料；
④ 可行性报告、设计文件和各种参考资料；
⑤ 企业的生产经营能力。

**（2）施工组织总设计的编制依据**

① 计划文件，包括国家批准的基本建设计划文件、单位工程项目一览表、分期分批投产的要求、投资指标和设备材料定货指标、建设地点所在地区主管部门的批件、施工单位主管上级下达的施工任务等；

② 设计文件，包括批准的初步设计或技术设计、设计说明书、总概算或修正总概算、可行性报告；

③ 合同文件，即施工单位与建设单位签订的工程承包合同；

④ 建设地区的调查资料，包括气象、地形、地质和其他地区性条件等；

⑤ 定额、规范、建设政策法令、类似工程项目建设的经验资料等。

**（3）单项（或单位）工程施工组织设计的编制依据**

① 上级领导机关核对单位工程的要求、建设单位的意图和要求、工程承包合同、施工图对施工的要求等；

② 施工组织总设计和施工图；

③ 年度施工计划核对工程的安排和规定的各项指标；

④ 预算文件提供的有关数据；

⑤ 劳动力配备情况，材料、构件、加工品的来源和供应情况，主要施工机械的生产能力和配备情况；

⑥ 水、电供应条件；

⑦ 设备安装进场时间和对土建的要求以及所需场地的要求；

⑧ 建设单位可提供的施工用地，临时房屋、水、电等条件；

⑨ 施工现场的具体情况，如地形，地上、地下障碍物，水准点，气象，工程与水文地质，交通运输道路等；

⑩ 建设用地购、拆迁情况，施工执照情况，国家有关规定、规范、规程和定额等。

### 5.2.2 施工组织总设计

施工组织总设计是以整个建设项目为对象，

根据初步设计或扩大初步设计图纸以及其他有关资料和现场施工条件编制,用以指导全工地各项施工准备和施工活动的技术经济文件。一般由建设总承包单位或建设主管部门领导下的工程建设指挥部负责编制。

施工组织总设计的内容包括：工程概况和特点分析,施工部署和主要工程项目施工方案,施工总进度计划,施工资源需要量计划,施工总平面图和技术经济指标等。

工程概况和特点分析是对整个建设项目的总说明、总分析,一般应包括以下内容：

**(1) 施工部署**

施工部署是对整个建设项目从全局上作出的统筹规划和全面安排,它主要解决影响建设项目全局的重大战略问题。

施工部署的内容和侧重点根据建设项目的性质、规模和客观条件不同而不同。一般应包括确定工程程序、拟定主要工程项目的施工方案、明确施工任务划分与组织安排、编制施工准备工作计划等内容。

**(2) 施工总进度计划**

施工总进度计划是施工现场各项施工活动在时间上的体现。编制的基本依据是施工部署的施工方案和工程项目的开展程序。其作用在于确定各个建筑物及其主要工种、工程、准备工作和全工地性工程的施工期限及其开工和竣工的日期,从而确定建筑施工现场上劳动力、材料、成品、半成品、施工机械的需要数量和调制情况,以及现场临时设施的数量、水电供应数量和能源、交通的需要数量等。

编制施工总进度计划的基本要求是：保证拟建工程在规定的期限内完成；迅速发挥投资效益；保证施工的连续和均衡性；节约施工费用。

编制施工总进度计划时,应根据施工部署中建设工程分期分批投产顺序,将每个交工系统的各项工程分别列出,在控制的期限内进行各项工程的具体安排。在建设项目的规模不太大、各交工系统工程项目不太多时,亦可不按分期分批投产顺序安排,而直接安排总进度计划。

施工总进度计划的具体内容包括：列出工程项目一览表并计算工程量；确定各项单位工程的施工期限；确定各单位工程的竣工时间和相互搭接关系；安排施工进度。

**(3) 资源需要计划**

施工总进度计划编制好以后,就可以编制各种主要资源的需要量计划。包括综合劳动力和主要工种劳动力计划；材料、构件及半成品需要量计划。

**(4) 施工总平面图**

施工总平面图设计的内容包括：建设项目施工总平面图中一切地上、地下已有的拟建的建筑物、构筑物以及其他设施的位置和尺寸；施工用地范围,施工用的各种道路；加工厂、制备站及有关机械的位置；各种建筑材料、半成品、构件的仓库和主要堆场,取土弃土位置；行政管理房、宿舍、文化生活和福利建筑等；水源、电源、变电器位置,临时给排水管线和供电、动力设施；机械站、车库位置；一切安全、消防设施位置；永久性测量放线标桩位置。

### 5.2.3 单位工程施工组织设计

单位工程施工组织设计以一个单位工程(一个建筑物、构成筑物或一个交工系统)为编制对象,用以指导其施工全过程的各项施工活动的技术、经济和组织的综合性文件。单位工程施工组织设计一般在施工图设计完成后,在拟建工程开工之前,由项目部的技术负责人主持编制。

**(1) 单位工程施工概况的编制**

单位工程施工概况包括工程特点,建设地点的特征,施工条件等。

**(2) 单位工程施工方案的编制**

单位工程施工方案包括确定施工流向和施工程序,施工段的划分,施工方法和施工机械的选择,技术组织措施的设计。

**(3) 单位工程施工进度计划的编制**

① 编制依据：单位工程施工进度计划的编制依据包括施工进度计划、施工方案、施工预算、预算定额、施工定额、资源供应状况、领导对工期的要求、建设单位对工期的要求(合同要求)等。这些依据中,有的是通过调查研究得到的。

② 编制程序：单位工程施工进度计划编制程序是：收集编制依据→划分项目→计算工程量→套用工程量→套用施工定额→计算劳动量和机械台班需要用量→确定持续时间→确定各项目之间的关系及搭接→绘制进度计划图→判别进度计划并作必要调整→绘制正式进度计划。

③ 编制内容：编制内容包括划分项目；计算工程量和确定持续时间；确定施工顺序；组织流水作业并绘制施工进度计划图。

**(4) 单位工程施工平面图设计**

施工平面是布置施工现场的依据，也是施工准备工作的一项重要依据，是实现文明施工、节约土地、减少临时设施费用的先决条件，其绘制比例为1:200~1:500。如果单位工程施工平面图是拟建建筑群的组成部分，它的施工平面图就是全工地总施工平面图的一部分，应受到全工地总施工平面图的约束，并应具体化。

单位工程施工平面图的内容包括：

① 建筑平面图上已建和拟建的地上和地下的一切建筑物、构筑物和管线的位置或尺寸；

② 测量放线标桩、地形等高线或取舍土地点；

③ 移动式起重机的开行路线及垂直运输设施的位置；

④ 材料、加工半成品、构件和机具的堆场；

⑤ 生产、生活用临时设施，如搅拌站、高压泵站、钢筋棚、木工棚、仓库、办公室、供水管、供电线路、消防设施、安全设施、道路以及其他需搭建或建造的设施；

⑥ 必要的图例、比例尺、方向及风向标记。

## 5.3 工程质量管理

### 5.3.1 概述

质量管理的目的是为了最经济地制作出能充分满足设计图及施工说明书规格要求的优良产品。在工程的所有阶段都要应用统计方法进行管理。搞好质量管理必须满足以下两个条件：

(1) 产品要在一定允许范围内满足设计要求。

(2) 工程要安定。

### 5.3.2 全面质量管理的顺序

质量管理和其他各项管理一样，要做到有计划、有措施、有执行、有检查、有总结，才能使整个管理工作循序渐进，保证工程质量不断提高。为不断揭示项目施工过程中在生产、技术、管理诸方面的质量问题，通常采用PDCA循序方法。该方法就是先分析，提出设想，安排计划，按计划执行。执行中进行动态检查、控制和调整，执行完成后进行总结处理。PDCA分为4个阶段，即计划(P)、执行(D)、检查(C)和处理(A)阶段(图5-3)。

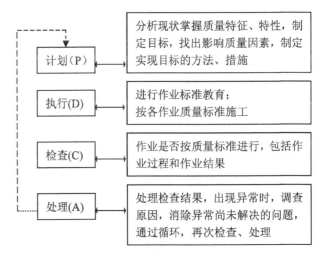

**图5-3 全面质量管理顺序**

4个阶段又可具体分为8个步骤。

**(1) 第一阶段为计划(P)阶段**

确定任务、目标、活动计划和拟定措施。

第1步 分析现状，找出存在的质量问题，并用数据加以说明。

第2步 掌握质量规格、特性，分析产生质量问题的各种因素，并逐个进行分析。

第3步 找出影响质量问题的主要因素，通过抓主要因素解决质量问题。

第4步 针对影响质量问题的主要因素，制订计划和活动措施。计划和措施应该具体明确，有目标、有期限、有分工。

**(2) 第二阶段为执行(D)阶段**

按照计划要求及制定的质量目标、质量标准、操作规程组织实施，进行作业标准教育，按作业标准施工。

第 5 步 即第二阶段。

(3) 第三阶段为检查(C)阶段

通过作业过程、作业结果将实际工作结果与计划内容相对比，通过检查，看是否达到预期效果，找出问题和异常情况。

第 6 步 即第三阶段。

(4) 第四阶段为处理(A)阶段

总结经验，改正缺点，将遗留问题转入下一轮循环。

第 7 步 处理检查结果，按检查结果，总结成败两方面的经验教训，成功的纳入标准、规程，予以巩固；不成功的，出现异常时，应调查原因，消除异常，吸取教训，引以为戒，防止再次发生。

第 8 步 处理本循环尚未解决的问题，转入下一循环中，通过再次循环求得解决。随着管理循环的不停进行，原有的矛盾解决了，又会产生新的矛盾，矛盾不断产生而不断被克服，克服后又产生新的矛盾，如此循环不止。每一次循环都把质量管理活动推向一个新的高度。

## 5.3.3　全面质量管理的步骤

(1) 制订推进规划。根据全面质量管理的基本要求，结合施工项目的实际情况，提出分析阶段的全面质量管理目标，进行方针目标管理，以及实现目标的措施和办法。

(2) 建立综合性的质量管理机构。选拔热心于全面质量管理、有组织能力、精通业务的人员组建各级质量管理机构，负责推行全面质量管理工作。

(3) 建立工序管理点。在工序作业中的薄弱环节或关键部位设立管理点，保证园林建设项目的质量。

(4) 建立质量体系。以一个施工项目作为一个系数，建立完整的质量体系。项目的质量体系由各部门和各类人员的质量职责和权限、组织结构、所必需的资源和人员、质量体系各项活动的工作程序等组成。

(5) 开展全过程的质量管理。即施工准备工作、施工过程、竣工交付和竣工后服务的质量管理。

## 5.3.4　施工准备阶段的质量控制

园林建设工程施工准备是为保证园林施工正常进行而必须事先做好的工作。施工准备不仅在工程开工前要做好，而且贯穿整个施工过程。施工准备的基本任务就是为工程提供一切必要的施工条件，确保施工生产顺利进行，确保工程质量符合要求。

**(1) 研究和会审图纸及技术交底**

通过研究和会审图纸，可以广泛听取使用人员、施工人员的正确意见，弥补设计上的不足，提高设计质量；可以使施工人员了解设计意图、技术要求、施工难点。

技术交底是施工前的一项重要准备工作，以使参与施工的技术人员与工人了解承建工程的特点、技术要求、施工工艺及施工操作要求等。

**(2) 施工组织设计**

施工组织设计是指导施工准备和组织施工的全面性技术经济文件。对于施工组织设计，要求进行两个方面的控制：一是选定施工方案后，制订施工进度时，必须考虑施工顺序、施工流向，主要分部、分项工程的施工方法，特殊项目的施工方法和技术措施能否保证工程质量；二是制订施工方案时，必须进行技术经济比较，使园林建设工程满足设计要求以及保证质量，使之成为施工工期短、成本低、生产安全、效益好的施工过程。

**(3) 现场勘察"三通一平"和临时设施的搭建**

掌握现场地质、水文勘察资料，检查"三通一平"、临时设施搭建能否满足施工需要，保证工程顺利进行。

**(4) 物资准备**

检查原材料、构配件是否符合质量要求，施工机具是否可以进入正常运行状态。

**(5) 劳动力准备**

施工力量的集结，能否进入正常的作业状态；特殊工种及缺门工种的培训，是否具备应有的操作技术和资格；劳动力的调配，工种间的错接，能否为后续工种创造合理的、足够的工作面。

### 5.3.5 施工阶段的质量控制

按照施工组织设计总进度计划,应编制具体的月度和分项工程施工作业计划和相应的质量计划,对材料、机具设备、施工工艺、操作人员、生产环境等影响质量的因素进行控制,以保持园林建设产品总体质量处于稳定状态。

**(1) 施工工艺的质量控制**

工程项目施工应编制"施工工艺技术标准",规定各项作业活动和各道工序的操作规程、作业规范要点、工作顺序、质量要求。上述内容应预先向操作者进行交底,并要求认真贯彻执行。对关键环节的质量、工序、材料和环境应进行验证,使施工工艺的质量控制符合标准化、规范化、制度化的要求。

**(2) 施工工序的质量控制**

施工工序质量控制包括影响施工质量的5个因素(人、材料、机具、方法、环境),它使工序质量的数据波动处于允许的范围内;通过工序检验等方式,准确判断施工工序质量是否符合规定的标准,以及是否处于稳定状态;在出现偏离标准的情况下,分析产生的原因,并及时采取措施,使之处于允许的范围内。

对于直接影响质量的关键工序、对下道工序有较大影响的上道工序、质量不稳定或容易出现不良的工序、用户反馈和过去有过返工的不良工序,应设立工序质量控制(管理)点。设立工序质量控制点的主要作用,是使工序按规定的质量要求和均匀的操作正常运转,从而获得满足质量要求的最多产品和最大的经济效益。对工序质量管理点要确定合理的质量标准、技术标准和工艺标准,还要确定控制水平及控制方法。

对施工质量有重大影响的工序,应对其操作人员、机具设备、材料、施工工艺、测试手段、环境条件等因素进行分析与验证,并进行必要的控制。同时做好验证记录,以便向建设单位证实工序处于受控状态。工序记录的主要内容为质量特性的实测记录和验证签证。

**(3) 人员素质的控制**

定期对职工进行规程、规范、工序工艺、标准、计量、检验等基础知识的培训并开展质量管理和质量意识教育。

**(4) 设计变更与技术复核的控制**

加强对施工过程中提出的设计变更的控制。重大问题须经建设单位、设计单位、施工单位三方同意,由设计单位负责修改,并向施工单位签发设计变更通知书。对建设规模、投资方案等有较大影响的变更,须经原批准初步设计单位同意,方可进行修改。所有设计变更资料,均有文字记录,并按要求归档。

对重要的或影响全局的技术工作,必须加强复核,避免发生重大差错,影响工程质量和使用。

### 5.3.6 交工验收阶段的质量控制

**(1) 工序间的交工验收工作的质量控制**

工程施工中往往上道工序的质量成果被下道工序所覆盖;分项或分部工程质量成果被后续的分项或分部工程所掩盖。因此,要对施工全过程的分项与分部施工的各工序进行质量控制。要求班组实行保证本工序、监督前工序、服务后工序的自检、互检、交接检和专业性的"中间"质量检查,保证不合格工序不转入下道工序。出现不合格工序时,做到"三不放过"(原因未查清不放过、责任未明确不放过、措施未落实不放过),并采取必要的措施,防止再发生。

**(2) 竣工交付使用阶段的质量控制**

单位工程或单项工程竣工后,由施工项目的上级部门严格按照设计图纸、施工说明书及施工验收标准,对工程的施工质量进行全面鉴定,评定等级,作为竣工交付的依据。工程进入交工验收阶段,应有计划、有步骤、有重点地进行收尾工程的清理工作,通过交工前的预验收,找出遗漏项目和需要修补的工程,并及早安排施工。还应做好竣工工程产品保护,以提高工程的一次成优及减少竣工后返工整修。工程项目经自检、互检后,与建设单位、设计单位和上级有关部门进行正式的交工验收工作。

## 5.4 工程进度管理

园林施工项目进度管理是指施工项目经理部根据合同规定的工期要求编制施工进度计划，并以此作为进度控制的目标，对施工的全过程进行经常检查、对照、分析，及时发现实施中的偏差，采取有效措施，调整进度计划，排除干扰，保证工期目标实现的全部活动。

### 5.4.1 进度计划

制订工程计划的目的是为了保证整个工程在工期内完成。工程计划的内容是根据施工计划基本方针，布置各个不同工种的作业，合理地、最经济地计划工作顺序和日程。即尽量调整不同工种的作业，把劳力、材料、机械力的消耗控制在最小限度内。同时，对工期内的劳力和机械等作出均衡计划。

#### 5.4.1.1 进度管理的顺序

——计划　施工计划和编制工程进度表。
——实施　工作指示和监督。
——检查　计划与实施的对比。
——纠正措施　作业方法等的改善，并修改计划。

以上是一个管理循环过程。

#### 5.4.1.2 施工速度和成本的关系（图5-4）

从进度计划和管理的角度看，最重要的是施工速度。

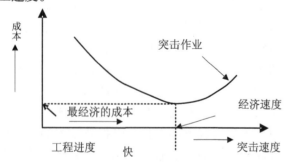

图5-4　工程速度和成本的关系

(1) 施工速度加快，施工量增加，导致单位成本降低。这时的施工速度叫做经济速度。

(2) 用比经济速度更高的速度作业，单位成本反而增高。用这样的施工速度作业，叫做突击作业。

(3) 用比经济速度慢的施工速度，固定成本增高，很不经济。因此，实施工程计划、工程管理最理想的目标是用经济速度来最大限度地提高施工量。

#### 5.4.1.3 影响施工项目进度的因素

影响施工项目进度的因素有多种，大致可分为如下3种：

**(1) 相关单位因素影响**

项目经理部的外层关系单位很多，它们对项目施工活动的密切配合与支持，是保证项目施工按期顺利进行的必要条件。但是，若其中任何一个单位，在某一个环节上发生失误或配合不够，都可能影响施工进度。如材料供应、运输、供水、供电、投资部门和分包单位等没有如约履行合同规定的时间要求或质量数量要求；设计单位图纸提供不及时或设计错误；建设单位要求设计变更、增减工程量等情况发生都将会使进度、工期拖后或停顿。对于这类原因，项目经理部应以合同形式明确双方协作配合要求，在法律的保护和约束下，尽量避免或减少损失。而对于向政府主管部门、职能部门进行申报、审批、签证等工作所需时间，应在编制进度计划时予以充分考虑，留有余地，以免干扰施工进度。

**(2) 项目经理部内部因素影响**

项目经理部的活动对于施工进度起决定性作用。其工作失误，如施工组织不合理、人或机械设备调配不当、施工技术措施不当、质量不合格引起返工、与外层相关单位关系协调不善等都会影响施工进度。因而提高项目经理部的管理水平、技术水平，提高施工作业层的素质是非常重要的。

**(3) 不可预见因素的影响**

园林施工中可能出现的，如持续恶劣天气、严重自然灾害等意外情况或施工现场的水文地质状况比设计及合同文件中所预计的复杂得多，都可能造成临时停工，影响工期。这类原因不经常发生，一旦发生，其影响就很大。

#### 5.4.1.4 施工项目进度控制的措施

**（1）组织措施**

组织措施主要是指建立进度实施和控制的组织系统及建立进度控制目标体系。如召开协调会议、落实各层次进度控制的人员、具体任务和工作职责；按施工项目的组成、进展阶段、合作分工等将总进度计划分解，以制定出切实可行的进度目标。

**（2）合同措施**

应保持总进度控制目标与合同总工期相一致；分包合同的工期与总包合同的工期相一致、相协调。

**（3）技术措施**

技术措施主要是加快施工进度的技术方法，以保证在进度调整后，仍能如期竣工。

**（4）经济措施**

经济措施是指实现进度计划的资金保证措施。

**（5）信息管理措施**

信息管理措施是指对施工实施过程进行检测、分析、调整、反馈和建立相应的信息流动程序以及信息管理工作制度，以连续地对全过程实行动态控制。

#### 5.4.1.5 经济的工程计划

为了最经济地进行施工，在经济速度下最大限度地扩大施工量，不采取突击施工的方法，这样的计划管理才是最重要的，才能获得最大的经济效益。具体注意事项如下：

① 临时设施工程和现场各类经费都要控制在合理的最小范围内。

② 机械设备和消耗材料等，控制在合理的最小限度内，尽量反复使用。

③ 在整个施工期间，避免出勤人数不均衡。

④ 尽量减少由于停工、待料等所造成的人员浪费或机械设备的时间损失。

### 5.4.2 工程进度表

在工程计划中，为了使工程在预定工期内完成，将各个作业的施工顺序和施工速度等用图标表示出来，就是工程进度表。

工程进度表一般分为基本进度表、部分进度表和详细进度表。基本进度表以年或月为单位，部分进度表或详细进度表以周或日为单位。都是为了更准确地掌握细节，为工程管理服务。在编制工程进度表时，要算出作业的可能天数、一天的标准施工量、工程所需天数，并要决定施工顺序及最佳工期。工程进度表必须成为能够掌握作业顺序、作业进行情况和作业时间的工具。

工程进度表有以下几种形式：

#### 5.4.2.1 横线式进度表

**（1）作业顺序表**

作业顺序表的横坐标表示作业量比率（%），纵坐标上按顺序填写工种、作业名称（表5-2）。

表5-2 作业顺序表

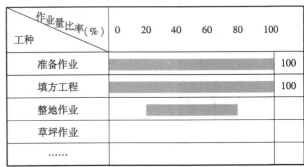

优点 作业顺序表记载各作业在管理时间内的实际情况，对于作业量比率和已竣工项目等，可以一目了然，图表的编制也很简单。

缺点 通过它无法知道各作业所需要的天数以及影响工期的作业项目，各个作业相互间的关系也不明确。

**（2）详细进度表**

详细进度表以工期为横坐标，以工种为纵坐标，作业按照施工顺序填写。这是最普通的横线式工程表，见表5-3。在编制时，应计算各作业所需时间和施工时间，斟酌施工顺序，将各作业的日程填入日程表中，以保证整个工程能够在工期内完成。

表 5-3  详细进度表

| 工种 | 单位 | 数量 | 开工日 | 完工日 | 4月 5 | 10 | 15 | 20 | 25 | 30 |
|---|---|---|---|---|---|---|---|---|---|---|
| 准备作业 | 组 | 1.0 | 4.1 | 4.5 | □ | | | | | |
| 定线作业 | 组 | 1.0 | 4.6 | 4.9 | | □ | | | | |
| 土方作业 | m³ | 1500 | 4.10 | 4.15 | | | □ | | | |
| 栽植作业 | 棵 | 150 | 4.15 | 4.24 | | | | ▭ | | |
| 草坪作业 | m² | 600 | 4.24 | 4.28 | | | | | | ▭ |
| 收尾 | 组 | 1.0 | 4.28 | 4.30 | | | | | | □ |

在分配日程方面可以采取以下 3 种方法：

① 顺算法：依照施工顺序，从最初的准备作业开始填写，填表时一定要注意区别与该作业同时开工的作业，以及在施工中途才能开工的作业和未竣工以前不能着手的作业等。

② 逆算法：和顺算法相反，从工期的最后阶段开始填写，反过来决定哪项作业必须在何时竣工。

③ 重点法：对于受现场条件或台风期、寒流期等季节条件的影响，只能在某一固定期间进行施工的作业，应该在相应的工程期间重点组织，用顺算法和逆算法确定其前后的日程。如栽植工程等最好用重点法安排适当期间。

在表 5-3 的详细进度表中，用色彩线条填写各作业的开工日和完成日，在数量栏内记载着作业的数量。例如，准备作业在 4 月 1 日开始，5 日完成；定线作业在 4 月 6 日开始，9 日结束；1500m³ 的土方作业在 4 月 10 日开始，15 日结束。整个图表说明工程从 4 月 1 日开工，4 月 30 日完工，工期是 30 天。

在各个作业进展的相应栏目的上侧，描述工程实施情况，这项预定工程的进展状况便可一目了然。表 5-4 是预定工程和已竣工工程相比较的实例。该表表示按照预定 4 月 1 日开工以后，第 12 天的实际情况。通过图表可以了解到：准备作业从 4 月 1 日开始，4 日结束；定线作业比预定提前一天，5 日开始，由于 6 日下雨，作业中止一天，结果和预定一样，9 日结束；土方作业从 10 日开始，到 12 日完成

1050m³，占总施工量的 70%。

优点  详细进度表编制简单，各作业的预定工日、预定完工日及需要天数都很明确，计划天数和实际情况一目了然。通过该表便于掌握工程状况，预测工程能否在预定日前开工和竣工。

缺点  不能准确掌握某项作业施工进度的快慢，以及该作业对整个工程的影响。此外，无法确切掌握究竟对哪项作业需要进行重点管理。

#### 5.4.2.2 图表式进度表

图表式进度表，以横坐标表示工期，以纵坐标表示各作业竣工量比率。图 5-4 是以表 5-3 详细进度表的工程为例，绘制出的图表式工程表。

图表和详细进度表的实际情况相同，用虚线记载着 4 月 12 日当天的实际情况。用虚线和实线不同的坡度，反映施工效率的提高情况，坡度越大，说明效率越高。

优点  和详细进度表一样，编制简单，工期及需要天数明确；

缺点  重点作业项目及各作业的相互关系不明确。

#### 5.4.2.3 竣工量累计曲线（竣工量工程曲线）

以横坐标为工期，纵坐标为竣工量比率，计算各作业在工程总金额中所占的比率。构成比率与各个时点的各作业的预定竣工量比率相乘，所得的数值即是各个时点上的整体工程的预定竣工量比率。把它们累计起来，便可绘制整个工程的预定竣工量累计曲线。它和工厂生产一样，如每天竣工量为一定值时，则竣工量累计曲线呈直线，如图 5-5 所示。

在土木工程中，竣工量累计曲线（工程预定曲线）呈 S 形最为理想。这是因为，工程初期阶段主要是一些准备作业工程，末期阶段是收尾等工作，竣工量少。一般来说，每天的竣工量从早晨开始徐徐上升，接近傍晚时便呈降低的趋势，如图 5-6 所示。

表 5-4　4 月 12 日管理实况

| 工种 | 单位 | 数量 | 开工日 | 实际预定 | 完工日 | 实际预定 | 4月 5 | 10 | 12 | 15 | 20 | 25 | 30 | 4.12完成量 数量 | 比率（%） |
|---|---|---|---|---|---|---|---|---|---|---|---|---|---|---|---|
| 准备作业 | 组 | 1.0 | 4.1<br>4.1 | | 4.4<br>4.5 | | ▨▨ | | | | | | | 1.0 | 100 |
| 定线作业 | 组 | 1.0 | 4.5<br>4.6 | | 4.9<br>4.9 | | ▨ ▨▨▨ | | | | | | | 1.0 | 100 |
| 土方作业 | m³ | 1500 | 4.10<br>4.10 | | 4.15 | | | | ▨▨▨ ☐☐☐ | | | | | 1050 | 70 |
| 栽植作业 | 棵 | 150 | 4.15 | | 4.24 | | | | | ☐☐☐☐☐ | | | | 0 | 0 |
| 草坪作业 | m² | 600 | 4.25 | | 4.28 | | | | | | | ☐☐ | | 0 | 0 |
| 收　尾 | 组 | 1.0 | 4.28 | | 4.30 | | | | | | | | ☐ | 0 | 0 |

管理点　　▨▨ 竣工状况　　☐ 预定工程

表 5-5　图表式进度表

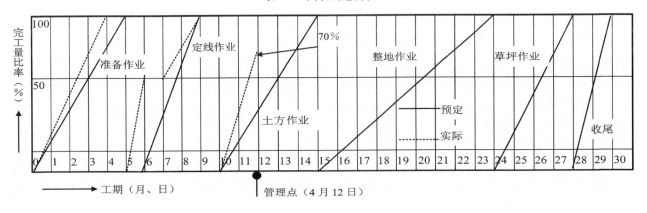

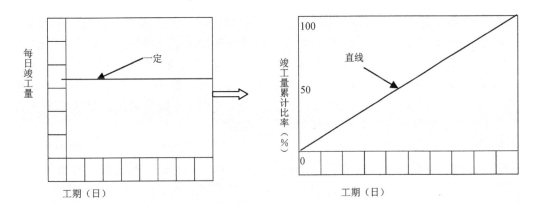

图 5-5　竣工量累计曲线

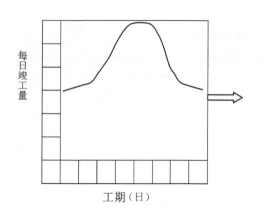 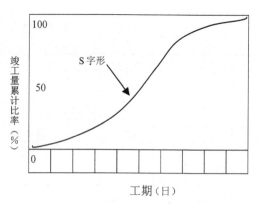

图 5-6　竣工量累计曲线

#### 5.4.2.4 网络式进度表

网络计划技术的基本原理是：首先应用网络图形来表示一项计划或工程中各项工作的开展顺序及其相互之间的关系；通过对网络图进行时间参数的计算，找出计划中的关键工作和关键线路；通过不断改进网络计划，寻求最优方案，以求在计划执行过程中对计划进行有效的控制和监督，保证合理地使用人力、物力和财力，以最小的消耗取得最大的经济效果。这种方法得到了世界各国的公认，广泛应用在工业、农业、国防和科研计划与管理中。在工程领域，网络计划技术的应用尤为广泛，称为"工程网络计划技术"。

网络计划技术的基本模型是网络图。网络计划与横线式进度表相比，具有许多无可比拟的优点，可以为施工管理提供很多信息，有利于加强施工管理，既是一种编制计划的方法，又是一种科学的管理方法。它有助于管理人员全面了解、重点掌握、灵活安排、合理组织、多快好省地完成计划任务，不断提高管理水平。

网络式进度表具体制作方法参考 1992 年国家技术监督局颁发的 3 个国家网络技术标准，即《网络计划技术常用术语》、《网络计划技术网络图画法的一般规定》、《网络计划技术在项目计划管理应用中的一般程序》（GB/T 13400.3—1992）。

## 5.5　工程成本管理

### 5.5.1　施工项目成本概述

施工项目成本是项目经理部在承建并完成施工项目的过程中所发生的全部生产费用的总和。施工项目成本是园林施工企业的主要产品成本，亦称工程成本，一般以项目的单位工程为成本核算对象，各单位工程成本的综合即为施工项目成本。

### 5.5.2　施工项目成本的构成

**（1）直接成本**

直接成本即施工过程中耗费的构成工程实体或有助于工程形成，且能直接计入成本核算对象的费用。

① 人工费：直接从事园林施工的生产工人的各项费用，包括工资、奖金、工资性质的津贴、工资附加及职工福利费、生产工人劳动保护费。

② 材料费：施工过程中耗用的构成工程实体的各种材料费用，包括原材料、辅助材料、构配件、零件、半成品费用、周转材料摊销及租赁等费用。

③ 机械使用费：施工过程中使用机械所发生的费用，包括使用自有机械的台班费、外租机械的租赁费、施工机械的安装及拆卸进出场费等。

④ 其他直接费：除人工费、材料费、机械使

用费以外的直接用于施工过程的费用,包括材料二次搬运费、临时设施摊销费、生产工具用具使用费、检验试验费、工程定位复测费、工程点交费、场地清理费、冬雨季施工增加费、夜间施工增加费、仪器、仪表使用费等。

**(2) 间接成本**

间接成本即项目经理部为施工准备、组织和管理施工生产而必须支出的各种费用,又称施工间接费。它不直接用于工程项目中,一般按一定的标准计入工程成本。包括:

① 现场项目管理人员的工资、工资性津贴、劳动保护费等;

② 现场管理办公费用、工具用具使用费、车辆大修、维修、租赁等使用费;

③ 职工差旅交通费、职工福利费、工程保修费、工程排污费及其他费用;

④ 用于项目的可控费用,不受层次限制,均应下降到项目计入成本,如工会经费、教育经费、业务活动经费、劳保统筹费、税金、利息支出、其他财务费用。

### 5.5.3 施工项目成本控制

**(1) 施工项目成本控制的概念**

施工项目成本控制是项目经理部在项目施工的全过程中,为控制人工、机械、材料消耗和费用支出,降低工程成本,达到预期的项目成本目标,所进行的成本预测、计划、实施、检查、核算、分析、考评等一系列活动。

**(2) 施工项目控制的原则**

① 全面控制的原则

——建立全员参加的责权利相结合的项目成本控制责任体系。

——项目经理、各部门、施工队、班组人员都负有成本控制的责任,在一定的范围内享有成本控制的权利,在成本控制方面的业绩与工资奖金挂钩,从而形成一个有效的成本控制责任网络。

② 动态控制的原则

——在施工开始之前进行成本预测,确定目标成本,编制成本计划,制订或修订各种消耗定额和费用开支标准。

——施工阶段重在执行成本计划,落实降低成本措施,实行成本目标管理。

——建立灵敏的成本信息反馈系统,使有关人员能及时获得信息、纠正不利成本偏差。

——制止不合理开支。

——竣工阶段,成本盈亏已成定局,主要进行整个项目的成本核算、分析和考评。

③ 开源节流的原则

——成本控制应坚持增收与节约相结合的原则。

——作为合同签约依据,编制工程预算时,应"以支定收";而为保证预算收入,在施工过程中,则要"以收定支",控制资源消耗和费用支出。

——核查成本费用是否符合预算收入,收支是否平衡。

——应经常进行成本核算并进行实际成本与预算收入的对比分析。

——抓住索赔时机,搞好索赔,合理力争甲方给予经济补偿。

——严格执行财务制度,对各项成本费用的支出进行限制和监督。

——提高施工项目的科学管理水平,优化施工方案,提高生产效率,节约人、财、物的消耗。

**(3) 施工项目成本控制的内容**

① 投标承包阶段:对项目工程成本进行预测、决策,中标后组建与项目规模相适应的项目经理部以减少管理费用,园林施工企业以承包合同价格为依据,向项目经理部下达成本目标。

② 施工准备阶段:审核图纸,选择经济合理、切实可行的施工方案;制订降低成本的技术组织措施;项目经理部确定自己的项目成本目标并进行目标分解;反复测算平衡后编制正式施工项目计划成本。

③ 施工阶段:制订并落实检查各部门、各级成本责任制;执行检查成本计划,控制成本费用;加强材料机械管理,保证质量,杜绝浪费;搞好合同索赔工作,避免经济损失;加强经常性的分部分项工程成本核算分析以及月(季、年度)成本核算分析,及时反馈,以纠正成本的不利偏差。

④ 竣工阶段、保修期间:尽量缩短收尾工作

时间,合理精简人员;及时办理工程结算,不得遗漏;控制竣工验收费用;控制保修期费用;总结成本控制经验。

## 5.6 工程安全管理

### 5.6.1 概述

**(1) 施工项目安全控制的概念**

园林施工项目安全控制是在项目施工的全过程中,运用科学管理的理论、方法,通过法规、技术、组织等手段进行的规范劳动者行为,控制劳动对象、劳动手段和施工环境条件,消除或减少不安全因素,使人、物、环境构成的施工生产体系达到最佳安全状态,实现项目安全目标等一系列活动的总称。

**(2) 安全控制的基本原则**

——管生产必须管安全的原则;
——安全第一的原则;
——预防为主的原则;
——动态控制的原则;
——全面控制的原则;
——现场安全为重点的原则。

### 5.6.2 劳动灾害

**(1) 劳动灾害**

劳动灾害指职工在工作过程中,由于受到建筑物、设备、原材料、气体、蒸汽、粉尘等的影响,或者作业活动及其他业务上的意外事故,造成职工负伤、患病或死亡。

**(2) 劳动灾害发生的计算式**

劳动灾害次数与环境条件、职工人数以及安全管理的组织方法有关。因此,仅拿灾害次数作比较是不恰当的,必须用统一的尺度来衡量。

一般使用次数率、强度率、年千人率、工伤事故率等作为统计劳动灾害的尺度。

**次数率** 表示灾害发生频度的指标。用每100万劳动小时的死伤人数表示。即:

$$次数率 = \frac{死伤人数}{劳动延续时间} \times 1\,000\,000(小时)$$

**强度率** 表示灾害强度,用每1000劳动小时的损失天数(劳动灾害造成的)表示。即:

$$强度率 = \frac{劳动损失天数}{劳动延续时间} \times 1000(小时)$$

**年千人率** 它表示每1000名职工在1年中发生灾害的次数,计算简单,是惯用的尺度。即:

$$年千人率 = \frac{1年间死伤人数}{每1天的平均职工人数} \times 1000(人)$$

**工伤事故率** 指在一定的时间内(月、季、年)平均每1000名在册职工中所发生工伤事故的人数。即:

$$工伤事故率(‰) = \frac{一定时间内工伤事故人数}{同一时间内平均在册人数} \times 1000‰$$

**(3) 劳动灾害发生的原因**

劳动灾害的发生原因有以下两种:

**不安全的状态** 作业设施及作业环境危险等。

**不安全的行动** 作业人员的行为不符合规范等。

两种原因中,第一是物的原因,第二是人的原因。在物、人的原因背后,还可能发现间接原因。实际调查劳动灾害的原因,发现物和人的原因交错,直接、间接原因也很复杂。特别在建设行业,由于作业内容、设备一直在变化,大部分劳动灾害都与上述两种原因有关。

**(4) 灾害调查**

灾害调查的目的是要拟订防止灾害发生的措施。分析、调查已经发生的灾害,弄清其原因以防再次发生同类灾害。

调查,最好由几个人共同进行。要注意以下3点:

① 在灾害发生之后立即进行,正确掌握其原因。

② 追究责任是必要的,但不要纠缠在追究责任上,要客观地、科学地弄清灾害的真相。

③ 必须详细记录调查过程,以作为拟订防范措施的资料。

### 5.6.3 安全管理的主要内容

**(1) 建立安全生产制度**

安全生产制度必须符合国家和地区的有关政

策、法规、条例和规程，并结合园林施工项目的特点，明确各级各类人员安全生产责任制，要求全体人员必须认真贯彻执行。

**（2）贯彻安全技术管理**

编制园林施工组织设计时，必须结合工程实际，编制切实可行的安全技术措施。要求全体人员必须认真贯彻执行。执行过程中发现问题，应及时采取妥善的安全防护措施。要不断积累安全技术措施在执行过程中的技术资料，进行研究分析，总结提高，以利于以后工程的借鉴。

**（3）坚持安全教育和安全技术培训**

组织全体园林施工人员认真学习国家、地方和本企业的安全生产责任制、安全技术规程、安全操作规程和劳动保护条例等。新工人进入岗位之前要进行安全教育，特种专业作业人员要进行专业安全技术培训，考核合格后方能上岗。要使全体职工经常保持高度的安全生产意识，牢固树立"安全第一"思想。

**（4）组织安全检查**

为了确保园林建设工程安全生产，必须进行监督监察。安全检查员要经常查看现场，及时排除施工中的不安全因素，纠正违章作业，监督安全技术措施的执行，不断改善劳动条件，防止工伤事故的发生。

**（5）进行事故处理**

园林施工中的人身伤亡和各种安全事故发生后，应立即进行调查，了解事故产生的原因、过程和后果，提出鉴定意见。在总结经验教训的基础上，有针对性地制订防止事故再次发生的可靠措施。

**（6）强化安全生产指标**

将安全生产指标，作为签订承包合同时的一项重要考核指标。

### 5.6.4 安全管理制度

为了贯彻执行安全生产的方针，必须建立健全安全管理制度。

**（1）安全教育制度**

园林施工企业安全教育内容主要包括政治思想教育、劳动保护方针政策教育、安全技术规程和规章制度、安全生产技术知识教育、安全生产典型经验和事故教训等。

① 岗位教育：新工人、调换工作岗位的工人和生产实习人员，在上岗之前，必须进行岗位教育，其主要内容包括生产岗位的性质和责任，安全技术规程和规章制度，安全防护设施的性能和应用，个人防护用品的使用和保管等。通过学习，经考核合格后，才能上岗独立操作。

② 特殊工作工人的教育和训练：电气焊接、起重、机械操作、车辆驾驶、大树伐移等特殊工种的工人，除接受一般性安全教育外，还必须进行专门的安全操作技术教育训练。

③ 经常性安全教育：开展各种类型的安全活动，如安全月、安全技术交流会、研讨会、事故现场会、安全展览会等。还应结合本单位的具体情况，有针对性地采取一些灵活多样的方式和方法，如各种安全挂图、实物模型展览、演讲会、科普讲座、电化教育、安全知识竞赛等，这些对提高园林职工的安全生产意识都是必不可少的。

**（2）安全生产责任制**

建立健全各级安全生产责任制。明确规定各级领导人员、各专业人员在安全生产方面的职责，并认真严格执行，对发生的事故必须追究各级领导人员和各专业人员应负的责任。可根据具体情况，建立劳动保护机构，并配备相应的专职人员。

**（3）安全技术措施计划**

安全技术措施计划主要包括保证园林施工安全生产、改善劳动条件、防止伤亡事故、预防职业病等各项技术组织措施。

**（4）安全检查制度**

在施工生产中，为了及时发现事故隐患，堵塞事故漏洞，防患于未然，必须对安全生产进行监督检查。要结合季节特点，制定防洪、防雷电、防坍塌、防高处坠落等措施。以自查为主，领导与群众相结合的检查原则，做到边查边改。

**（5）伤亡事故管理**

① 认真执行伤亡事故报告制度：要及时、准确地对发生的伤亡事故进行调查、登记、统计和处理。事故原因分析应着重从生产、技术、设备、制度和管理等方面进行，并提出相应的改进措施，

对严重失职、玩忽职守的责任者，应追究其刑事责任。

② 进行工伤事故统计分析：一般包括以下内容：

文字分析　通过事故调查，总结安全生产动态，提出主要存在问题及改进措施。采用定期报告的形式送交领导和有关部门，作为开展安全教育的材料。

数字统计　用具体数据概括地说明事故情况，便于进行分析比较。如工伤事故次数、工伤事故人数、工伤事故频率、工伤事故休工天数、损失价值等。

统计图表　用图形和数字表明事故情况变化规律和相互关系。通常采用线图、条图和百分圆图等。

工伤事故档案　是生产技术管理档案的内容之一。为进行事故分析、比较和考核，技术安全部门应将工伤事故明细登记表、年度事故分析资料、死亡、重伤和典型事故等汇总编入档案。

③ 事故处理：当施工现场发生安全事故时，首先应排除险情，对受伤的人员组织抢救；同时，立即向有关部门报告事故情况，并保护好事故现场，通知事故当事人、目击者在现场等候处理；对重大事故必须组成调查组，进行调查了解，在弄清事故发生过程和原因、确定事故的性质和责任后，提出处理意见，同时处理善后事宜；最后，进行总结，从事故中吸取教训，找出规律性问题和管理中的薄弱环节，制订防止事故发生的安全措施，杜绝重大安全事故再度发生，并报送上级主管部门。

**(6) 安全原始记录制度**

安全原始记录是进行统计、总结经验、研究安全措施的依据，也是对安全工作的监督和检查，所以，要认真做好安全原始记录工作。主要有以下内容：安全教育记录；安全会议记录；安全组织状况；安全措施登记表；安全检查记录；安全事故调查、分析、处理记录；安全奖惩记录等。

**(7) 工程保险**

复杂的大型园林施工项目，环境变化多，劳动条件较差，容易发生安全事故，所遇到的风险较大，除了采取各种技术和管理的安全措施外，还应参加工程保险，相关事宜应在合同中明确规定。

## 5.7　工程劳务管理

施工项目劳动管理是项目经理部把参加园林施工项目生产活动的人员作为生产要素，对其所进行的劳动、计划、组织、控制、协调、教育等工作的总称。其核心是按照施工项目的特点和目标要求，合理地组织、使用和管理劳动力，培养提高劳动者素质，提高劳动生产率，全面完成工程合同，获取更大效益。

### 5.7.1　施工项目劳务组织管理

**(1) 施工项目的劳务组织类型及其管理方式**

施工项目常见的劳务组织类型及其相应的管理方式见表5-6。

表5-6　施工项目的劳务组织类型及其管理方式

| 劳务类型 | 劳务来源 | 管理方式 |
| --- | --- | --- |
| 外部劳务型 | 工程所需劳务全部来自公司以外单位，是国际建筑业、园林业市场经常采用的方式 | 项目经理部通过与签订外包、分包劳务合同进行管理 |
| 内部劳务型 | 工程所需劳务（个人、班组、施工队）全部来自公司内部，项目经理部在公司内直接选择，在公司劳务市场上，供需双向选择，由公司的各组织部门按项目经理部提出的要求推荐 | 项目经理部提出要求、标准，各组织部门负责检查、考核，方式分为以下3种：<br>(1) 对提供的劳务以个人、班组、施工队为单位直接管理；<br>(2) 与劳务原属组织部门共同管理；<br>(3) 由劳务原属组织部门直接管理 |
| 混合劳务型 | 工程中所使用劳务来自公司内、外部劳务市场，还使用临时工、农民工等 | 是上述两种类型的综合 |

**(2) 施工项目劳务组织管理的内容**

不同管理方式的施工项目劳务管理的内容见表5-7。

表 5-7　施工项目劳务组织管理的内容

| 管理方式 | 内　　容 |
|---|---|
| 对外包、分包劳务的管理 | (1) 认真签订和执行合同,并纳入整个施工项目管理控制系统<br>(2) 对其保留一定的直接管理权,对违纪不适宜工作的工人,项目管理部门拥有辞退权,对贡献突出者有特别奖励权<br>(3) 间接影响劳务单位对劳务的组织管理工作,如工资奖励制度、劳务调配等<br>(4) 对劳务人员进行上岗前培训并全面进行项目目标和技术交底工作 |
| 由项目管理部门直接组织的管理 | (1) 严格项目内部经济责任制的执行,按内部合同进行管理<br>(2) 实施先进的劳动定额、定员,提高管理水平<br>(3) 组织各项劳动竞赛,调动职工的积极性和创造性<br>(4) 严格执行职工的培训、考核、奖惩<br>(5) 改善劳动条件,保证职工健康与安全生产<br>(6) 抓好班组管理,加强劳动纪律 |
| 与企业劳务管理部门共同管理 | (1) 企业劳务管理部门与项目经理部通过签订劳务承包合同承包劳务,派遣作业队完成承包任务<br>(2) 合同中应明确作业任务及应提供的计划工日数和劳动力人数,施工进度要求及劳务进退场时间、双方的管理责任、劳务费计取及结算方式、奖励与罚款等<br>(3) 企业劳务部门的管理责任是:保质保量、按施工进度实行文明施工<br>(4) 项目经理部的管理责任是:在作业队进场后,保证施工任务饱满和生产的连续性、均衡性,保证物资供应、机械配套;保证各项质量、安全防护措施落实;保证及时供应技术资料;保证文明施工所需的一切费用及设施<br>(5) 企业劳务管理部门向作业队下达劳务承包责任状<br>(6) 承包责任状根据已签订的承包合同建立,其内容主要有:<br>① 作业队承包的任务及计划安排;<br>② 对作业队施工进度、质量、安全、节约、协作和文明施工的要求;<br>③ 对作业队的考核标准、应得的报酬及上缴任务;<br>④ 对作业队的奖罚规定 |

## 5.7.2　劳动定额与定员

### 5.7.2.1　劳动定额

劳动定额是指在正常生产条件下,为完成单位工作所规定的劳动消耗的数量标准。其表现形式有两种:时间定额和产量定额。时间定额指完成合格工程(工件)所必需的时间。产量定额指单位时间内应完成合格工程(工件)的数量。二者在数值上互为倒数。

**(1) 劳动定额的作用**

劳动定额是劳动效率的标准,是劳动管理的基础,其主要作用是:

① 劳动定额是编制施工项目劳动计划、作业计划、工资计划等各项计划的依据;

② 劳动定额是项目经理部合理定编、定岗、定员及科学地组织生产劳动推行经济责任制的依据;

③ 劳动定额是衡量考评工人劳动效率的标准,是按劳分配的依据;

④ 劳动定额是施工项目实施成本控制和经济核算的基础。

**(2) 劳动定额水平**

劳动定额水平必须先进合理。在正常生产条件下,定额应控制在多数工人经过努力能够完成、少数先进工人能够超过的水平上。定额要从实际出发,充分考虑到达到定额的实际可能性,同时还要注意保持不同工种定额水平之间的平衡。

### 5.7.2.2　劳动定员

劳动定员是指根据施工项目的规模和技术特点,为保证施工的顺利进行,在一定时期内(或施工阶段内)项目必须配备的各类人员的数量和比例。

**(1) 劳动定员的作用**

① 劳动定员是建立各种经济责任制的前提。

② 劳动定员是组织均衡生产,合理用人,实施动态管理的依据。

③ 劳动定员是提高劳动生产率的重要措施之一。

**(2) 劳动定员方法**

劳动定员时,要控制和减少每一天的最高必要人数,尽量消除人员的变动。此外,在制订计划时应该考虑事假、病假等因素,留有余地,一般应该比计算得出的人数多 1/10~2/10,以防因缺员而延缓工期。在采用季节性合同工时,应事先把农忙等回乡的日期考虑进去。

① 按劳动定额定员:适用于有劳动定额的工作,计算公式是:

$$\text{某工种的定员人数} = \frac{\text{某工种计划工程量}}{\text{该工种工人产量定额} \times \text{计划出勤工日利用率}}$$

② 按施工机械设备定员：适用于如车辆及施工机械的司机等的定员，计算公式为：

$$\text{某机械设备定员人数} = \frac{\text{必需的机械设备台数} \times \text{每台设备工作班次}}{\text{工人看管定额} \times \text{计划出勤工日利用率}}$$

③ 按比例定员：按某类人员占工人总数或与其他类人员之间的合理比例关系确定人数，如普通工人可按与技术工人比例定员。

④ 按岗位定员：按工作岗位数确定必要的定员人数，如维修工、消防人员等。

⑤ 按组织机构职责分工定员：适用于工程技术人员、管理人员的定员。

### 5.7.3 施工项目的劳务费分配

施工项目的劳务费分配方式见表5-8。

**表5-8 施工项目的劳务费分配方式**

| 支付对象 | 依据 | 方式 | 备注 |
|---|---|---|---|
| 项目经理部向公司劳务管理部门支付劳务费 | 劳务承包合同中约定的劳务合同费 | 依核算制度按月结算 | 1. 在承包总造价中扣除<br>① 项目经理部现场管理工资额<br>② 向公司上缴管理费分摊额后，由劳务合同确定劳务承包合同额<br>2. 在劳务承包合同额中扣除<br>① 劳务管理部门管理员<br>② 劳务管理部门上缴公司费用后，经核算后，向作业队支付 |
| 劳务管理部门向作业队支付劳务费 | 劳务责任状 | 按月施工进度支付 | |
| 作业队向生产班组支付工资、奖金 | 考核进度、质量、安全、节约、文明施工等 | 实行计件工资制 | |
| 班组内工人分配 | 据日常表现对考核结果进行浮动 | 实行结构工资制 | |

## 5.8 工程材料管理

施工项目材料管理是项目经理部为顺利完成工程项目施工任务，合理使用和节约材料，努力降低材料成本，所进行的材料计划、订货采购、运输、库存保管、供应、加工、使用、回收等一系列的组织和管理工作。

### 5.8.1 材料管理的任务

施工项目的材料管理，实行分层管理，一般分为管理层材料管理和劳务层材料管理。

**(1) 管理层材料管理的任务**

主要是确定并考核施工项目的材料管理目标，承办材料资源开发、订购、储运等业务；负责报价、订价及价格核算；制定材料管理制度，掌握供求信息，形成监督网络和验收体系，并组织实施，具体任务有以下几方面：

① 建立稳定的供货关系和资源基地，在广泛收集信息的基础上，发展多种形式的横向联合，建立长远的、稳定的、多渠道可供选择的货源，以便获取优质低价的物质资源，为提高工程质量、缩短工期、降低工程成本打下牢固的物质基础。

② 组织好投标报价工作。一般材料费用约占工程造价的70%，因此，在投标报价过程中，选择材料供应单位、合理估算用料、正确制定材料价格，对于争取得标、扩大市场经营业务范围具有重要作用。

③ 建立材料管理制度。随着市场竞争机制的引进及项目法施工的推广，必须相应地建立一套完整的材料管理制度，包括材料目标管理制度、材料供应和使用制度，以便组织材料的采购、加工、运输、供应、回收和利废，并进行有效地控制、监督和考核，以保证顺利实现承包任务和材料使用过程的效益。

**(2) 劳务层材料管理的任务**

主要是管理好领料、用料及核算工作，具体任务如下：

① 属于限额领用时，要在限定用料范围内，合理使用材料，对领出的料具要负责保管，在使用过程中遵守操作规程；任务完成后，办理料具的领用或租用，节约归己，超耗自付。

② 接受项目管理人员的指导、监督和考核。

## 5.8.2 材料管理的内容

施工项目材料管理，主要包括园林建设工程所需要的全部原料、材料、工具、构件以及各种加工订货的供应与管理。当前，大中型施工项目一般采用招标方式进行承包，所以，对施工单位来说，其材料管理不仅包括施工过程中的材料管理，而且还包括投标过程中的材料管理。其主要内容如下：

（1）根据招标文件要求，计算材料用量，确定材料价格，编制标书；
（2）确定施工项目供料和用料的目标及方式；
（3）确定材料需要量、储备量和供应量；
（4）组织施工项目材料及制品的订货、采购、运输、加工和储备；
（5）编制材料供应计划，保质、保量，按时满足施工的需求；
（6）根据材料性质要分类保管，合理使用，避免损坏和丢失；
（7）项目完成后及时退料和办理结算；
（8）组织材料回收、修复和综合利用。

## 5.8.3 施工项目现场材料管理

施工项目现场材料管理的内容见表5-9。

表5-9 施工项目现场材料管理的主要内容

| 材料管理环节 | 内　　容 |
|---|---|
| 材料消耗定额 | 1. 应以材料施工定额为基础，向基层施工队、班组发放材料，进行材料核算；<br>2. 经常考核和分析材料消耗定额的执行情况，着重于定额与实际用料的差异、非工艺损耗的构成等，及时反映定额达到的水平和节约用料的行进经验，不断提高定额管理水平；<br>3. 根据实际执行情况积累和提供修订及补充材料定额的数据 |
| 材料进场验收 | 1. 根据现场平面布置图，认真做好材料的堆放和临时仓库的搭设，要做到方便施工、避免或减少场内二次运输；<br>2. 植物材料要随到随种，必要时要挖假植沟，应注意植物材料的成活； |

（续）

| 材料管理环节 | 内　　容 |
|---|---|
| 材料进场验收 | 3. 在材料进场时，根据进料计划、送料凭证、质量保证书或产品合格证，进行数量、质量的把关验收；<br>4. 材料的验收工作，要按质量验收规范进行；<br>5. 验收要求严格执行验品种、验规格、验质量、验数量的"四验"制度；<br>6. 验时要做好记录，办理验收手续；<br>7. 对不符合计划要求或质量不合格的材料，应拒绝验收 |
| 材料储存与保管 | 1. 进库的材料须验收后入库，并建立台账；<br>2. 现场堆放的材料必须有相应的防火、防盗、防雨、防变质、防损坏措施；<br>3. 现场材料要按平面布置图定位放置，保管处置得当、合乎堆放保管制度；<br>4. 对材料要做到日清、月结、定期盘点、账物相符 |
| 材料领发 | 1. 严格限额领发料制度，坚持节约用料，余料退库。收发具要及时入账上卡，手续开全；<br>2. 施工设施用料，以设施用料计划进行总控制，实行限额发料；<br>3. 超限额用料时，须事先办理手续，填限额领料单，注明超耗原因，经批准后，方可领发材料；<br>4. 建立领发料台账，记录领发状况和节约超支状况 |
| 材料使用监督 | 1. 组织原材料集中加工，扩大成品供应；<br>2. 坚持按分部工程进行材料使用分析和核算，以便及时发现问题，防止材料超用；<br>3. 现场材料管理责任者应对现场材料使用进行分工监督、检查；<br>4. 是否认真执行领发料手续，记录好材料使用台账；<br>5. 是否严格执行材料配合比，合理用料；<br>6. 每次检查都要做到情况有记录，原因有分析，明确责任，及时处理 |
| 材料回收 | 1. 回收和利用废旧材料，要求实行变旧（废）领新、包装回收、修旧利废；<br>2. 设施用料、包装物及容器等，在使用周期结束后组织回收；<br>3. 建立回收台账，处理好经济关系 |
| 周转材料现场管理 | 1. 按工程质量、施工方案编报需用计划；<br>2. 各种周转椅料均应按规格分别整齐码放，垛间留有通道；<br>3. 露天堆放的周转材料应限制高度，并有防水等防护措施 |

## 5.9 工程现场管理

施工项目的现场管理是项目管理的一个重要部分。良好的现场管理使场容美观整洁、道路畅通，材料放置有序，施工有条不紊，安全、消防、保安均能得到有效的保障，并且使得与项目有关的各方都能满意。相反，低劣的现场管理会影响施工进度，并且是产生事故的隐患。过去，由于条件的限制现场管理往往得不到应有的重视。现在，由于国家对于安全、环境保护的重视，法制的健全以及在市场经济的形势下，施工企业必须树立良好的信誉，防止事故的发生，增强企业在市场的竞争力，现场管理得到了普遍的重视，现场管理水平有了较快的提高。

### 5.9.1 施工项目现场管理概述

**(1) 施工项目现场管理的概念**

施工项目现场是指从事园林建设工程施工活动经批准占用的场地。这些场地可用于生产、生活或两者兼有，当该项工程施工结束后，这些场地将不再使用。它既包括红线以内占用的建筑用地和施工用地，又包括红线以外现场附近、经批准占用的临时施工用地，但不包括施工单位自有的场地或生产基地。

施工现场管理是指项目经理部按照《施工现场管理规定》和城市建设管理的有关法规，科学合理地安排使用施工现场，协调各专业管理和各项施工活动，控制污染，创造文明安全的施工环境和人流、物流、资金流、信息流畅通的施工秩序所进行的一系列管理工作。

**(2) 施工项目现场管理的意义**

① 现场管理是项目的"镜子"，能照出施工单位面貌：通过对工程施工现场观察，施工单位的精神面貌和管理水平赫然显现。特别是市区内的施工现场周围来往人流较大，对周围的影响也较大，一个文明的施工现场能产生很好的社会效益，会赢得广泛的社会信誉。反之也会损害企业的声誉。

② 现场是进行施工的"舞台"：所有的施工活动都要通过现场这个舞台实施。大量的物资、劳动力、机械设备都需要通过这个"舞台"有条不紊的逐步转变为建筑物。因而这个"舞台"的布置正确与否是"节目"能否顺利进行的关键。

③ 现场管理是处理各方关系的"焦点"：现场管理与城市法规和环境保护的关系最为密切。现场管理涉及城市规划、市容整洁、交通运输、消防安全、文物保护、居民生活、文明建设等范畴。施工现场管理是一个严肃的社会问题和政治问题，稍有不慎就会出现可以成为危及社会安定的问题。因此，在施工现场负责现场管理的人员必须具备强烈的法制观念，有全心全意为人民服务的精神，才能担当现场管理的重任。

④ 现场管理是联结项目其他工作的"纽带"：现场管理很难和其他管理工作分开，其他管理工作也必须和现场管理相结合。例如，安全工作要求设置防护，现场管理要求对现场进行围护。二者如果结合良好，就可一举两得，否则各行其是，将造成不必要的浪费。

综上所述，现场管理应当通过对施工场地的安排使用和管理，保证生产的顺利进行，还要减少污染，保护环境，达到业主和有关方面的要求。此外，现场管理水平也是考核是否达到 ISO14000 环境保护标准的重要条件。目前有的城市已要求在规定的区域中进行施工的企业必须达到 ISO14000 标准，否则不得在该区域内承接施工任务。这些要求将会促进企业对现场管理的重视，推动现场管理水平的提高。

### 5.9.2 施工项目现场管理的内容及组织体系

**(1) 施工项目现场管理的内容**

施工项目现场管理的主要内容见表 5-10。

表 5-10 施工项目现场管理的主要内容

| 项　　目 | 内　　容 |
| --- | --- |
| 合理规划施工用地 | 1. 根据施工项目及建设用地特点，应充分合理利用施工场地；<br>2. 场地空间不足时，应向有关部门申请后方可利用场外临时施工用地 |

(续)

| 项目 | 内容 |
|---|---|
| 科学设计施工总平面图 | 1. 施工组织设计中要科学设计施工总平面图,并随着施工的进展,不断修改完善;<br>2. 大型机械及重要设施,布局要合理,不要频繁调整 |
| 建立施工现场管理组织 | 1. 明确项目经理人的地位及职责;<br>2. 建立健全各级施工现场管理组织;<br>3. 建立健全施工现场管理规章制度;<br>4. 班组实行自检互检交接制度 |
| 建立文明施工现场 | 1. 施工现场入口处应有施工单位标志及现场平面布置图;<br>2. 应在施工现场挂有现场规章制度、岗位责任制等;<br>3. 按规定要求堆放好各种施工材料等 |

**（2）施工项目现场管理的组织体系**

施工项目现场管理的组织体系根据项目管理情况有所不同。发包人可将现场管理的全面工作委托给总包单位,由总包单位作为现场管理的主要负责人。而当发包人未将现场管理的全面工作委托给总包单位时,发包人应承担现场管理的负责工作。在国外也有将现场管理专门委托给一个单位进行管理的,但国内这种情况还不曾见到。

现场管理的主管单位的确定是现场管理的基础,应在合同中予以明确。

现场管理除去在现场的单位外,当地政府的有关部门如市容管理、消防、公安等部门,现场周围的公众、居民委员会以及总包、施工单位的上级领导部门也会对现场管理工作施加影响。因此现场管理工作的负责人应把现场管理列入经常性的巡视检查内容,并和日常管理有机结合,要积极主动认真听取有关部门、近邻单位、社会公众和其他相关方的意见和反映,及时抓好整改,取得他们的支持。

施工现场管理组织体系可用图 5-7 和图 5-8 表示:

施工单位对现场管理工作的管理部门的安排不尽相同,有的企业将现场管理工作分配给安全部门,有的则分配给办公室或企业管理办公室,也有的分配给器材科。现场管理工作的分配可以不一致,但应考虑到现场管理的复杂性和政策性,应当安排了解全面工作、能组织各部门协同工作

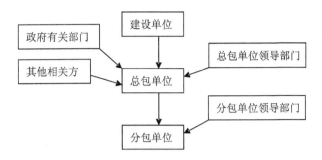

**图 5-7 总包单位负责的现场管理体系**

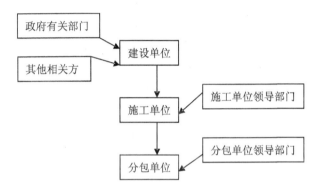

**图 5-8 建设单位负责的现场管理体系**

的部门和人员进行管理为妥。

在施工现场管理的负责人应组织各参建单位成立现场管理组织。现场管理组织的任务是:

① 贯彻政府的有关法令,向参建单位宣传现场管理的重要意义,提出现场管理的具体要求;

② 组织定期和不定期的检查,发现问题,要求提出改正措施,限期改正,并作改正后的复查;进行现场管理区域的划分;

③ 进行项目内部和外部的沟通,包括与当地有关部门和其他相关方的沟通,听取他们的意见和要求;

④ 协调施工中有关现场管理的事项;

⑤ 在业主和总包的委托下,有表扬、批评、培训、教育和处罚的权力和职责;

⑥ 有审批动用明火、停水、停电、占用现场内公共区域和道路的权力。

业主或总包单位应在与分包单位订立的合同中明确现场管理组织的这些权力,以便进行现场管理组织的工作。小型项目的现场管理可由兼职人员担任,大型项目应有专人管理。

# 第6章 园林建设工程监理

在工程建设领域推行监理制度，是我国深入进行建设管理体制改革、建立和完善社会主义市场经济体制的重要措施。我国工程建设监理工作是1988年从西方发达国家引入的，虽然只有20多年的历史，但是发展速度很快。最初是在水利水电、交通、建筑等大型重点项目中实行，1996年后在林业生态工程中试行，目前已经在各种工程建设中全面推行。园林建设工程监理工作还在运行和试用当中，还没有形成一套完整的体系。有些省、自治区、直辖市如北京、上海等已经出台了相应的园林工程监理管理办法。

实行园林工程建设监理制度，对提高园林工程质量、缩短工期、降低成本以及提高投资效益和建设水平有着重要的作用。但由于园林工程建设监理制度在我国推行的时间还不长，监理水平还不高，有许多问题有待进一步探讨和实践。

## 6.1 园林建设工程监理基础知识

### 6.1.1 建设工程监理概念

#### 6.1.1.1 建设监理

"监理"一词，迄今为止尚未见哪位学者或著作将其作为一个科学概念给予明确定义。在我国《辞源》和《辞海》里，均未作为一个词给予注释。"监"字有"自上临下"、"监视"的意思；"理"字有"治理、条理、道理、法则"的内涵。在当今科学技术中，"监"可以理解为对某种预定行为从旁观察或进行监测，其目的是为了督促其行为不得逾越预定的、合理的界限；"理"可以理解为对一些相互关联和相互交错的行为进行调理，避免抵触，对抵触了的行为进行理顺，使其通畅，对相互矛盾的权益进行调理，避免冲突。如此看来，"监"和"理"的组合——监理，可理解为：对人们间的行为及权益关系进行监督和协调，其目的是促使人们相互密切配合，按规矩办事，顺利实现组织和个体的价值。显然，监理也是人们有组织的一种行为。

建设监理是指监理的执行者对建设工程参与者的行为进行监理、管理和评价，保证建设行为符合国家法律、法规、技术标准和有关政策，约束和制止建设行为的随意性和盲目性，确保建设行为的合法性、科学性、合理性和经济性，并对建设进度、投资额、工程按计划（合同）进行有效的控制，实现计划（合同）内容的要求。上面所称的监理执行者是指政府的建设管理部门和经过政府有关部门认证、取得资格的监理工程师（或社会监理单位）。由于两类执行者的法律地位不同，其执行的职能的性质与内容也不尽相同。前者属政府的职能的监理，也称为政府监理；后者属专业技术服务类的监理，也称为社会监理单位监理（社会监理）。

我国《工程建设监理规定》中明确规定：所谓工程建设监理是指监理单位受项目法人的委托，依据国家批准的工程项目文件、有关工程建设的法律、法规和工程建设监理合同及其他工程建设合同，对工程建设实施的监督管理。这可说是对建设监理的高度概括，是建设监理的准确概念。

#### 6.1.1.2 建设监理制

我国的建设监理制是指工程建设管理由业主、监理单位和承建单位三方共同承担的体制。在一个项目上,投资的使用和建设的重大问题由业主(项目法人)负责;工程项目的实施由承建单位负责并实行项目经理负责制;监理单位依法对工程项目的实施实行监督管理并实行总监理工程师负责制。我国工程项目建设监理的体制如图6-1所示。

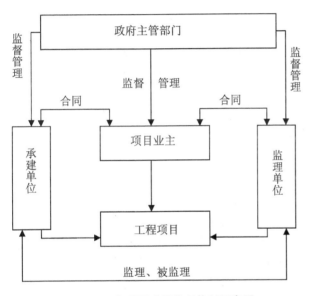

**图6-1 工程项目建设监理体制示意图**

#### 6.1.1.3 工程建设监理的特点

**(1) 工程建设监理是针对工程项目建设所实施的监督管理活动**

工程建设监理活动是围绕工程项目来进行的,其对象为新建、改建和扩建的各种工程项目。这里所说的工程项目实际上是指建设项目。所谓建设项目就是一项固定资产投资项目。它是指将一定量(限额以上)的投资,在一定的约束条件下(时间、资源、质量),按照一个科学的程序,经过决策(设想、建议、研究、评估、决策)和实施(勘察、设计、施工、竣工、验收、使用),最终形成固定资产特定目标的一次性建设任务。同时,它还应当在技术上满足在一个总体设计或初步设计范围内的要求,在构成上满足由一个或几个相互关联的单项工程所组成的要求,以及在建设过程中实行统一核算、统一管理的要求。建设项目有别于施工项目和设计项目,工程建设监理主要是针对建设项目的要求开展的。工程建设监理是直接为建设项目提供管理服务的行业,监理单位是建设项目管理服务的主体,而非建设项目管理主体,也非施工项目和设计项目管理的主体和服务主体。

**(2) 工程建设监理的行为主体是监理单位**

工程建设监理的行为主体是明确的,即监理单位。监理单位是具有独立性、社会化、专业化特点的专门从事工程建设监理和其他技术服务活动的组织。只有监理单位才能按照独立、自主的原则,以"公正的第三方"的身份开展工程建设监理活动。非监理单位所进行的监督管理活动一律不能称为工程建设监理。例如,政府有关部门所实施的监督管理活动就不属于工程建设监理范畴;项目业主进行的所谓"自行监理",以及不具备监理单位资格的其他单位所进行的所谓"监理"都不能纳入工程建设监理范畴。

在市场经济条件下,业主作为建设项目管理主体,他应当拥有监督管理权。也就是说,业主实施自行管理并非不可以。但是,自行管理既不是社会化、专业化的监督管理活动,也不是"第三方"的监督管理活动。因此,不能将其称为工程建设监理。特别应当指出的是,历史的经验已经证明,就工程项目建设的整体而言,业主自行管理对于提高项目投资的效益和建设水平也是无益的。

**(3) 工程建设监理的实施需要业主委托和授权**

这是由工程建设监理特点决定的,是市场经济的必然结果,也是建设监理制的规定。工程建设监理的产生源于市场经济条件下社会的需求,始于业主的委托和授权,而建设监理发展成为一项制度,是根据客观实际做出的决定。通过业主委托和授权方式来实施工程建设监理是工程建设监理与政府对工程建设所进行的行政性监督管理的重要区别。这种方式也决定了在实施工程建设监理的项目中,业主与监理单位的关系是委托与被委托关系,授权与被授权的关系;决定了它们之间是合同关系,是需求与供给关系,是一种委托与服务的关系。这种委托和授权方式说明,在实施工程建设监理的过程中,监理工程师的权力主要是由作为建设项目管理主体的业主通过授权而转移过来的。在工程项目建设过程中,业主始终是以建设项目管理主体身份掌握着工程项目建设的决策权,并承担着主要风险。

**(4)工程建设监理是有明确依据的工程建设行为**

工程建设监理是严格地按照有关法律、法规和其他有关准则实施的。工程建设监理的依据是国家批准的工程项目建设文件、有关工程建设的法律和法规、工程建设监理合同和其他工程建设合同。例如,政府批准的建设项目可行性研究报告、规划、计划和设计文件,工程建设方面的现行规范、标准、规程,由各级立法机关和政府部门颁发的有关法律和法规,依法成立的工程建设监理合同、工程勘察合同、工程设计合同、工程施工合同、材料和设备供应合同等。特别应当说明,各类工程建设合同(含监理合同)是工程建设监理的最直接依据。

**(5)现阶段工程建设监理主要发生在项目建设的实施阶段**

也就是说,工程建设监理这种监督管理服务活动主要出现在工程项目建设的设计阶段(含设计准备)、招标阶段、施工阶段以及竣工验收和保修阶段。当然,在项目建设实施阶段,监理单位的服务活动是否是监理活动还要看业主是否授予监理单位监督管理权。之所以这样界定,主要是因为工程建设监理是"第三方"的监督管理行为,它的发生不仅要有委托方,需要与项目业主建立委托与服务关系,而且要有被监理方,需要与只在项目实施阶段才出现的设计、施工和材料设备供应单位等承建商建立监理与被监理关系。同时,工程建设监理的目的是协助业主在预定的投资、进度、质量目标内建成项目。它的主要内容是进行投资、进度、质量控制,合同管理,组织协调,这些活动也主要发生在项目建设的实施阶段。

**(6)工程建设监理是微观性质的监督管理活动**

这一点与由政府进行的行政性监督管理活动有着明显的区别。工程建设监理活动是针对一个具体的工程项目展开的。项目业主委托监理的目的就是期望监理单位能够协助其实现项目投资目的。它是紧紧围绕着工程项目建设的各项投资活动和生产活动所进行的监督管理。它注重具体工程项目的实际效益。当然,根据建设监理制的宗旨,在开展这些活动过程中应体现维护社会公共利益和国家利益。

### 6.1.2 政府建设监理

#### 6.1.2.1 政府建设监理的概念

政府建设监理是指政府建设主管部门,对建设单位建设行为的强制性监理和对社会建设监理单位的监督管理。它具有强制性、宏观性和统一性3个特点。其监理工作内容包括:制定建设监理法规和依法实施建设监理两个方面。

#### 6.1.2.2 政府建设监理的业务内容

**(1)制定建设监理法规**

建设监理法规是由政府建设主管机关编制,经法规管理部门审定,由部门或政府最高领导人批准后颁布,作为建设监理机构组织和开展建设监理工作的依据。它包括:建设市场法规、工程建设法规、工程监理法规、工程建设规范和工程建设定额。

**建设市场法规** 包括建设市场监督机构组织与管理法规、建设市场管理法规、工程设计招投标法规、工程施工招投标法规和工程合同管理法规等项。

**工程建设法规** 包括工程质量监督机构组织与管理法规、工程质量检验与评定法规、施工安全监督机构组织与管理法规和工程事故调查处理法规等项。

**工程监理法规** 包括建设监理规定、社会建设监理单位资质管理法规、监理工程师考试与注册法规、建设监理费用标准规定和建设监理委托合同条件等项。

**工程建设规范** 包括建筑设计规范、公园设计规范等各类工程设计规范、各类工程施工技术规范、工程施工安全技术规范等项。

**工程建设定额** 包括工程建设工期定额、工程概预算定额、工程取费标准和工程概预算编制程序等项。

**(2) 依法实施建设监理**

① 根据建设市场法规，审查建设单位招标和发包工程资质，审查设计单位、承建单位投标和承包工程资质；依据工程招标投标法规，监督建设单位、设计单位和承建单位的招投标行为合法性，以及其履行工程合同行为合法性。

② 根据工程建设法规，监督承建单位项目质量管理、安全管理和工程事故处理行为合法性。

③ 根据工程监理法规，监督社会建设监理单位和监理工程师资质，监督建设单位和社会建设监理单位行为合法性，以及其履行建设监理委托合同行为合法性。

④ 根据工程建设规范，监督设计单位和承建单位执行规范行为合法性。

⑤ 根据工程建设定额，监督设计单位、建设单位和承建单位执行定额行为合法性。

#### 6.1.2.3 政府建设监理的性质

**(1) 强制性**

这是由于政府管理行为象征国家机器运转这一特征所决定的。政府建设监理是代表国家和维护国家利益的管理机构实施的管理行为，对于被管理者来说是强制性的，是必须接受的。

**(2) 执法性**

政府建设监理区别于通常的行政领导和行政指挥等一般的行政管理行为，主要是依据国家政策、法律、方针政策以及国家颁布的技术标准、规范进行监理，并严格遵照规定的监理程序进行监督、检查、许可、纠正、强制执行等权利。政府监理人员每一具体监理行为都必须有充分的法律依据。

**(3) 全面性**

政府建设监理是针对整个建设活动的，它覆盖全社会，因此所有建设工程都必须接受政府的监理。就一个园林建设工程项目的建设过程而言，从该项目的立项、设计、施工、直到竣工验收、投入使用都必须接受政府的监理。

**(4) 宏观性**

政府建设监理侧重于宏观的社会效益，其着眼点是保证建设行为的规范化，维护公共利益和参与工程建设各方的合法利益。就一个项目而言，政府监理与监理单位监理是不同的，后者的监理在建设的全过程中是直接的、不间断的监理。

### 6.1.3 监理单位监理

**(1) 监理单位的概念**

监理单位，一般是指具有法人资格，取得监理单位资格证书，主要从事工程建设监理工作的监理公司、监理事务所等，也包括具有法人资格的单位下设的专门从事工程建设监理的二级机构。监理单位和业主、承建商一起构成了建筑市场的基本支柱，三者缺一不可。目前，我国监理单位的等级按资质等级可分为甲、乙、丙三级。

**(2) 监理单位监理的业务内容**

按照国际惯例，监理单位监理一般任务是确保建设项目的总目标，即工期目标、质量目标和费用目标的合理实现。归纳起来，社会建设监理的主要任务实际上是对建设项目的四大目标管理的控制，即工期目标控制、质量目标控制、费用目标控制、合同管理。为此，监理单位监理首先是要确定上述工期、质量、费用目标，然后在项目实施过程中跟踪纠偏。合同管理是进行工期控制、质量控制及费用控制的有效手段，监理工程师通过有效的合同管理，确保上述 3 个目标的实现。

根据监理单位监理的任务和我国建设监理的有关规定，监理单位监理的内容如表 6-1 所示：

表 6-1 监理单位监理的内容

| 建设监理阶段 | 监理工作内容 |
|---|---|
| 1. 建设项目准备阶段 | (1) 投资决策咨询；<br>(2) 进行建设项目的可行性研究和编制项目建议书；<br>(3) 项目评估 |

(续)

| 建设监理阶段 | 监理工作内容 |
| --- | --- |
| 2. 建设项目实施准备阶段 | (1)组织审查或评选设计方案；<br>(2)协助建设单位选择勘察、设计单位，签订勘察、设计合同并监督合同的实施；<br>(3)审查设计概(预)算；<br>(4)在施工准备阶段，协助建设单位编制招标文件，评审投标书，提出定标意见，并协助建设单位与中标单位签承包合同，核查施工设计图 |
| 3. 建设项目施工阶段 | (1)协助建设单位与承建单位编写开工报告；<br>(2)确认承建单位选择分包单位；<br>(3)审查承建单位提出的施工组织设计、施工方案；<br>(4)审查承建单位提出的材料、设备清单及所列的规格与质量；<br>(5)督促、检查承建单位严格执行工程承包合同和工程技术标准、规范；<br>(6)调解建设单位与承建单位间的争议；<br>(7)检查已确定的施工技术措施和安全防护措施是否实施；<br>(8)主持协商工程设计的变更(超过合同委托权限的变更需报建设单位决定)；<br>(9)检查工程进度和施工质量，验收分项分部工程，签署工程付款凭证 |
| 4. 建设项目竣工验收阶段 | (1)督促整理合同文件和技术档案资料；<br>(2)组织工程竣工预验收，提出竣工验收报告；<br>(3)核查工程决算 |
| 5. 建设项目保修维护阶段 | 负责检查工程质量状况，签订质量责任，督促和监督保修工作 |

**(3) 监理单位监理遵守的原则**

① 要坚持监理执业资质审查的原则；

② 监理工程师必须坚持独立、公正和科学的原则；

③ 监理项目实行总监理工程师全权负责的原则；

④ 监理单位监理实行有偿服务的原则。

### 6.1.4 监理单位与工程建设各方的关系

#### 6.1.4.1 建设单位与监理单位的关系

(1)建设单位与监理单位的关系是平等的合同约定关系，是委托与被委托的关系。

建设单位所承担的任务是双方事先按平等协商的原则确定于合同之中的，监理委托合同一经确定，建设单位不得干涉监理工程师的正常工作；监理单位依据监理合同中建设单位授予的权利行使职责，公正独立地展开监理工作。

(2)在工程建设项目监理实施的过程中，总监理工程师应定期(周或月、季、年度)根据监理委托合同的业务范围，向建设单位报告工程进展情况、存在问题，并提出建议和意见。

(3)总监理工程师在工程建设项目实施的过程中，严格按建设单位授予的权利，执行建设单位与承建单位签署的建设工程施工合同，但无权自主变更建设工程施工合同；若由于不可预见和不可抗拒的因素，总监理工程师认为需要变更建设工程施工合同时，可以及时向建设单位提出建议，协助建设单位与承建单位协商变更建设工程施工合同。

(4)总监理工程师在工程建设项目实施的过程中，是独立的第三方；建设单位与承建单位在执行建设工程施工合同过程中发生的任何争议，均须提交总监理工程师调解。总监理工程师接到调解要求后，调解不成，在30日内可直接请求当地建设行政主管部门调解，或请当地经济合同仲裁机构仲裁。

(5)工程建设监理是有偿服务活动，酬金及计提办法，由建设单位与监理单位依据所委托的监理内容、工作深度、国家或地方的有关规定协商确定，并写入监理委托合同。

#### 6.1.4.2 承建单位与监理单位的关系

承建单位与监理单位之间是被监理与监理的关系，承建单位在项目实施的过程中，必须接受监理单位的监督检查，并为监理单位开展工作提供方便，按照要求提供完整的原始记录、检测记录等技术、经济资料；监理单位应为项目的实施创造条件，按时按计划做好监理工作。

(1)监理单位在实施监理之前，建设单位必须将监理的内容、总监理工程师的姓名、所授予的权限等，书面通知承建单位。

(2) 监理单位与承建单位之间没有合同关系，监理单位所以对工程项目实施中的行为具有监理的身份，一是建设单位的授权；二是建设单位与承建单位为甲、乙方的建设工程实施工合同中已经事先予以承认；三是国家建设监理法规赋予监理单位具有监督实施有关法规、规范、技术标准的职责。

(3) 监理单位是存在于签署建设工程施工合同的甲、乙双方之外的独立的一方，在工程项目实施的过程中，监督合同的执行，体现其公正性、独立性和合法性；监理单位不直接承担工程建设中进度、造价和工程质量的经济责任和风险。

监理人员也不得在受监理工程的承建单位任职、合伙经营或发生经营性隶属关系，不得参与建设单位的盈利分配。

#### 6.1.4.3 质量监督站与监理单位的关系

建设监理和质量监督是我国建设管理体制改革中的重大措施；质量监督站在加强企业管理、促进企业质量保证体系的建立、确保工程质量、预防工程质量事故等方面起到了重要作用。对工程质量监督站和监理单位予以正确的认识和了解，将有助于工程项目管理工作更好地开展。

质量监督站与监理单位有如下区别：

**(1) 性质不同**

质量监督是政府对建设工程进行质量检验与评定质量等级的行政行为，工程质量监督站代表政府，行使政府职能，是执法机构，监督和管理社会服务活动。监理单位属技术服务企业，它的工作既有强制性的一面，又有非强制性的一面。

**(2) 工作的广度和深度不同**

工程质量监督站要代表政府把好质量关，其工作范围限于工程质量的监督。社会监理单位的工作内容是按照建设单位的委托，包括建设前期阶段、设计阶段、施工招标阶段和保修阶段的监理；在施工阶段监理的具体内容可以是控制工程建设的投资、建设工期和工程质量进行工程建设合同管理和信息管理，协调有关单位间的工作关系。因此，工程质量监督站与社会监理单位的工作范围不同。

在工作深度上，工程质量监督站的工作主要以抽查为主，如主要分项工程、分部工程的核验，单位工程的工程质量等级的评定；而社会监理单位则设立由总监理工程师、监理工程师和监理工作人员组成的监理组进驻现场，采取不间断的监控，通过监理人员不间断的跟踪检查、验收，实现其工作目标。

**(3) 工作依据和控制手段不同**

工程质量监督站和监理单位在日常生活中，都要按照和遵守国家方针、政策、法规和技术标准等，对工程质量进行检查验收。但工程质量监督站还可以依据国家和地方的有关行政法规，行使行政手段，给某些违章的施工单位予以通报、警告、返工、罚款等处分；而监理单位只能根据建设工程施工合同和监理委托合同开展工作并使用合同约束的经济手段，如采取是否签证确认、是否支付工程款等措施，这与质量监督站的处分有原则上的区别。

### 6.1.5 监理工程师

监理工程师系岗位职务，是指经全国统一考试合格，取得《监理工程师资格证书》，并经监理工程师注册机关注册，取得《监理工程师岗位证书》的工程建设监理人员。

监理工程师不得以个人名义私自承接工程建设监理业务，也不得为未取得监理资质证书的单位实施监理业务的技术服务；监理业务只能由取得《监理资质证书》的单位承担，而监理工程师只能服务于取得《监理资质证书》的监理公司、监理事务所等单位，开展工程建设监理业务。

监理工程师的工作与一般工程技术人员的工作不同，它不仅要解决工程建设中的技术问题，还要处理建设工程施工合同中的经济问题，调解工程建设过程中有关方面的争议等。因此，监理工程师为适应工程建设监理工作的需要，比一般工程技术人员应该具有更高的要求和素质。

**(1) 监理工程师的责任**

在工程施工阶段，监理工程师的责任是根据国家的法规、技术标准、设计文件、监理合同、建设工程施工合同等，对工程项目施工的全过程进行监督、管理，包括控制工程建设的投资、建设工期和工程质量；进行工程建设合同管理和信息管理；协调有关单位间的工作关系。具体内容是：

① 协助业主考察、选择、确定施工队伍，并参与合同谈判；

② 有权发布开工令、停工令、复工令以及在授权范围内的其他指令；

③ 认可施工组织设计或施工方案；

④ 有权要求撤换不合格的工程建设分包单位和工程项目建设负责人及有关人员；

⑤ 在工程实施的过程中，及时进行隐藏工程验收、签证；

⑥ 审查有关材料的性能、质量与操作工艺，监督有关工程试验；

⑦ 签认工程项目有关款项的支付凭证；

⑧ 处理有关工程变更事项；

⑨ 处理有关索赔事项；

⑩ 参加工程质量事故的调查、分析和处理；

⑪ 参加或检查分项工程、分部工程和单位工程的质量评定工作，对单位工程量写出评估报告；

⑫ 签发竣工验收证明书。

**（2）监理工程师的权力**

监理工程师的权力应在监理合同中写明，并正式通知承建单位。在一般情况下，业主应赋予监理工程师的权力是：

① 施工技术上的核定权；

② 材料设备和工程质量上的确认权与否决权；

③ 计划进度与建设工期上的确认权与否决权；

④ 工程款支付与结算上的确认权与否决权；

⑤ 施工组织协调上的主持权。

在特殊情况下，如出现了危及生命、工程或财产安全的紧急事件时，监理工程师有权指令承建单位实施解除这类危险的作业，或必须采取其他的措施。

除在建设工程施工合同和监理合同中明确规定外，监理工程师无权解除合同规定的承建单位的任何权力和义务。

### 6.1.6 建设监理业务委托

园林建设工程项目实施建设监理，建设单位可直接委托某一个社会建设监理单位来承担，也可以采用招标的办法优选社会建设监理单位；建设单位可以委托一个社会建设监理单位承担工程项目建设全过程的监理任务，也可以委托多个监理单位分别承担不同阶段的监理。社会建设监理单位在接受监理委托后，应在开始实施监理业务前向受监工程所在地区县级以上人民政府建设行政主管部门备案，接受其监督管理。同时，建设单位要与社会建设监理单位签订监理委托合同。在此合同签订之前，建设单位要将与社会建设监理单位商定的监理权限，在与承建单位签订的承包合同中予以明确，以保证建设监理业务的顺利实施。建设单位也要将其所委托的社会建设监理单位、监理内容、总监理工程师姓名与赋予的权限一并以书面通知承建单位。社会建设监理单位的总监理工程师也应将授予监理工程师的有关权限通知承建单位。

在建设监理实施过程中，监理工程师应进驻施工现场，并定期向建设单位报告工程进展情况。建设单位与承建单位签订的承包合同，在未经建设单位授权时，社会建设监理单位是不能变更的。当建设单位与承建单位在执行合同中如发生争议时，应当提交监理工程师调解。如调解不成时，可报请工程所在地县级以上人民政府的建设行政主管部门及至当地经济合同仲裁机关仲裁。

建设单位委托社会监理单位承担监理业务要与被委托方签订监理委托合同，主要内容包括监理工程对象、双方权力和义务、监理费用、争议问题的解决方式等。用书面形式明确上述内容，是为委托方与被委托方的共同利益服务的，同时由于依法成立的合同，对双方也都有法律的约束力，也就是双方当事人对于承诺的合同必须全面地履行合同规定的义务；此外，已签订的合同不得擅自解除或变更，如要解除或变更合同时，也必须经双方协商，达成新的协议后才能解除或变更。

由于合同是一种法律文书,当双方发生争议时将以合同的条款为依据。

为了适应建设监理事业的发展,住房和城乡建设部已在全国范围内推行"工程建设监理委托合同示范文本"。该文本中有"工程建设监理委托合同"及附合同的"工程建设监理委托合同标准条件及专用条件"。

### 6.1.7 工程建设监理费用

#### 6.1.7.1 监理费的构成

概括地说,监理费的构成是指监理单位在工程项目建设监理活动中所需要的全部成本,再加上应交纳的税金和合理的利润。

**(1) 直接成本**

① 监理人员和监理辅助人员的工资,包括津贴、附加工资、奖金等;

② 用于监理人员和监理辅助人员的其他专项开支,包括差旅费、补助费、书报费、医疗费等;

③ 用于监理工作的计算机等办公设施的购置使用费和其他仪器、机械的租赁费等;

④ 所需的其他外部服务支出。

**(2) 间接成本**

① 管理人员、行政人员、后勤服务人员的工资,包括津贴、附加工资、奖金等;

② 经营业务费,包括为招揽监理业务而发生的广告费、宣传费、有关契约或合同的公证费和签证费等活动经费;

③ 办公费,包括办公用具、用品购置费,通信、邮寄费、交通费,办公室及相关设施的使用(或租用)费、维修费以及会议费、差旅费等;

④ 其他固定资产及常用工、器具和设备的使用费;

⑤ 垫支资金贷款利息;

⑥ 业务培训费,图书、资料购置费等教育经费;

⑦ 新技术开发、研制、试用费;

⑧ 咨询费、专有技术使用费;

⑨ 职工福利费、劳动保护费;

⑩ 工会等职工组织活动经费;

⑪ 其他行政活动经费,如职工文化活动经费等;

⑫ 企业领导基金和其他营业外支出。

**(3) 税金**

税金是指按照国家规定,监理单位应交纳的各种税金总额,如交纳营业税、所得税等。

**(4) 利润**

利润是指监理单位的监理活动收入扣除直接成本、间接成本和各种税金之后的余额。

#### 6.1.7.2 监理费的计算方法

① 按时计算法;

② 工资加一定比例的其他费用计算法;

③ 按工程建设成本的百分比计算法;

④ 监理成本加固定费用计算法;

⑤ 固定价格计算法。

## 6.2 园林建设工程准备阶段监理

园林建设项目实施准备阶段的各项工作是非常重要的,它将直接关系到建设的工程项目是否优质、低耗和如期建成。有的园林建设工程项目工期延长、投资超支、质量欠佳,很大一部分原因是准备阶段的工作没有做好。在这个阶段中,由于一些建设单位是新组建起来的,组织机构不健全、人员配备不足、业务不熟悉,加上急于要把园林建设工程推入实施阶段,因此往往使实施准备阶段的工作做不充分而造成先天不足。如果建设单位人力不足或业务不熟,应将这一阶段的一些工作委托给社会建设监理单位来承担,如勘察与设计监理、采购方面的商务监理、招标及合同管理等监理工作。

园林建设项目建设实施准备阶段包括组织准备、技术准备、物资准备、现场准备、法律与商务准备,需要统筹考虑、综合安排。

### 6.2.1 建设项目准备阶段监理工作内容

根据园林工程建设项目建设实施准备阶段的内容和程序,此阶段监理工作的内容见表6-2。

表6-2 建设项目建设实施准备阶段的监理工作内容

| 分　项 | 主　要　内　容 |
|---|---|
| （一）建议 | 为建设单位对园林建设项目实施的决策提供专业方面的建议。其工作内容主要是：<br>1. 协助建设单位取得建设批准手续；<br>2. 协助建设单位了解有关规则要求及法律限制；<br>3. 协助建设单位对拟建项目预见与环境之间的影响；<br>4. 提供与建设项目有关的市场行情信息；<br>5. 协助与指导建设单位做好施工方面的准备工作；<br>6. 协助建设单位与制约项目建设的外部机构的联络 |
| （二）勘察监理 | 园林建设工程勘察监理主要任务是确定勘察任务，选择勘察队伍，督促勘察单位按期、按质、按量完成勘察任务，提供满足工程建设要求的勘察成果。其工作内容主要是：<br>1. 编审勘察任务书；<br>2. 确定委托勘察的工作和委托方式；<br>3. 选择勘察单位、商签合同；<br>4. 为勘察单位提供基础资料；<br>5. 监督管理勘察过程中的质量、进度及费用；<br>6. 审定勘察成果报告，验收勘察成果 |
| （三）设计监理 | 园林建设工程设计监理是工程建设监理中很重要的一部分，其工作内容主要是：<br>1. 制定设计监理工作计划：当接受建设单位委托设计监理后，就要首先了解建设单位的投资意图，然后按了解的意图开展设计监理工作；<br>2. 编制设计大纲（或设计纲要）；<br>3. 与建设单位商讨确定对设计单位的委托方式；<br>4. 选择设计单位；<br>5. 参与设计单位对设计方案的优选；<br>6. 检查、督促设计进行中有关设计合同的实施，对设计进度、设计质量、设计的造价进行控制；<br>7. 设计费用的支付签署；<br>8. 设计方案与政府有关规定的协商统一；<br>9. 设计文件的验收 |
| （四）材料、设备等采购监理 | 1. 审查材料、设备等采购清单；<br>2. 对质量、价格进行比选，确定生产与供应单位并与其谈判；<br>3. 对进场的材料、设备进行质量检验；<br>4. 对确定采购的材料、设备进行合同管理，不符合合同规定要求的提出合理索赔 |

（续）

| 分　项 | 主　要　内　容 |
|---|---|
| （五）场地准备 | 主要是拟订计划，协调与外部的关系，督促实施，检查效果 |
| （六）施工委托 | 1. 商定施工任务委托的方式；<br>2. 草拟工程招标文件，组织招标工作；<br>3. 参与合同谈判与签订 |

## 6.2.2 工程项目立项阶段监理工作内容

园林工程建设项目从拟建到论证结束称为立项阶段。工程项目开始立项时，监理单位就要帮助业主做好决策立项工作。它的主要内容一般包括拟订建设项目建议书、进行项目可行性研究、市场调查和预测以及建设项目的经济评价等。

**(1) 拟定园林工程建设项目建议书**

项目建议书包括以下内容：阐明建设该项目的重要理由；提供有关相应的国民经济发展规划、地区发展规划及国家有关政策等；对建设方案、拟建规模和建设地点的初步设想；可利用的自然资源、建设条件、协作关系等。

**(2) 进行园林工程建设项目可行性研究**

① 阐明可行性研究的意义；

② 可行性研究的主要内容：拟建工程项目概况；市场需求和拟建规模、方案、发展方向的经济比较与分析；资源及公共设施条件，项目建设过程中所需要的各种原材料供应情况；拟建项目建设条件及地理方案；项目设计方案；环境保护，拟建项目对周围环境影响的范围和程度等；拟建项目管理体制、机构设置；工程项目实施计划与进度要求；财务评价和国民经济评价；评价总结等。

**(3) 进行园林工程建设项目市场调查和预测**

市场调查的内容　主要是对拟建项目用途的调查。

市场预测的内容　主要是对生态效益和社会效益的预测。

**(4) 进行园林工程建设项目的经济评价**

主要有以下两种方法：

① 定量分析为主，定量分析与定性分析相结合；

② 动态分析为主，动态分析与静态分析相结合。

**（5）进行项目风险分析**

① 盈亏分析；

② 敏感性分析；

③ 概率分析。

**（6）设计概算的编制**

### 6.2.3 工程勘察监理工作内容

**（1）勘察前**

编审勘察任务书　通过委托设计任务，将编制勘察任务书作为设计前期的内容一并委托。在勘察任务书编制出来后即进行审查，并同时拟订勘察进度计划。

委托勘察　拟订勘察招标文件，审查勘察单位的资质（即证书等级是否与委托的勘察任务相应）。在选定勘察单位后，即商定合同条件，参与合同谈判。如勘察单位将一部分所承担的勘察任务分包出去，则要通过审查给予确认。在协议或合同签订之后，即与建设单位提出支付定金。

**（2）勘察准备**

① 为勘察单位准备基础资料。

② 审查勘察单位提出的勘察纲要。主要审查是否符合合同规定，能否兑现合同要求。在大型或复杂的工程勘察中，要会同设计单位审核。

**（3）现场勘察**

进度　人员、设备是否按计划进场；记录进场时间；根据实际的勘察速度预测勘察进度。

质量　所勘察的项目是否完全、操作是否符合规范；勘察点线有无偏、错、漏；钻探深度、取样位置及样品保护是否得当；在大型或复杂的工程中，应对内业工作进行检查。

检查勘察报告　主要检查报告的完整性、合理性、可靠性和实用性，以及对设计施工的满足程度。

签署勘察费用的支付　根据勘察进度，按合同规定签署支付费用。

**（4）勘察成果利用**

签发补勘通知书　当设计、施工中需要某一项勘察成果，而勘察报告中没有反映或勘察任务书没有要求时，则另行签发补勘通知书。但要经建设单位同意增加补勘的费用。

协调勘察工作与设计、施工的配合　及时将勘察报告提交设计与施工单位，以作为设计、施工的依据。工程勘察深度要与设计的深度相适应。

### 6.2.4 规划设计阶段监理工作内容

#### 6.2.4.1 接受建设单位委托设计监理任务

监理单位在接受委托时，先要深入了解建设单位投资的意图，然后与委托的建设单位接触。一方面向建设单位介绍本单位信誉、经验等；另一方洽谈监理业务意向，分析监理任务，明确监理范围。如达成协议，即进行合同的签订。合同签订后，监理单位即成立项目监理组，确定总监理工程师和各专业监理负责人，明确监理工作重点和工作方式，制订设计监理工作计划和进度计划。

#### 6.2.4.2 设计准备阶段的监理任务

**（1）协助建设单位向城市规划部门申请规划设计条件通知书**（申请书中简述建设的意图、构思，并附建设项目的批准文件、用地许可证及拟建设项目的地址等）

在取得城市规划部门提出的规划设计条件咨询意见表后，即向有关部门咨询承担该项目的配套建设意见，并领取城市规划部门发出规划设计条件通知（是城市规划部门根据咨询意见综合整理后发出的，内含建设地址、用地范围、用地面积、各单位工程面积、绿化面积比例限额、建筑面积比例限额、建筑物高度及层数、有关规划的设计条件及注意事项）。

**（2）协助编制设计纲要**

依据已批准的可行性研究报告和选址报告，进行设计纲要的编制。设计纲要内容要阐明园林建设项目性质、功能和建设依据；详细叙述建设项目确切设计要求；介绍项目与社会、环境的关系，以及政府有关部门对该项目的限制条件；介绍建设单位的财务计划限制、要求设计的范围与深度、设计进度,以及应交付的设计文件等。

**(3) 委托设计**

委托设计有3种方式:一是直接指定某一设计单位;二是通过设计方案竞赛选择设计单位;三是通过招标委托。较大的园林建设项目通常采用招标方式。采用招标委托方式,监理工程师要制定招标细则,发出招标通知(或广告),编写招标文件,确定评标组成人员与评标标准,对投标的设计单位进行资格审查、验证设计资格证书及业务范围是否相应,收集设计单位的资质与信誉及经验情况,组织招标、评标、决标,与中标设计单位进行合同谈判与签订,确认分包设计单位,编写设计任务书。

**(4) 准备设计需要的基础资料**

所指基础资料包括:经批准的设计任务书、规划设计通知书;规划部门批准的地形图,建设总平面图和现状图;当地气象、风向、风荷、雪荷及地震级别、水文地质和工程地质报告;"三废"处理要求及其他要求与限制(如城市规划、控制性法规、绿地系统规划、文物保护、原有地下管线、邻近建筑的特殊要求等)。

### 6.2.4.3 设计阶段的监理任务

设计阶段的监理任务比较多,主要有:

(1)参与设计单位的设计方案比选,以优化设计。

(2)配合设计进度,及时提供设计需要的基础性资料,协调设计与政府有关部门的关系。

(3)协调各设计单位和各专业设计之间的关系。

(4)进行监督检查设计的进度、设计的质量、设计的投资和履行合同的情况。其监督检查的主要内容包括:

设计进度 首先与设计单位商订出图计划,然后对照计划检查设计单位是否有力量确实能予以保证。

设计质量 主要检查各专业之间设计成果的配套情况;检查设计图纸的质量及各阶段设计文件,主要检查依据资料的可靠性、数据的正确性,与国家标准、规范一致性、设计深度是否适应。

投资控制 按专业或分项工程确定的投资分配比例控制总投资,进行造价估算,预测工程造价与材料价格的趋势(可通过调查,了解当地类似造价水平和类似工程造价的情况,以供预测),审查概算,签发支付的设计费。

合同管理 检查设计成果、设计深度、设计质量、设计进度的合同履行情况。

(5)设计变更管理。主要审查设计变更的必要性,以及由于变更而在费用、时间、质量、技术等方面的可行性,并考虑需要增加的设计费用问题。

### 6.2.4.4 设计成果的验收

**(1)设计方案的审核**

园林建设工程设计方案的审核包括总体方案的审核和专业设计方案的审核。

设计方案的审核内容 设计依据、设计规模、用地平衡、总体布局、功能景观分区、道路管网、设施配套、建设期限、投资概算等的可靠性、合理性、经济性、美观性、先进性和协调性,是否满足原决策要求的质量目标和水平。

专业设计方案审核内容 设计方案的各设计参数、设计标准、功能和使用价值方面是否满足安全、美观、经济、适用、可靠等要求。

**(2)主要设备、材料清单的审核**

主要审核型号、质量要求、数量、产地的适合性;植物材料的适生性。

**(3)概预算的审核**

审核计算的工程量、取费标准、费率的计算方法等的正确性与合理性。

**(4)图纸审核**

图纸审核包括初步设计图纸、技术设计图纸和施工图的审核。审核初步设计图纸,要检查工程所采用的技术方案是否符合总体方案的要求,以及是否达到项目决策所要求的质量标准、景观效果;审核技术设计图纸,主要审核专业设计是否符合预定的质量标准和要求;审核施工图,要分别对建筑、结构、给排水、电气、供热、采暖、绿化等专业施工图进行审核,看其设计的功能、材料的选择、平面与竖向的布局等是否合理和符合质量要求。

#### 6.2.4.5 设计图纸的交底与会审

图纸的交底与会审是在施工阶段进行的,也就是在施工单位接到施工图以后,组织设计单位作技术交底和组织施工、建设等单位技术人员对设计图纸进行会审。对会审中发现的问题,要责成设计单位修改。

#### 6.2.4.6 设计监理的依据

对园林建设工程设计的监理依据主要有:
(1)《公园设计规范》及其他现行的国家颁布的工程设计、工程建设的有关政策、法规、规范与标准;
(2)建设项目设计阶段的监理委托合同;
(3)批准的可行性研究报告;
(4)批准的选址报告;
(5)城市规划部门批准的有关文件(包括城市总体规划、城市绿地系统规划等);
(6)建设单位为有关设计阶段提供的工程地质、水文地质的勘察报告;
(7)当地的气象、土壤、震灾等自然条件;
(8)设计需要的有关资料(具有可依性和法定性)和各种定额。

### 6.2.5 材料、设备采购监理工作内容

材料设备的合理采购是工程项目顺利实施的重要保证。在采购过程中,监理单位要在采购计划、资金、质量以及供货时间上严格把关。一般而言,监理单位要做好如下工作:
(1)制订材料物资供应计划和相应的资金需求计划;
(2)通过质量、价格、供货期、售后服务等条件的分析和比选,确定材料、设备等物资的供应厂家,主要设备尚应访问现有使用用户,并考虑生产厂家的质量保证系统;
(3)拟订并商签材料、设备的订货合同;
(4)监督合同的实施,确保材料设备的及时供应。

### 6.2.6 工程招投标监理的工作内容

招投标服务是监理工程师一项很专业化的工作,其工作的好坏直接影响着整个工程的质量、进度和投资,以及施工阶段监理任务的完成。在实行业主责任制的条件下,招标单位是业主。项目总监理工程师及其监理班子要按照招标方式和程序,帮助业主做好以下工作:
(1)拟订工程项目施工招标文件并征得业主同意;
(2)准备工程项目施工招标文件;
(3)办理施工招标申请;
(4)编写施工招标文件;
(5)标底经业主认可后,报送所在地方建设主管部门审核;
(6)组织工程项目施工招标;
(7)组织现场勘察与答疑会,回答招标人提出的问题;
(8)组织开标、评标及决标工作;
(9)协助业主与中标单位商签承包合同。

### 6.2.7 现场调查

园林建设工程开工前,监理工程师必须对有关工程项目进行充分的现场调查,从而掌握现场的情况。

**(1) 现场边界线的确认**

工程一开工,现场条件就会产生变化,因此即使边界线较明确也应及时与邻接单位、土地占有者、有关部门、合同的业主取得联系,以便进行确认。

**(2) 场地周围设施的调查**

要确认场地周围道路的管理单位、地下埋设物(上下水道、煤气、电气电缆、电话电缆、通信电缆、共用沟等)、地上各种设施(各种检查井、电线杆、电话杆、各种标志、护拦、邮筒等)及现状树等的位置、数量并绘制调查事项的平(剖)面实测图。

对于需要保护、拆迁、暂时拆迁或拆除的设施要协助业主与有关单位联系,并采取措施。

**(3) 周围道路的调查**

通过调查了解道路宽度、道路可借用的宽度、路面材质情况、道路的交通流量情况、道路法规（通行时间、车辆限制、载重限制、停车限制等）、有无迂回路，以研究材料运入、运出时间和长大件、重件、大型机械对运输的影响等。特别对没有干线道路的现场要调查运输线路上道路情况（台桥梁、人行桥等），并与道路管理单位及所在地区的公安机关协商，共同确认使用条件、时间、维护管理、补强加固、修复、交通安全等各项事宜。

**(4) 相邻建筑物的调查**

要尽可能详细调查相邻建筑物、构筑物、地下构筑物的资料（建设时期、构造、规模、基础状况、桩的种类及直径、长度、方法）及所用施工方法与施工结果，从中选择可供参考的资料。

考虑有时工程施工可能给相邻建筑物带来的损伤，出现这种情况时，就会出现索赔及对相邻建筑物进行补强加固等要求。因此在开工前，应与相邻建筑物所有者进行协商，对建筑物的原状进行调查，并拍成带比例的照片，绘制实测图，并预先相互确认建筑物的原状。

**(5) 位于海岸、湖岸、河岸的场地的调查**

调查高低潮的水位，过去的洪水高潮及台风受害记录，作业时间的风速、风向等。

**(6) 气候及风土人情的调查**

调查风向、风速、降水、冻胀深度等以及当地的风土人情。

**(7) 场地内埋设物及地下障碍物的调查**

由于不少城市的市区都进行了再开发，但对已拆除的建筑物基础、地下构筑物、桩及管线等有时还不太清楚，需要认真地调查。方法有挖深坑、实测和拍照等，并做记录。此外，对战时的军事用地更要进行周密调查。对于已构成妨碍施工的地下构筑物，在搞清楚后做出记录，并与有关单位、部门协商采取清除措施。

**(8) 工程用水、排水的调查**

首先要确认施工高峰时的用水量，然后调查供水能力及高水位的水压是否充分，最大排水量是多少，排水能力有多大，可否直接排水等。需要打井供水时，注意遵守有关地下水开发的法规。当使用自来水时，必须考虑施工现场大量用水时所需要供水管直径的选择。

一些工程还应调查是否存在山洪冲击的情况。如有，应采取相应措施。

**(9) 工地动力电的调查**

首先要编制施工现场的用电计划，若满足不了工程高峰的最大用量，要事先采取措施，以免影响工程施工。

**(10) 周围地区的特殊条件调查**

要了解施工现场相邻建筑物的用途（如住宅、医院、学校、商店等），尽量避免施工对相邻建筑物使用者的不利影响，同时避免施工现场周围的特殊条件可能对工程施工产生的不利影响。

**(11) 材料供应情况调查**

了解建材市场、苗木市场行情，对各种材料的供应状况（品种、规格、质量、数量、价格等）进行调查。

## 6.3 园林建设工程施工阶段监理

### 6.3.1 园林建设工程施工阶段工作特点

园林工程施工过程就是围绕园林构成的要素——地形、建筑、植物和水体，根据图纸设计将工程设计者的意图建设成为各种园林景观的过程，一般具有如下特点：

——施工阶段工作量大。在整个园林建设项目周期内，施工期的工作量最大，监理内容最多，工作最繁重，整个工程70%~80%的工作量是在此期间完成的。

——施工阶段投入最多。这是资金投放量最大的阶段，因为该阶段所需的各种材料、机具、设备、人员全部都要进入现场参与施工，工作种类多，任务繁重，所以监理工作量也很大。

——施工阶段持续时间长、动态性强。施工阶段合同数量多，存在频繁和大量的支付关系，加上工种的特殊原因使得该阶段表现为时间长、动态性强。

——施工阶段是形成工程建设项目实体的阶段，需要严格地进行系统过程控制。在建设项目的资金、质量和工期上都要严格把关。

——施工阶段涉及的单位数量多。在监理过程中，要做好与各方的组织协调关系。

——施工阶段工程信息内容广泛、时间性强、数量大。各种工程信息和外部环境信息的数量大、类型多、周期短、内容杂，因此要求监理单位在监理过程中尽量以执行计划为主，不要更改计划，造成索赔。

——施工阶段存在着众多影响目标实现的因素。在施工阶段往往会遇到众多因素的干扰，影响目标的实现。面对众多因素的干扰，监理单位和监理工程师要做好风险管理，减少风险的发生。

施工阶段园林工程建设监理的主要任务是在施工过程中根据施工阶段的预定的目标规划与计划，通过动态控制、组织协调、合同管理使工程建设项目的施工质量、进度和投资符合预定的目标要求。

### 6.3.2 施工图管理

施工图是工程施工的主要依据，在工程施工中，必须严格依图施工。由于工程承包合同中同时也对设计文件的提供、变更、归档作出一些规定，因此需要加强对施工图的管理；此外，施工图管理也是项目管理的一项重要内容和有效手段，对质量、进度、投资控制起到重要作用。委托建设监理的园林建设工程，监理工程师要注意这一管理工作。

作为现场的监理工程师对施工图进行管理，必须完成以下工作：

（1）督促设计单位按照合同的规定，及时提供一定数量、配套的施工图。完成施工图交接中规定的手续，图纸的目录及数量均由双方签字确认。

（2）组织图纸的会审与技术交底。

图纸会审是施工者在熟悉图纸施工过程中，对图纸中的一些问题和不完善之处，提出疑点和合理化建议，设计者对提出的疑点及合理化建议进行解释和修改，以使施工者了解设计的意图和减少图纸的差错，从而提高设计质量。

技术交底是工程施工之前，设计者向参与施工的人员进行技术交底，使施工者对设计的一些特点做到心中有数，从而在施工技术或施工工艺方面能予以配合。技术交底可以多层次进行，一般由设计单位技术负责人向施工单位技术主要负责人交底，然后再由后者向工长交底，由工长向组班长、工人交底。设计图纸的技术交底是由监理工程师组织的，但监理工程师主要检查技术交底制度是否健全，他们应该参加一些重要工程的技术交底会议，而不替代设计单位进行具体的技术交底工作。

### 6.3.3 施工组织设计审查

施工组织设计是由施工单位负责编制的，是选择施工方案、指导和组织施工的技术经济文件。施工单位可以根据自己的特长和工程要求，编制既能发挥自己特长，又能保证建设工程顺利施工的施工组织设计。如果施工组织设计质量欠佳，就不能达到指导施工的作用。为此，监理工程师要对施工单位编制的施工组织设计进行审查。

**（1）施工组织设计的主要内容**

① 工程概况：主要指园林建设工程建设概况，如建设单位、建设地址、工程性质、工程造价、工期等。此外还含有主要建筑物的建筑设计及建筑结构的概况。

② 施工条件：主要指建设场地的地形、地貌、地质、土壤状况、气象条件；交通运输条件；物资供应条件；水、电、路、场地以及周围环境等。

③ 施工部署及施工方案：施工部署即对整个建设项目全局性的战略意图；施工方案是单位工程或某分项工程的施工方法，并通过施工方案的技术经济分析，从中选出一个最佳方案。

④ 施工进度计划及各物资、材料供应计划。

⑤ 施工平面图。

⑥ 主要施工技术及组织措施：包括保证工程质量、降低工程成本以及安全施工的技术措施和组织措施。

⑦ 主要技术经济指标：如劳动力均衡性指标、劳动生产率、机械化程度、机械利用率、用工量、工程质量优良率等。施工组织设计的技术经济指标可以反映其水平的高低。

**(2) 对施工企业编制的施工组织设计进行审查**

监理工程师要审查施工组织设计是否符合国家或地方颁发的有关法规以及技术规范和标准；是否符合工程承包合同的规定；是否具有可操作性；是否符合应遵守的原则。如审查施工组织设计安排的施工顺序时，要审查其是否符合客观存在的施工技术和施工工艺要求；是否与选择的施工方法、采用的施工机械相协调；是否考虑了施工组织和保证工程质量措施审查，要审查其是否在一切重大措施中及各个施工方案中考虑了保证质量这一重要前提；施工进度安排是否合理和综合平衡；对工程使用的材料、设备是否有严格的检验制度；整个工程建设是否有健全的质量保证体系和质量责任制；是否有严格的竣工验收检查制度。

### 6.3.4 工程建设施工阶段的质量控制

#### 6.3.4.1 工程项目的质量控制

**(1) 工程项目质量控制的过程及原则**

**质量控制的过程** 任何工程项目都是由分项工程、分部工程和单位工程所组成，而工程项目的建设，则是通过一道道工序来完成的，所以，施工项目的质量控制是从工序质量到分项工程质量、分部工程质量、单位工程质量的系统控制过程，也是一个由对投入原材料的质量控制开始，直到完成工程质量检验为止的全过程的系统过程，如图6-2，图6-3。

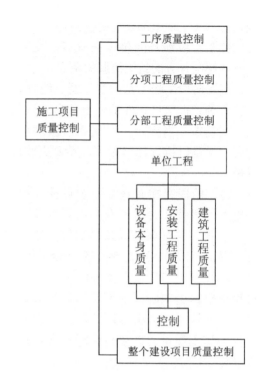

图6-2 施工项目质量控制过程（一）

图6-3 施工项目质量控制过程（二）

**质量控制的原则** 对施工项目而言，质量控制就是为了确保合同、规范所规定的质量标准，所采取的一系列检测、监控措施、手段和方法。在进行施工项目质量控制过程中，应遵循以下几点原则：

——坚持"质量第一，用户至上"；

——以人为核心；

——以预防为主；

——坚持质量标准，严格检查，一切用数据说话；

——贯彻科学、公正、守法的职业规范。

**(2) 施工阶段的质量控制要求**

监理工程师在施工阶段进行质量控制时，应做到：

① 坚持以预防为主，重点进行事前控制，防患于未然，把施工中的质量问题消灭在萌芽状态。

② 结合施工实际，制定实施细则。施工阶段质量控制的工作范围、深度、工作方式等应根据工程施工实际需要，结合工程特点、承包商的技术力量、管理水平等因素拟定质量控制的监理要求，用以指导施工阶段的质量控制。

③ 坚持质量标准，严格检查。监理工程师必须按合同和设计图纸的要求，严格执行国家颁发的有关工程项目质量检验评定标准和验收标准，严

格检查，同时还要热情督促承包商改进工作，健全制度。监理人员可以参与承包商施工方案的制订、质量体系的完善以及现场质量管理制度的制订等工作。对于技术难度大、质量要求高的工程或部位，还可以为其提出保证质量的措施等。

④ 在处理质量问题的过程中，应尊重事实，尊重科学，态度谦虚，立场公正，以理服人，做好协调工作，充分沟通协商，以取得对方的信任和工作中的相互配合。

**(3) 施工阶段质量控制的依据**

① 合同文件及其技术规程，以及根据合同文件规定编制的设计文件、图纸和技术要求及规定。

② 合同规定采用的有关施工规范、操作规程、安装规程和验收规程。

③ 工程中所用的新材料、新工艺、新技术、新结构的试验报告和具有权威性的技术检验部门或相应部门的技术鉴定书。

④ 工程所使用的有关材料和产品的技术标准。

⑤ 有关试验取样的技术标准和试验操作规程。

**(4) 施工阶段质量控制的内容**

工程项目是通过投入材料、施工和安装逐步建成的，而工程质量就是在这个系统过程中逐步形成的，所以施工阶段监理工程师对工程质量的控制是全过程的控制，质量控制的具体内容如图6-4。

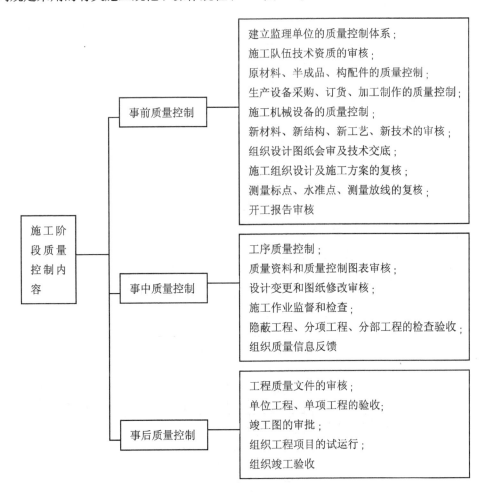

图6-4 施工阶段质量控制框图

**(5) 施工阶段质量控制的程序**(图6-5)

**(6) 施工阶段质量控制的组织**

施工阶段质量控制工作是在项目总监理工程师领导下,由现场监理工程师或质量监理工程师具体进行的,同时根据实际工作需要,配备适当的监理人员。

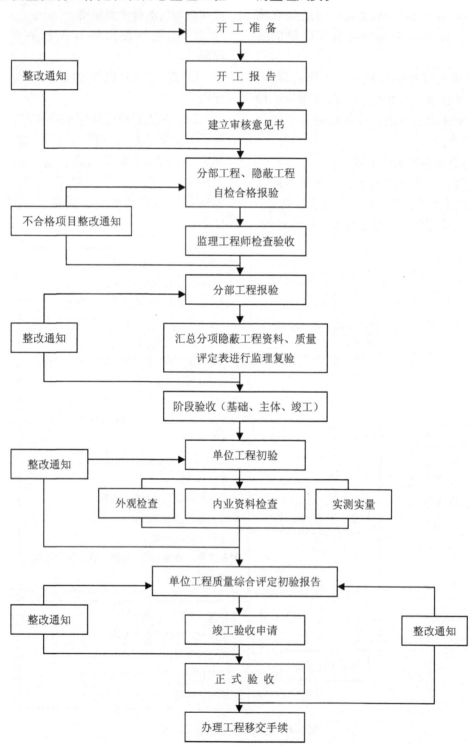

图6-5 施工阶段质量控制工作程序框图

① 施工阶段质量控制的组织形式

——项目设专职质量监理工程师，按单项工程配备现场质量监理组或质量监理员；

——项目设专职质量监理工程师，按专业工程(如结构工程、给排水工程、空调工程、电气设备安装工程)配备现场质量监理组或质量监理员；

——综合管理模式(混合形式)，即项目设专职质量监理工程师。既有按单项工程，也有按专业工程配备的质量组或质量监理员；

——对于特别复杂的单项工程、专业工程，可将该部分的质量监理分包或委托其他专业机构负责监理。

② 监理责任制和工作制度：监理责任制包括总监理工程师岗位责任制、监理工程师岗位责任制、监理人员岗位责任制以及相关部门责任制，并力求做到分工合理、责任明确、考核严格。

建立一套完善的质量控制监理制度，如图纸会审、技术交底、材料检验、隐蔽工程验收、设计质量整改、质量事故处理等制度。

**(7) 施工阶段质量控制的方法**

① 技术报告及技术文件的审核：对技术报告及技术文件的审核是全面控制工程质量的重要手段，因此，监理工程师要对诸如开工、材料检验、分项分部工程质检、质量事故处理等方面的报告以及施工组织设计、施工方案、技术措施、技术核定书、技术鉴定书、技术签证等方面的技术文件按一定的施工顺序、进度和监理规划及时审核。

② 质量监理与检查

监督检查的内容　监理工程师或其代表应常驻施工现场，执行质量监督与检查，主要内容包括开工前的检查、工序操作质量的巡视检查、工序交接检查、隐蔽工程的检查验收、工程施工预检、成品保护检查、停工后复工前的检查、分项分部工程完工后的检查验收等。

监督检查的方法

目测法：目测检查法的手段，可归纳为"看、摸、敲、照"4个字。

实测法：实测法就是通过实际测定数据与施工规范及质量标准所规定的允许偏差对照，来判断质量是否合格。实测检查法的手段，也可归纳为"靠、吊、量、套"4个字。

实验检查：实验检查是指必须通过试验手段，才能对质量进行判断的检查方法。

③ 信息反馈的检查：现场监理工程师(检查员)的巡视、值班、现场监督检查和处理信息，除应以日报、周报、值班记录等形式作为工程档案外，还应及时反馈给总监理工程师(监理工程师)。对于重大问题及普遍发生的问题，还应以函件的方式通知施工单位迅速采取措施加以纠正和补救，并保证以后不再发生类似问题。对现场检测的结果，也应及时反馈到施工生产系统，以督促承包商及时调整和纠正。

**6.3.4.2　施工现场的质量控制**

施工现场的质量控制是施工阶段质量控制的重点，监理工程师应加强施工现场和施工工艺的监督控制，督促施工单位认真执行工艺标准及操作规程，进行工序质量控制。同时监理工程师还要实行现场检查认证制度，对工程关键部位进行现场观察、中间检查和技术复核，并做好有关记录，认真分析质量统计数据，对质量不合格的产品和施工工艺及时处理和纠正。

施工现场的质量控制主要由施工单位和监理单位共同来保证。现场质量控制的内容包括工艺质量控制和产品质量控制两个方面。

**(1) 工序质量控制的内容**

工序质量控制就是对工序活动条件的质量控制和对工序活动效果的质量控制，从而实现对整个施工过程的质量控制。在进行工序质量控制时，应着重进行以下几个方面的工作：

——确定工序质量控制流程；

——主动控制工序活动条件；

——及时检验工序质量；

——设置工序质量控制点。

**(2) 工序活动条件的控制**

工序是人、机械、材料、方法及环境等要素对工程质量综合作用的过程，所以工序质量控制就是要采取综合措施对所有影响因素进行严格的控制。

① 人为因素的控制：这里所讲的人是指直接

参与工程施工的组织者、指挥者和操作者。人为因素对工序质量的影响主要是参与施工的各类人员的治安意识差、技术水平低、操作不规范、管理不严格等。

② 机械设备的控制：施工机械设备是实现施工机械化的重要物质基础，是现代化工程建设中必不可少的设施，对工程项目的施工进度和工程质量均有直接影响。

③ 材料质量的控制：影响工序质量的材料因素主要是材料的成分、物理性能和化学性能等。在施工过程中，监理工程师对材料质量控制的要点是：

——主要装饰材料及建筑构配件订货前，施工单位应提出样品（或看样）和有关订货厂家情况以及单价等资料向监理工程师申报，经监理工程师会同设计单位及业主研究同意后方可订货。

——主要设备订货前，施工单位应向监理单位提出申报，由监理工程师核定其是否符合设计要求。

——对用于工程的主要材料，进场时必须具备正式的出场合格证和材质化验单，若不具备或对检验证明有疑问时，应向施工单位说明原因，并要求施工单位补作检验，所有材料检验合格证均须经监理工程师验证，否则一律不准用于工程。

——工程中所有构配件必须具有厂家批号和出厂合格证。钢筋混凝土和预应力钢筋混凝土构件，均应按规定方法进行抽样检验。由于运输安装等原因出现的质量问题，应进行分析研究，采取措施处理后经监理工程师验收同意才能使用。

——对质量保证资料有怀疑或与合同规定不符的一般材料、受工程重要性程度决定应进行一定比例试验的材料、需要进行追踪检验以控制和保证其质量可靠性的材料等，均应进行抽检。对进口的材料设备和重要工程部位或关键部位所用的材料，则应进行全部检验和检查。

——材料质量抽样和检验的方法应符合《建筑材料质量标准和管理规程》，要能反映该批材料的质量性能。对于重要的构件和非匀质材料，还应酌情增加采样的数量。

——在现场配制的材料，如混凝土、砂浆、防水材料、防腐材料、绝缘材料、保温材料等的配合比，应先提出试配要求，经试验合格后才能使用，监理工程师均须参与试配和试验。

——按规定检查材料的仓储、保管是否合理，特别对水泥料仓，检查其通风、防雨、隔潮、堆放位置、堆放高度、存储时间等是否符合要求，若发现有结团、结块、存放期超过规定期限等现象，立即通知承包商将失效的水泥清出库房另行堆放，原则上不再用于工程。

——对进出口材料、设备应会同商检部门进行查验，若核对凭证中发现问题，应取得供方和商检部门人员签署的商务记录，按期提出索赔。

④ 施工方案的控制：施工方案的正确与否，是直接影响工程项目的进度控制、质量控制以及投资控制三大目标能否顺利实现的关键。

⑤ 环境因素的控制：影响工程项目质量的环境因素很多，有工程技术环境，工程管理环境，作业环境等。

**(3) 质量控制点的设置**

① 质量控制点的选择：应根据工程项目的性质和特点，结合施工工艺的难易程度、施工单位水平等进行全面分析后确定，一般情况下，以下工序作为质量控制点：

——对工序质量具有重要影响的工程和薄弱环节，如土石填筑工程、土料碾压工序中的填筑含水量等；

——施工中质量不稳定或不合格率较高的内容或工序；

——对下一道工序的施工质量有重要影响的内容或工序；

——在采用新材料、新工艺的情况下，施工单位（承包商）对施工质量没有把握的内容和工序。

② 质量控制措施的设计：选择质量控制点以后，就需要对每个质量控制点进行控制措施的设计，其步骤及内容如下：

——列出质量控制点明细表；

——设计控制点的施工流程图；

——应用排列图方法进行工序分析，找出工序的支配性要素；

——制定工序质量表，对各支配性要素规定

明确的控制范围和控制要求；

——编制保证质量作业指导书；

——绘制作业网络图，图中标出各控制因素所采用的计量仪器、编号、精度等，以便进行精确计量；

——监理工程师参与质量控制点的审核。

③ 质量控制点的实施

——进行控制措施交底。将质量控制点的控制措施设计向操作班组进行交底，使工人明确操作要点。

——进行检查验收。监理人员在现场进行重点指导、检查和验收。

——按作业指导书进行操作。

——认真记录，检查结果。

——运用数理统计方法不断分析与改进（实施PDCA循环），以保证质量控制点验收合格。

**(4) 施工过程的质量检查**

在施工过程中，施工单位是否按照技术交底、施工图纸、技术操作规程以及质量标准的要求实施，直接涉及工程产品的质量问题。因此，监理人员必须进行旁站监理，及时检查，以避免工程质量事故的发生，监理人员在施工过程中应重点进行以下几方面的质量检查：

——施工操作质量的巡视检查；

——工序质量交接检查；

——隐蔽工程检查验收；

——工程施工预检；

——成品保护检查。

**(5) 施工中的技术复核制度**

在施工过程中，各项工作是否完全按照合同、技术规程、设计文件、施工图纸、技术规范和操作规程来进行，将直接影响到工程的质量。因此，监理工程师必须对一些比较重要的、直接影响工程质量的关键性技术内容进行复核，严格把关，以便发现问题，及时纠正。在整个施工过程中，监理工程师都应将技术复核工作作为自己的一项经常性的任务，贯穿于质量监控工作之中。施工中的技术复核制度主要包括以下几方面：

——技术复核的内容；

——技术复核的程序；

——技术复核制度。

### 6.3.4.3 工程质量评定与竣工验收

正确的进行工程项目质量的评定和验收，是保证工程质量的重要手段。监理工程师必须根据合同和设计图纸的要求，严格执行国家颁发的有关工程项目质量检验评定标准和验收标准，及时地组织有关人员进行质量评定和办理竣工验收交接手续。工程项目质量评定和验收程序是按分项工程、分部工程、单位工程依次进行。工程项目质量等级，均分为"合格"和"优良"两级，凡不合格的项目则不予验收。

**(1) 工程质量的评定**

① 分项工程质量评定标准：分项工程的质量评定，涉及分部工程、单位工程的质量评定和工程能否验收。按现行《建筑安装工程质量检验评定标准》，分项工程的质量评定主要有：

保证项目　涉及结构安全或重要使用功能的分项工程，它们应全部满足标准规定的要求。

检验项目　是对结构的使用要求、使用功能、美观等都有较大影响，必须通过抽样检查来确定是否合格、是否达到优良的工程内容。其在分项工程质量评定中的重要性仅次于保证项目。

实测项目　是结构性能或使用功能、观感等的影响程度，根据一般操作水平允许有一定偏差，但偏差值在规定范围内的工程内容。

② 工程质量评定的等级标准

第一，分项工程质量等级标准。

合格

——保证项目必须符合相应质量评定标准的规定；

——检验项目抽检处（件）应符合相应质量评定的合格规定；

——实测项目抽检的点数中，建筑工程有70%及其以上，建筑设备安装工程的80%及其以上的实测值在相应质量评定标准的允许偏差范围内，其余的实测值也应基本达到相应质量评定标准的规定。

优良

——保证项目必须符合质量检验评定标准的

规定；

——检验项目抽检处（件）应符合相应质量检验评定标准的合格规定，其中50%及其以上的处（件）符合优良规定，该项即为优良；优良项数占检验项数50%及其以上，该检验项目即为优良；

——实测项目抽检的点数中，有70%及其以上的实测值在相应质量评定标准的允许偏差范围内，其余的实测值也应基本达到相应质量评定标准的规定。

第二，分部工程质量等级标准。

合格 所含分项工程的质量全部合格。

优良 所含分项工程的质量全部合格，其中有50%及其以上为优良。

第三，单位工程质量等级标准。

合格

——含分部工程的质量全部合格；

——质量保证资料应符合规定；

——观感质量的评定得分率达到70%及其以上。

优良

——所含分部工程的质量全部合格，其中有50%及其以上优良；

——质量保证资料应符合规定；

——观感质量的评定得分率达到85%及其以上。

**（2）工程质量验收**

工程质量的验收是按照工程合同规定的质量等级，遵循现行的质量评定标准，采用相应的手段对工程分阶段进行质量认可或否定的过程。

① 分项工程的验收：对于重要的分项工程，监理工程师应按照工程合同的质量等级要求，根据该分项工程施工的实际情况，按照有关质量评定标准进行验收。在验收过程中，必须严格按规范要求选择检查点数，然后计算出检验项目和实测项目的合格或优良百分比，最后确定出该分项工程的质量等级，从而确定能否验收。

② 分部工程的验收：在分项工程验收的基础上，根据各分项工程质量验收结果，按照分部工程质量标准，可得出该分部工程的质量等级，以确定可否验收。另外，对单位工程或分部工程的土建部分完工后转交安装工程施工前，或其他中间过程，均应进行中间验收，承包商只有得到监理工程师中间验收的签证后才能继续施工。

③ 单位工程的验收：在分项工程、分部工程验收的基础上，通过对分项分部工程质量等级的统计计算，再结合直接反映单位工程结构及使用功能的质量保证资料、单位工程观感的质量评判，便可系统地核查机构是否安全可靠，使用功能能否满足要求，观感质量是否合格，从而决定是否达到工程合同所要求的质量等级，进而决定能否验收。

**（3）工程项目的竣工验收**

工程项目的竣工验收是建设全过程的最后一道程序，也是建设监理活动的最后一项工作。凡是委托监理的工程项目，在项目竣工之前，均应由监理单位牵头，及时组织竣工验收。

① 竣工验收条件：施工单位承建的工程项目，达到下列条件者，可报请竣工验收：

——生产性项目和辅助公用设施已按设计建成，并能满足生产需求；

——主要工艺设备已安装配套，经联动负荷试车合格，安全生产和环境保护符合要求，已形成生产能力，并能够生产出设计文件规定的产品；

——生产性建设项目中的职工宿舍和其他必要的生活福利设施以及生产准备工作，能适应初期的生产需要；

——非生产性建设项目、土建工程及房屋建筑附属的给排水、采暖通风、电气、煤气及电梯已安装完毕，可以向用户供水、供电、供暖、供气，具备正常使用条件。

工程项目具有下列情况之一者，施工单位不能报请竣工验收：

——生产、科研性建设项目，因工艺或科研设备、工艺管道尚未安装，地面和主要装饰未完成者；或虽主体已完成，但附属配套工程未完成影响投产使用者。

——非生产性建设项目的房屋建筑已经竣工，但由于施工单位承担的室外管线没有完成，锅炉房、变电室、冷冻机房等配套工程的设备安装尚未完成,不具备使用条件者。

——各类工程的最后一道喷浆、表面油漆活未完成者。

——房屋建筑工程已基本完成,但被施工单位临时占用、尚未完全腾出者。

——房屋建筑工程已完成,但其周围的环境未清扫,仍有建筑垃圾者。

② 竣工验收程序:监理工程师在组织工程项目竣工验收时按照如下的程序进行:

竣工预验

——基层施工单位自验;

——工程处(或项目经理部)组织自验;

——公司级预验。

审查验收报告

现场初验

正式验收

——单项工程验收;

——全部验收。

③ 工程资料的验收:工程资料是工程项目竣工验收的重要依据之一,施工单位应按合同要求提供全套竣工验收所必需的工程资料,经监理工程师审核,确认合格后,方能同意竣工验收。

竣工验收资料的内容  工程项目开工报告、竣工报告;分项、分部工程和单位工程技术人员名单;图纸会审记录;设计变更通告单;水准点位置、定位测量记录、沉降及位移记录;材料、设备、构配件的质量合格证明资料、试验检验报告;隐藏工程验收记录、施工日志;工程质量事故调查及处理报告;竣工图;质量检验评定资料等。

竣工验收资料的审核  材料、设备构配件的质量合格证明材料;试验检验资料;核查隐蔽工程记录及施工记录;审查竣工图。

竣工验收资料的签证  监理工程师审查完承包单位提交的竣工资料之后,认为符合工程合同及有关规定,且准确、完整、真实,便可签证同意竣工验收的意见。

**(4) 工程项目的交换**

工程项目交接是监理工程师对工程的质量进行验收后,协助承包单位与业主进行移交项目所有权的过程。监理工程师在协助施工单位与建设单位办完工程项目移交手续后,还应在竣工结算的基础上,为建设单位编制工程项目竣工决算。

#### 6.3.4.4 工程质量事故处理

凡是工程质量不符合规定的质量标准或设计要求的,都叫做工程质量事故。当发现质量事故后,监理工程师应积极主动地与施工单位配合,严肃、认真地分析,及时处理质量事故。

**(1) 工程质量事故的特点**

——复杂性;

——严重性;

——可变性;

——多发性。

**(2) 工程质量事故分类**

按事故造成的后果  分为未遂事故,已遂事故。

按事故产生的原因  分为指导责任事故,操作责任事故。

按事故的性质  分为一般事故,重大事故。

**(3) 产生工程质量事故的原因**

工程质量事故表现的形式多种多样,造成质量事故的原因也很多,主要有:

——违反基本建设程序;

——地基处理失误;

——设计失误;

——施工管理不善;

——建筑材料及制品不合格;

——自然条件影响。

**(4) 工程质量事故的处理**

① 工程质量事故处理的程序:如图6-6。

② 工程质量事故的调查分析:在进行事故调查时,要查清事故原因,进行分析研究,在分析原因的基础上,完成事故调查报告。

③ 工程质量事故的处理方案:在研究事故处理时,应在调查分析的基础上,本着安全可靠、不留隐患、满足建筑功能和使用要求、技术可靠、经济合理、施工方便的原则,进行妥善处理。

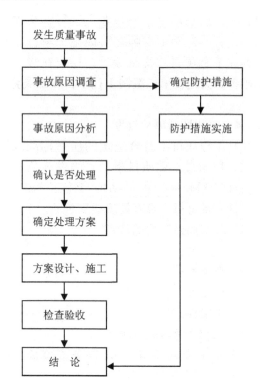

图6-6 工程质量事故处理程序框图

④ 工程质量事故处理的结论：质量事故处理是否达到预期的目的、是否留有隐患，需要通过检查验收来作出结论。结论一般有以下几种：

——事故已经排除，可以继续施工；
——隐患已经消除，结构安全可靠；
——经修补处理后，完全满足使用要求；
——基本满足使用要求，但附有限制条件；
——对耐久性影响的结论；
——对建筑外观影响的结论等。

### 6.3.5 工程建设施工阶段的进度控制

#### 6.3.5.1 工程建设项目施工阶段进度控制的含义

工程进度控制是指在工程项目的实施过程中，监理人员运用各种监理手段和方法，依据合同文件所赋予的权力，监督工程项目承包人采用先进合理的施工方案和组织管理措施，在确保工程质量、安全和投资费用的前提下，按照合同规定的工程建设期限，加上监理工程师批准的工程延期时间以及预定目标去完成工程项目的施工。

#### 6.3.5.2 工程建设项目施工阶段进度控制的内容

（1）施工阶段进度控制监理工作内容

——编制施工阶段进度控制监理工作实施细则；
——审核或协助编制施工组织设计；
——施工进度计划的审核；
——发布开工令；
——协助承建单位了解进度计划；
——进度计划实施过程跟踪；
——组织协调工作；
——签发进度款付款凭证；
——向建设单位提供进度报告表；
——督促承包单位整理技术资料；
——审批竣工申请报告，组织竣工验收；
——工程移交。

（2）施工阶段进度控制监理工作流程（如图6-7）

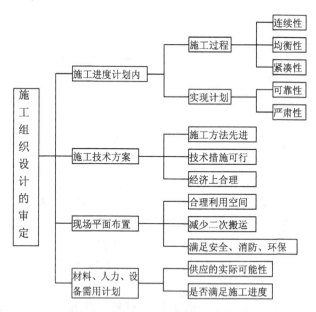

图6-7 施工阶段进度控制监理工作流程图

（3）施工进度计划的编制程序

#### 6.3.5.3 工程进度计划的检查与调整

（1）施工进度的检查方式

① 定期地、经常地收集承包单位提交的有关进度报表资料；

② 由驻工地监理人员现场跟踪检查工程项目的实际进展情况。

**(2) 施工进度计划的调整**

① 压缩关键工作的持续时间；
② 组织搭接作业或平行作业。

#### 6.3.5.4 施工阶段进度控制中监理人员的职责

① 总监理工程师在施工进度控制中的职责；
② 驻工地监理工程师在施工进度控制中的职责；
③ 其他监理人员在施工进度控制中的职责；
④ 工程进度计划的检查；
⑤ 工程进度控制方法；
⑥ 影响施工进度计划实施的因素（表6-3）。

表6-3 影响施工进度计划实施因素表

| 影响因素 | 影响原因 | 解决办法 |
|---|---|---|
| 参加建设各相关单位的影响 | 包括计划部门、建设主管部门、建设单位、材料构件设备供应单位、银行、供电、供水部门等 | 发挥监理作用，协调进度，加强协作，互相监督，按合同办事 |
| 物质供应对进度的影响 | 1. 供应时间不及时；2. 供应物质质量不符合标准要求 | 监理工程师严格把关 |
| 资金的影响 | 主要来自业主不及时给足预付款，拖欠工程款 | 平衡进度计划与资金供应量，及时对工程进度款项、占用资金的要素进行计划投放 |
| 设计变更的影响 | 1. 可能是设计的问题 2. 业主提出新的要求 | 1. 加强审图、表；2. 监理工程师应从变更问题对进度、质量、投资影响角度进行审核，严格控制随意变更 |
| 施工条件的影响 | 主要由气候、水文地质、现场条件等不利因素造成 | 1. 承包单位应利用自身技术、组织能力 2. 监理单位协调疏通关系 |

（续）

| 影响因素 | 影响原因 | 解决办法 |
|---|---|---|
| 各种风险因素的影响 | 1. 政治上，如战争、拒付债务、制裁；2. 经济上，如延期付款、通贷膨胀、分包违约；3. 技术上，如工程事故、试验失败、标准改变 | 1. 必须有控制风险损失及对进度影响的措施；2. 监理单位要加强风险管理，对发生的风险事件给予恰当处理 |
| 自身管理延误 | 1. 组织不力产生影响；2. 方案不当、计划不周、管理不力 | 通过总结分析，吸取教训，及时改进并通过接受监理改进工作 |

#### 6.3.5.5 工程建设项目施工阶段进度控制监理措施

**(1) 组织措施**

① 落实监理内部的监督控制人员，明确任务和职责，建立信息收集、反馈系统。
② 按项目实施阶段、单位工程或单项工程进行项目和目标分解。
③ 建立进度协调组织（业主、监理、承包人等组织体系）和进度协调工件制度。

**(2) 技术措施**

① 审批承包人所拟订的各项加快工程进度的措施。
② 向业主和承包人推荐先进、科学合理、经济的技术方法和手段，以加快工程进度。

**(3) 经济措施**

① 按合同规定的期限给承包人进行项目检验、计量和签发支付证书。
② 监督业主按时支付。
③ 制定奖罚措施，对提前完成计划者予以奖励，对延误工期者按有关规定进行处理。

**(4) 合同措施**

① 利用合同文件所赋予的权力，督促承包人按期完成工程项目。
② 利用合同文件规定，采取各种手段和措施，监督承包方加快工程进度。

## 6.3.6 工程建设施工阶段的投资控制

### 6.3.6.1 建设监理在项目施工阶段的投资控制

**(1) 工程建设项目投资控制的含义**

工程建设监理投资控制是指在整个项目实施阶段开展管理活动，力求使项目在满足质量和进度要求的前提下，实现项目实际投资不超过计划投资。

① 工期、质量、造价三者的关系 投资控制不是单一的目标控制，投资控制是与质量控制和进度控制同时进行的。因此，在实施投资控制的同时，需要兼顾质量和进度目标，要做好投资、进度、质量三方面的反复协调工作，力求优化目标之间的平衡，协调好与质量、进度的关系，做到三大控制的有机配合。三者关系如图 6-8 所示。

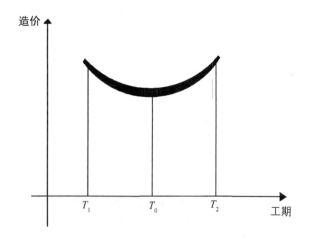

**图 6-8 工程工期、质量、造价关系图**

图中 $T_0$ 对应的工程造价最省，应为最优工期，任何偏离它的工期都将引起造价的增加；工期 $T_1$ 是根据现有技术水平可以达到的最短工期；工期 $T_2$ 是考虑多种不利影响，可能出现的最长工期；$T_1$ 和 $T_2$ 之间为合理工期区。因此，应确定合理工期在 $T_1$ 和 $T_2$ 之间。

② 施工阶段投资控制工作流程（图 6-9）

**(2) 工程建设施工阶段投资控制的基本任务**

① 审核施工图预算、进度付款及最终核定项目的实际投资。

② 对工程进度、质量检查、材料检验的监督和控制。

③ 对工程造价的监督和控制。

——对实际完成的分部分项工程量进行计量和审核。对承建单位提交的工程进度付款申请进行审核，并签发付款证明以控制合同价款。

——严格控制工程变更，按合同规定的控制程序和计量方法，确定工程变更价款，及时分析工程变更对控制投资的影响。

——在施工进展过程中，进行投资跟踪。

——定期向监理总负责人、业主提供投资控制表。

——编制施工阶段详细的费用支出计划，复核一切付款账单。

——审核竣工决算。

**(3) 工程建设项目施工阶段的投资控制措施**

组织措施

——在项目管理班子中落实投资控制的人员、任务分工和职能分工；

——编制本阶段投资控制工作计划和详细的工作流程图。

经济措施

——编制资金使用计划，确定、分解投资控制目标；

——进行工程计量；

——复核工程付款账单，签发付款证书；

——在施工过程中进行跟踪控制，定期进行投资实际支出值与计划目标值的比较。出现偏差，分析产生偏差的原因，采取收编措施。

——对工程施工过程中的投资支出做好分析与预测，经常或定期向业主提交项目投资控制及存在问题的报告。

技术措施

——对设计变更进行技术经济比较，严格控制设计变更；

——继续寻找通过设计挖潜节约投资的可能性；

——审核承包单位编制的施工组织设计，对主要施工方案进行技术经济分析。

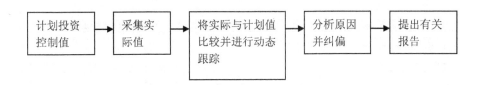

图 6-9 投资控制工作流程图

合同措施

——做好工程施工记录,保存各种文件图纸,特别是注有实际施工变更情况的图纸,注意积累素材,为正确处理可能发生的索赔提供依据。参与处理索赔事宜。

——参与合同修改、补充工作,着重考虑它对投资控制的影响。

**(4)监理工程师对施工图预算、进度款及结算的审核要点**

监理公司对施工图预算、进度款及结算的审核是投资控制的重要工作。审核施工预算是对项目的预控;审核进度款是控制阶段拨款;审核结算是最终核定项目的实际投资。

① 审核工程量

② 审查定额单价

——审查核算单价;

——审查补充单价。

③ 审查直接费

——预算表上所列的各分项工程名称、内容、做法、规格及计量单位,与单位估价表中所规定的内容是否相符;

——在预算表中是否错列已包括在定额内的项目,从而出现重复多算情况;或因漏列定额未包括的项目,而少算直接费的情况。

④ 审查间接费

——中央、省(自治区、直辖市)、市属国有企业与市、区、县、乡镇、街道属集体施工企业,在套用间接费定额时,是否符合各地区规定,是否集体企业套用全民企业定额标准;

——各种费用的计算基础是否符合规定;

——各种费用的费率是否按地区的有关规定计算;

——计划利润是否按国家规定标准计取,没有计取资格的施工企业不应计取;

——各种间接费采用是否正确合理;

——单项定额与综合定额有无重复计算情况。

**(5)工程量的计量**

① 工程计量的程序

——施工合同文本规定的程序;

——FIDIC 规定的工程计量程序。

② 工程计量的依据

——质量合格证书;

——工程量清单前言和技术规范;

——计量的几何尺寸要以设计图纸为依据。

③ 工程计量的方法

——均摊法;

——凭据法;

——估价法;

——断面法;

——图纸法;

——分解计量法。

#### 6.3.6.2 竣工决算

竣工决算是反映工程项目实际造价和为核定新增固定资产价值,考核分析投资效果,办理交付使用验收的依据。它是验收报告的重要组成部分。

**(1)编制竣工决算的依据**

——工程竣工报告和工程验收单;

——工程合同和有关规定;

——经审批的施工图预算;

——经审批的补充修正预算;

——预算外费用现场签证;

——材料、设备和其他各项费用的调整依据;

——以前的年度结算,当年结转工程的预算;

——有关定额、费用调整的补充规定;

——建设、设计单位修改或变更设计的通知单；
——建设、施工单位合签的图纸会审记录；
——隐蔽工程检查验收记录。

**(2) 竣工决算的编制方式**
——以施工图预算为基础进行竣工决算；
——以平方米造价指标为基础编制竣工决算；
——以包干价为基础编制竣工决算；
——以投标造价为基础编制竣工决算。

**(3) 竣工决算的编制方法和步骤**
① 竣工决算的编制方法
——原施工图预算增减变更合并法；
——分部分项工程重列法；
——跨年工程竣工决算造价综合法。
② 竣工决算的编制步骤

收集整理原始资料　原始资料调查包括原施工图预算中的分部分项工程是否全部完成；工程量、定额、单价、合价等各项数值有无错漏；施工图预算中的暂估单价，在竣工决算时是否核实；分包结算与原施工图预算有无矛盾等。

调整计算工程量　根据所有工程变更通知、验收记录、材料代用签证等原始资料，计算出应调整增加或减少的工程量。如果设计变动较多，原设计图纸修改较大，则要全部重新计算工程量。

选套预算定额单价、计算竣工决算费用
——原施工图预算直接费；
——调增部分直接费 = 调增部分的工程量 × 相应预算单价；
——调减部分直接费 = 调减部分的工程量 × 相应预算单价；
——单位工程竣工决算总直接费 = 原施工图预算直接费 + 调增部分直接费 − 调减部分直接费；
——单位建筑工程（土建）竣工决算总造价 = 竣工决算直接费 + 竣工决算间接费 + 材料价差 + 税金。

**(4) 编制竣工决算的要点**
——实事求是和双方密切配合；
——原始资料齐全；
——对竣工项目实地观察；

——竣工决算的审定和上报。

### 6.3.6.3　工程变更控制

在施工过程中，会出现多种多样的变化，如经常出现的工程内容变化、工程量变化、施工进度变化，此外还会发生发包方与承包方在执行合同中的争执等许多问题。由于工程变更引起工程内容和工程数量的变化，都可能使项目投资超出原来的预算投资。因此监理工程师为达到对投资的控制，对工程变更也更要严格地控制。

**(1) 对工程变更进行管理的意义**

在工程项目的实施过程中，我们经常碰到来自建设单位对项目要求的修改，设计方由于建设单位要求的变化或现场施工环境、施工技术的要求而产生的设计变更以及承包单位对施工组织设计进行更改。这些在工程项目实施过程中，按照合同约定的程序对部分或全部工程在材料、工艺、功能、构造、尺寸、技术指标、工程数量及施工方法等方面做出的改变，统称为工程变更。

工程变更通常与初始目标不一致，会打乱原来的施工方案和计划，使工程的质量、投资、进度控制目标受到不利影响。主要表现在：

① 工程变更易引起工程索赔。这对项目的投资目标控制不利，容易导致投资失控，因为工程造价是合同价与索赔额的总和。承包单位为了适应竞争日益激烈的建筑市场，通常在合同谈判时让步而在工程实施过程中通过索赔获取利益。

② 工程变更易引起停工、返工现象，会延迟项目的动用时间，对进度不利。工程变更不但引起工程量的变化，而且会导致施工顺序的改变，打乱原有的进度计划。

③ 频繁的变更还会增加监理工程师（建设单位方的项目管理）的组织协调工作量（协调会、联系会增多）。

④ 对合同管理和质量控制不利。

**(2) 工程变更的发生**

① 建设单位提出工程变更：建设单位在项目的实施过程中对于原建筑效果、功能提出修改，由设计单位编制设计变更文件，通过监理工程师

交承包单位实施工程变更；或建设单位由于对工程动用顺序的改变，要求承包单位提前进行某一单位工程的施工。

② 监理工程师指令变更：监理工程师根据工程的实际进展情况，可以直接发布变更指令要求承包单位执行。如果在承包单位提交后续的实施变更建议书后，又决定不进行变更，则承包单位为此产生的费用（包括设计、服务费）应得到补偿。

③ 承包单位提出变更要求：承包单位应按建设单位代表批准的施工文件和进度计划实施工程，不得随意变更设计。如果承包单位从双方利益出发，认为某一建议能导致降低工程施工、维护和运行费用，可以提高永久工程投产后的工作效率或价值，可能为建设单位带来其他利益等情况时，任何时候都可以提出变更建议。只有通过监理工程师批准后，才允许实施此类变更。

④ 设计单位提出变更要求：设计单位在提交设计文件、图纸后，发现原设计存在缺陷，编制设计变更文件后交建设单位，要求承包单位进行工程变更。

⑤ 政府部门要求的工程变更：由于城市功能、布局的调整，政府部门对原批准的文件提出新的要求，如对外墙立面的材料、色彩的要求变化。

**(3) 工程变更的管理手段**

工程变更产生的直接后果是引起索赔。监理工程师在工程变更发生后应有充分的准备，以便应对承包单位的施工索赔或者向承包单位进行反索赔。这就需要监理工程师借助一定的手段和工具，使得自己的工作标准化、规范化，积累丰富的项目原始资料，并及时有效地处理问题。

① 工程变更单：是监理工程师管理工程变更的有效工具，它使得项目管理工作标准化、系统化。工程变更单记录了有关单位对工程变更达成的一致意见，保证对工程变更认可的唯一性和合理性，能有效在防止承包单位的索赔。

② 工程现场的记录：在实施工程变更过程中，保存完整的现场施工记录是防止索赔的有效手段，是监理工程师审核索赔时的原始资料。现场记录的内容包括：

——工程变更中实际需要的工程材料和施工场地条件；

——土建、设备设计师的工程变更指令对工程进度、费用产生的实际影响；

——实际项目目标值的数据和内容及项目目标计划值的数据和内容；

——详细的材料、设备交付数据和工程进展的状态数据；

——质量不合要求的工作部位清单；

——实施工程变更所用的劳动力数量报表；

——工程变更实施过程中的天气状况；

——协商的分部工程进度计划报表；

——一些有争议的分项。

③ 来往信件：在工程变更的决策和实施过程中发生的来往信件也是监理工程师处理索赔的原始依据。保留所有的来往信件是监理工程师管理变更、防止索赔的有效手段。对来往信件的管理主要是：

——所有与索赔有关的信件必须全部拷贝给监理工程师；

——信件中有争议的陈述和描述都需要得到广泛的答复，因为任何信件都有可能成为索赔的一部分；

——来往的信件需作为档案、文件保存，监理工程师处理索赔时需要它们提供的依据；

——在赦的信件中，监理工程师应记录所有与合同的执行有关的重要内容，而不仅仅依赖于会议记录和现场施工日记。

**(4) 工程变更中监理工程师的任务**

——管理所有的工程变更单，包括专业监理工程师对工程变更单的论证、审核，总监理工程师对工程变更单的签发等；

——保留所有与工程变更有关的文件（来往信件、现场记录、会议记录、工程联系单）；

——检查、审核未经认可的工程变更；

——编制每月已认可和未经认可的工程变更情况报表；

——考虑因工程变更而产生的对计划、图纸的修正和更改措施；

——向建设单位提供工程变更对项目目标影

响的详细报表(包括费用、进度、项目使用、要求变化等的评估)。

### 6.3.6.4 施工费用索赔

**(1) 费用索赔概述**

监理规范认为,费用索赔是根据承包合同的约定,合同一方因另一方原因造成本方经济损失,通过监理工程师向对方索取费用的活动。费用索赔作为一种补偿要求,第一,发生在实际经济损失的前提下;第二,当事人在合同中,或根据法律及惯例,对造成经济损失的责任承担有约定;第三,经济损失的责任并非由于自己的过错,而是在合同中规定应由合同对方承担责任的情况造成的;第四,无论是承包单位向建设单位索赔,还是建设单位向承包单位的索赔,都应经过监理工程师。

① 费用索赔的作用

——保证合同的正常实施;
——落实和调整合同双方经济责任关系;
——维护合同当事人正当权益;
——促使工程造价更合理。

② 施工索赔分类(表6-4):无论如何分类,其根本都分为两大类:工期索赔和费用索赔。

表6-4 施工索赔分类表

| 类别 | 分类 | 内容 |
| --- | --- | --- |
| 1. 按索赔要求分类 | 1. 工期索赔 | 要求延长合同工期 |
| | 2. 费用索赔 | 要求追加费用,提高合同价格 |
| 2. 按合同类型分类 | 1. 总承包合同索赔 | 总承包商与业主之间的索赔 |
| | 2. 分包合同索赔 | 总承包商与分承包商之间的索赔 |
| | 3. 合伙合同索赔 | 合伙人之间的索赔 |
| | 4. 供应合同索赔 | 业主(或承包商)与供应商之间的索赔 |
| | 5. 劳务合同索赔 | 劳务供应商与雇用者之间的索赔 |
| | 6. 其他 | 向银行、保险公司的索赔等 |
| 3. 按索赔的起因分类 | 1. 业务违约 | 如业主未按合同规定提供施工条件(现场、道路、水电、图纸等),下达错误指令,未按合同支付工程款 |
| | 2. 合同变更 | 双方协商达成新的附加协议、修正案、备忘录、会谈纪要;业主下达指令修改设计、施工进度、施工方案;合同条款缺陷、错误、矛盾和不一致等 |
| | 3. 工程环境变化 | 如地质条件与合同规定不一致、物价上涨、法律变化、汇率变化 |
| | 4. 不可抗力因素 | 反常的气候条件、洪水、地震、政局变化、战争、经济封锁等 |
| 4. 按干扰事件的性质分类 | 1. 工期的延长或中断索赔 | 由于干扰事件的影响造成工程拖期或工程中断一段时间 |
| | 2. 工程变更索赔 | 干扰事件引起工程量增加、减少,增加新的工程变更施工次序 |
| | 3. 工程终止索赔 | 干扰事件造成被迫停止,并不再进行 |
| | 4. 其他 | 如货币贬值、汇率变化、物价上涨、政策、法律变化 |
| 5. 按处理方式分类 | 1. 单项索赔 | 在工程施工中,针对某一干扰事件,在该项索赔有效期内提出 |
| | 2. 总索赔(又叫一揽子索赔,综合索赔) | 将许多已提出但未获得解决的单项索赔集中起来,提出一份总索赔报告。通常在工程竣工前提出,双方进行最终谈判,以一个一揽子方案解决 |
| 6. 按索赔的合同依据分类 | 1. 合同中明示的索赔 | 索赔要求在合同中有文字依据 |
| | 2. 合同中默示的索赔 | 合同中虽无文字叙述,但根据某些条款可以推论出索赔权 |

**(2) 施工索赔的原因**

——建设单位违约；
——合同缺陷；
——施工条件变化；
——工程变更；
——工期拖延；
——监理工程师指令；
——国家政策及法律、法令变更；
——其他承包单位干扰；
——其他第三方原因，如银行、邮政、港口等。

**(3) 索赔程序**

索赔程序如图 6-10 所示。

① 索赔意向通知书：承包单位在施工合同规定的期限内向项目监理机构提交对建设单位的费用索赔意向通知书。

② 索赔的准备

——事态调查，即寻找索赔机会；
——损害事件原因分析，即分析这些损害事件是由谁引起的，它的责任应由谁来承担；
——索赔根据，即索赔理由，主要是指合同文件；
——损失调查，即为索赔事件的影响分析；
——收集证据；
——起草索赔申请表。

③ 索赔申请表递交：费用索赔申请表见表 6-5。

**表 6-5 费用索赔申请表**

工程名称：×××办公楼　　　编号：××—×××

致：×××建设监理公司(监理单位)：

根据施工合同条款第×条的规定，由于<u>非施工方</u>的原因，我方要求索赔金额(大写)<u>伍仟壹佰元</u>，请予以批准。

索赔的详细理由及经过：

我方按合同要求 7 月 1 日进场，施工及管理人员 20 人，机械设备推土机一台、装载机一台，并定于 7 月 3 日展开施工场地清理工作。但由于发生部分居民因种种原因阻拦施工的突然事件，致使我单位被迫停工 3 天，造成损失。

索赔金额的计算：

1. 施工、管理人员误工费：20 元/(人×天)×20 人×3 天 = 1200 元
2. 推土机停班费：800 元/台班×3 台班 = 2400 元
3. 装载机停班费：500 元/台班×3 台班 = 1500 元

三项合计 5100 元

附：证明材料

1. 当地派出所证明。
2. 现场拍摄组工照片。

承包单位(公章)：××建筑公司
项目经理(签字)：×××
日期：×年×月×日

注：本表由承包单位填写，一式三份，审核后建设、监理、承包单位各留一份。

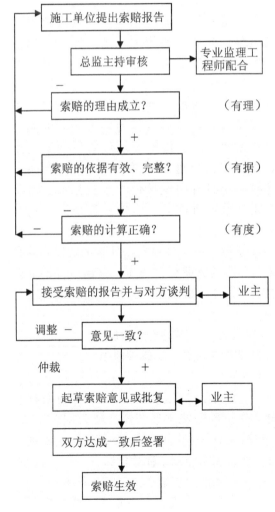

图 6-10　索赔程序图

④ 监理工程师审查索赔报告

第一，监理工程师审核承包单位的索赔申请；

第二，索赔成立条件：

——索赔事件造成了承包单位直接经济损失；

——索赔事件是由非承包单位的责任发生的；

——承包单位已按照施工合同规定的期限和程序提出费用索赔申请，并附有索赔凭证材料。

⑤ 监理工程师与承包单位协商补偿

⑥ 监理工程师索赔处理决定

项目监理机构处理费用索赔的依据

——国家有关的法律、法规和工程项目所在地的地方法规；

——本工程的施工合同文件；

——国家、部门和地方有关的标准、规范和定额；

——施工合同履行过程中与索赔事件有关的凭证。

监理工程师的索赔处理决定 总监理工程师在签署费用索赔审批表(表6-6)时，可以附一份索赔审查报告，作为费用索赔审批表的附件提供给有关单位。索赔审查报告可包括以下内容：

**表 6-6 费用索赔审批表**

工程名称：×××大厦　　　　编号：××—×××

致：×××建筑公司(承包单位)：

根据施工合同条款第32条、第35条的规定，你方提出文物保护措施费用索赔申请(第0107号)，索赔(大写)贰万伍仟元，经我方审核评估：

☐ 不同意此项索赔。

☑ 同意此项索赔，金额为(大写)壹万伍仟元。

附索赔费用计算书

同意/不同意索赔的理由：

1. 索赔理由正确；
2. 索赔事件有依据；
3. 索赔措施适当，报告及时。

索赔金额的计算：

经各方协商、核实，索赔金额壹万伍仟元。

项目监理机构(公章)：×××
专业监理工程师(签字)：×××
总监理工程师(签字)：×××
日期：×年 ×月 ×日

注：本表一式三份，建设、承包、监理单位各留一份。

——正文：受理索赔的日期，处理索赔工作的经过，确认索赔的理由及合同依据，经过调查、讨论、协商而确定的计算方法及由此而得出的索赔批准额和结论。

——附件：总监理工程师对该索赔的评价，承包单位的索赔报告及有关证据和资料。

⑦ 建设单位审查索赔处理：当监理工程师确定的索赔额超过其权限范围时，必须报请建设单位批准。

建设单位首先根据事件发生的原因、责任范围、合同条款审核承包单位的索赔申请和监理工程师的处理报告，再依据工程建设的目的、投资控制、竣工投产日期要求以及针对承包单位在施工中的缺陷或违反合同规定等的有关情况，决定是否批准监理工程师的处理意见，而不能超越合同条款的约定范围。如在承包单位索赔理由成立的前提下，如果监理工程师根据相应条款的规定，即同意给予一定的费用补偿，也批准延展相应的工期，而建设单位权衡了施工的实际情况和外部条件的要求后，可能不同意延展工期，而宁可给予承包单位增加费用补偿，要求其采取赶工措施，按期或提前完工，这样的决定只有建设单位才有权作出。索赔报告经建设单位批准后，监理工程师即可签发有关证书。

⑧ 承包单位对最终索赔处理的态度：承包单位接受最终的索赔处理决定，索赔事件的处理即告结束。如达不成谅解，承包单位有权提交仲裁解决。

**(4) 监理工程师对索赔的管理**

① 监理工程师索赔管理原则

公正原则

——必须从工程整体效益、工程总目标的角度出发作出判断或采取行动，使合同风险分配、干扰事件责任分担、索赔的处理和解决不损害工程整体效益和不违背工程总目标；

——按照法律规定(合同约定)行事；

——从事实出发，实事求是，按照合同的实际实施过程、干扰事件的实情、承包单位的实际损失和所提供的证据作出判断。

及时履行职责原则
——可以减少承包单位的索赔机会；
——制止干扰事件的影响扩大；
——在收到承包单位的索赔意向通知后应迅速作出反应，认真研究、密切注意干扰事件的发展；
——不及时地解决索赔问题将会加深双方的不理解、不一致和矛盾；
——不及时行事会造成索赔解决的困难，单个索赔集中起来，索赔积累起来，不仅给分析、评价带来困难，而且会带来新的问题，使问题复杂化。

协商一致原则

诚实信用原则

② 监理工程师对工程索赔的影响：监理工程师在某种意义上是建设单位的代表。

根据合同授权，监理工程师有处理索赔问题的权力。

——在承包单位提出索赔意向通知书以后，反驳承包单位不合理的索赔要求，或索赔要求中不合理的部分，可指令承包单位作出进一步解释，或进一步补充资料，提出审查意见，或审查报告。

——在监理工程师与承包单位共同协商确定给承包单位的工期和费用的补偿量达不成一致时，监理工程师有权单方面作出处理决定。

——对合理的索赔要求，监理工程师有权将它纳入工程进度付款中，出具付款证书，建设单位应在合同规定的期限内支付。

作为索赔争议的调解人。

在争执的仲裁和诉讼过程中作为见证人。

③ 监理工程师对索赔的审查

——审查索赔证据；

——审查工期延长要求；

——审查费用索赔要求。

④ 监理工程师对索赔的反驳与反索赔

对索赔的反驳　监理工程师通常可以对承包单位的索赔提出质疑的情况有：

——索赔事项不属于建设单位或监理工程师的责任，而是其他第三方的责任；

——建设单位和承包单位共同负有责任，承包单位必须划分和证明双方责任大小；

——事实依据不足；

——合同依据不足；

——承包单位未遵守意向通知要求；

——合同中的开脱责任条款已经免除了建设单位的补偿责任；

——承包单位以前已经放弃（明示或暗示）索赔要求；

——承包单位没有采取适当措施避免或减少损失；

——承包单位必须提供进一步的证据；

——损失计算夸大等。

反索赔

⑤ 监理工程师对索赔的预防和减少

——正确理解合同规定；

——做好日常监理工作，随时与承包单位保持协调；

——尽量为承包单位提供力所能及的帮助；

——建立和维护监理工程师处理合同事务的威信。

### 6.3.7　施工安全控制

**(1) 施工安全概念**

"生产必须安全，安全为了生产"，说明安全与生产并不矛盾，而是统一的，在施工过程中如果不重视安全生产，往往会发生重大伤亡事故，不仅工程不能顺利进行，而且会给建设单位及承建单位带来很大损失和在社会上造成不良影响；重视安全生产不仅能保证工程施工顺利地进行，而且还可获得良好的社会效益、经济效益和环境效益。因此监理工程师必须要重视安全控制。

**(2) 安全控制的主要内容**

安全控制的主要内容见表6-7所示。从表中可以看出安全生产既要管人，也要管物，还要管环境。

表6-7　安全生产控制内容

| 组成部分 | 控制对象 | 主要控制内容 |
| --- | --- | --- |
| 安全法规 | 劳动者 | 安全生产责任制、安全教育、伤亡事故调查与处理 |
| 安全技术 | 劳动手段和劳动对象 | 安全检查、安全技术管理 |
| 卫　生 | 环　境 | |

**（3）监理工程师在安全控制中的主要工作**

——协助承建单位贯彻、执行国家关于施工安全生产管理方面的方针、政策和规定，拟定安全生产管理规章制度和安全操作规程。从立法上、组织上加强安全生产的科学管理，实行专业管理和群众管理相结合。

——协助承建单位建立和完善有关安全生产制度，如安全责任制、安全管理制度、检查制度、教育制度和例会制度。

——审查施工组织设计、施工方案和施工技术措施，同时审核安全技术措施方案。

——审核施工中采用的新工艺、新结构、新材料、新设备等方案，同时审核有无相应的安全技术操作规章。

——在旁站监理中发现有事故隐患时，应督促有关人员限期解决；对违章瞎指挥，违章作业的应立即制止。

——针对施工现场不安全的因素，研究采取有效的安全技术措施，消除不安全的因素，预防伤亡事故的发生。为此要做好安全控制的监督检查工作，及时参与组织伤亡事故的调查分析和处理。

——研究施工过程中有损身体健康的职业病和职业性中毒的防范措施。

——重点控制"人的不安全行为"和"物的不安全状态"。

# 第7章 园林建设工程竣工验收管理

工程项目的竣工验收是施工全过程的最后一道程序，也是工程项目管理的最后一项工作。当工程竣工验收后，甲、乙双方办理结算手续，意味着合同关系终结。对于园林施工企业，工程竣工验收意味着完成了合同文件中规定的工程生产任务，并将园林产品交付给了建设单位；对于建设单位，工程竣工验收是将园林产品的使用权和管理权接收过来，意味着可以将园林工程项目目标物向游人开放，发挥其综合效益，这也是建设单位的最后一次把关。

## 7.1 园林建设工程竣工管理

### 7.1.1 园林工程竣工验收的概述

当园林建设工程按设计要求完成施工并可供开放使用时，承接施工单位就要向建设单位办理移交手续，这种交接工作就称为项目的竣工验收。因此竣工验收既是项目进行交接的必须手续，又是对建设项目的成果的工程质量（含设计与施工质量）、经济效益（含工期与投资金额等）等进行的全面考核与评估。

园林建设项目的竣工验收是园林建设全过程的一个阶段，它是由投资成果转入为使用、对公众开放、服务于社会、产生效益的一个标志。因此，竣工验收对促进建设项目尽快投入使用、发挥投资效益、全面总结建设过程的经验都具有很重要的意义和作用。

竣工验收一般是在整个建设项目全部完成后进行一次集中验收，也可以分期分批地组织验收，即对一些分期建设项目、分项工程在其建成后，只要相应的辅助设施能予以配套，并能够正常使用的，就可组织验收，以使其早发挥投资效益。因此，凡是一个完整的园林建设项目，或是一个单位工程建成后达到正常使用条件的就应及时地组织竣工验收。

### 7.1.2 竣工验收的依据和标准

**(1) 竣工验收的依据**

① 上级主管部门审批的计划任务书、可行性研究报告、各种设计文件、施工图纸和设计说明书等。

② 工程有关招投标文件和双方签订的工程项目合同。

③ 施工图纸设计和说明书、图纸会审和技术交底记录、施工过程中的工程变更签证和技术核定单、工程中间交工验收签证单等；有关工程施工记录（包括监理记录）及其工程施工过程所使用的各类材料、构件、机具设备等的质量合格文件及其验收文件。

④ 国家和行业颁布的现行各种园林工程（如土建、安装、道路、绿化等）施工和验收标准、规范、工程质量检验评定标准。

⑤ 符合交工条件的已完工程竣工图。

**(2) 竣工验收的标准**

建设项目竣工验收，主要由建设项目业主负责组织现场检查、收集与整理各种文件资料。同时，工程设计单位、工程施工单位、工程监理单位、设备制造单位都要按合同要求提供项目实施过程中的原始记录、工作总结、竣工图和完整的资料，并对合同执行情况进行总结、提供相关设计图资料。园林工程竣工验收应符合下列要求：

① 工程项目根据合同的规定和设计文件的要求已经全部施工完毕，达到规定的质量标准，能够满足绿地开放与使用要求。

② 环境保护设施、劳动安全卫生设施、消防设施已按设计要求与主体工程同时建成并经有关部门验收合格并可交付使用。施工现场已经全面竣工清理，符合验收要求。

③ 建设项目要求的勘察设计、施工、监理等单位签署确认的工程质量合格文件，工程使用的主要建筑材料、构配件和设备的进场证明及试验报告等工程竣工资料齐全，并且已经按照要求整理归档，可方便查阅。

园林建设项目涉及多种门类、多种专业，且要求的标准也各异，加之其艺术性强，故很难形成国家统一标准。因此园林工程项目竣工验收时，应从以下几方面考虑：

① 某些工程可遵循现行建设工程质量验收体系规范，借鉴工程质量标准的主要内容进行验收，如建筑、土建、供电照明、给排水、雕塑等。

② 一些工程可借鉴相关行业标准，精选补充现行标准，如园路、园桥、园林小品等。

③ 一些工程依据现行的工程施工及其验收规范，如园林绿化种植工程。

④ 区分强制性标准与推荐性标准。采用将工程分解成若干部分，再选用相应或相近工程的标准进行。

以下是园林各类工程的验收标准。

**土建工程的验收标准** 凡园林工程、游憩、服务设施及娱乐设施等建筑应按照设计图纸、技术说明书、验收规范及建筑工程质量检验评定标准验收，并应符合合同所规定的工程内容及合格的工程质量标准，不论是游憩性建筑还是娱乐、生活设施建设，不仅建筑物室内工程要全部完工，而且室外工程的明沟、踏步斜道、散水以及应平整建筑物周围场地，都要清除障碍物，并达到水通、电通、道路通。

**安装工程的验收标准** 施工项目内容、技术质量要求及验收规范要达到设计的要求，完成规定的各道工序。各项设备、电气、登记表、通信等工程项目全部安装完毕，经过单机、联动无负荷试车，全部符合安装技术的质量要求，能够正常运转达到设计能力，如喷泉能够按要求进行工作。

**绿化工程验收标准** 施工项目内容、技术质量要求及验收规范和质量应达到设计要求、验收标准的规定及各工序质量的合格要求。如树木和花草品种质量、种植穴、槽的地点规格大小，草坪地和花卉地的整地、施肥、栽植方式符合要求；乔、灌木的成活率达到95%以上（强酸性土、强碱性土及干旱地区，各类树木成活率不应低于85%），珍贵和孤植树应保证成活，各种花卉、草坪生长茂盛，无杂草，种植成活率应达到95%；种植的植物材料的整形修剪符合设计要求，草坪铺设的质量、花坛的类型、纹样等要符合设计要求；绿地附属设施工程的质量验收应符合《建筑工程施工质量验收统一标准》GB 50300—2001的有关规定等。

### 7.1.3 竣工验收的准备工作

竣工验收前的准备工作，是竣工验收工作顺利进行的基础，承接施工单位、建设单位、设计单位和监理工程师均应尽早做好准备工作，其中承接施工单位和监理工程师的准备工作尤为重要。

#### 7.1.3.1 承接施工单位的准备工作
**(1) 施工现场收尾工作**

工程所有项目完工后，施工单位要全面准备工程的交工验收工作。对收尾工程的尾工，特别是零星分散、易被忽视的地方要尽快完成，以免影响整个工程的全面竣工验收。验收前要做好现场的清理工作，这些工作主要包括：

——园林建筑辅助脚手架的拆除；
——各种建筑或砌筑工程废料、废物的清理；
——水体水面清洁及水岸整洁处理；
——栽植点、草坪的全面清洁工作；
——各种置石、假山和小品施工碎物的清理；
——园路工程沿线的清扫；

——临时设施的清理；
——其他要清理的地方。

清理现场时，要注意施工现场的整体性，不得损坏已完工的设施，不得伤及新植树木花草，各种废料垃圾要择点堆放，对能继续利用的施工剩余物要清点入库。

做完上述工作后，施工单位应先进行自检，一些功能性设施和景点要预先检测，如给排水、喷泉工程等。

**（2）工程档案资料的汇总整理**

工程档案是园林工程的永久性技术资料，是园林工程项目竣工验收的主要依据。因此，档案资料的准备必须符合有关规定及规范的要求，必须做到准确、齐全，能够满足园林建设工程进行维修、改造和扩建的需要。工程档案资料一般包括以下内容：

——部门对该工程的有关技术规定文件；
——竣工工程项目一览表，包括名称、位置、面积、特点等；
——地质勘察资料；
——工程竣工图、工程设计变更记录、施工变更洽谈记录、设计图纸会审记录；
——永久性基准点位置坐标记录，建筑物、构筑物沉降观察记录；
——新工艺、新材料、新技术、新设备的试验、验收和鉴定记录；
——工程质量事故发生情况和处理记录；
——建筑物、构筑物、设备使用注意事项文件；
——竣工验收申请报告、工程竣工验收报告、工程竣工验收证明书、工程养护与保修证书等。

**（3）施工自验**

施工自验是施工单位资料准备完成后在项目经理组织领导下，由生产、技术、质量、预算、合同和有关的工长或施工员组成预验小组，根据国家或地区主管部门规定的竣工标准、施工图和设计要求，对竣工项目分段、分层、分项地逐一进行全面检查。预验小组成员按照自己所主管的内容进行自检，做好记录，对不符合要求的部位和项目，要制定修补处理措施和标准，并限期修补好。施工单位在自检的基础上，对已查出的问题全部修补处理完毕后，项目经理应报请上级再进行复检，为正式验收做好充分准备。

园林工程中的竣工验收检查主要有以下方面的内容：

——对园林建设用地内进行全面检查；
——对场区内外邻接道路进行全面检查；
——临时设施工程；
——整地工程；
——管理设施工程；
——服务设施工程；
——园路铺装；
——运动设施工程；
——游乐设施工程；
——绿化工程（主要检查乔木栽植作业、灌木栽植、移植工程、地被植物栽植等）。包括对照设施图纸，是否按设计要求施工，检查植株数有无出入；支柱是否牢靠，外观是否美观；有无枯死的植株；栽植地周围的整地状况是否良好；草坪的栽植是否符合规定；草皮和其他植物或设施的接合是否美观。

**（4）编制竣工图**

竣工图是如实反映施工后园林工程现状的图纸，它是工程竣工验收的主要文件。园林施工项目在竣工前，应及时组织有关人员测定和绘制竣工图，以保证工程档案的完备和满足维修、管理养护、改造或扩建的需要。

① 竣工图编制的依据：编制的依据包括施工中未变更的原施工图、设计变更通知书、工程联系单、施工洽商记录、施工放样资料、隐蔽工程记录和工程质量检查记录等原始资料。

② 竣工图编制的要求

——施工中未发生设计变更，按图施工的施工项目，应由施工单位负责在原施工图纸上加盖"竣工图"标志，可作为竣工图使用。

——施工过程中有一般性的设计变更，即没有较大结构性的或重要管线等方面的设计变更，而且可以在原施工图上进行修改和补充，可不再绘制新图纸，由施工单位在原施工图纸上注明修改和补充后的实际情况，并附以设计变更通知书，设计变更记录和施工说明,然后加盖"竣工图"标志,亦可作为竣工图使用。

——施工过程中凡有重大变更或全部修改的,如结构形式改变、标高改变、平面布置改变等,不宜在原施工图上进行补充时,应重新实测,绘制竣工图,施工单位负责人在新图上加盖"竣工图"标志,并附上记录和说明作为竣工图。

——竣工图必须做到与竣工的工程实际情况完全吻合,不论是原施工图还是报机关绘制的竣工图,都必须是新图纸,必须保证绘制质量,完全符合技术档案的要求,坚持竣工图的校对、审核制度。重新绘制的竣工图,一定要经过施工单位主要技术负责人的审核签字。

**(5) 进行工程与设备的试运转和试验的准备工作**

一般包括:安排各种设施、设备的试运转和考核计划;各种游乐设备尤其关系到人身安全的设施,如缆车等的安全运行应是试运行和试验的重点;编制各运转系统的操作规程;对各种设备、电气、仪表和设施做全面的检查和校验;进行电气工程的全面负责试验,管网工程的试水、试压试验;喷泉工程试水等。

### 7.1.3.2 监理工程师的准备工作

对园林建设项目进行监理的监理工程师,先应提交验收计划,计划内容分竣工验收的准备、竣工验收、交接与收尾3个阶段的工作。每个阶段都应明确其时间、内容及标准。该计划应事先征得建设单位、施工单位及设计等单位的意见,并达到一致。

**(1) 整理、汇集各种经济与技术资料**

总监理工程师于项目正式验收前,指示其所属的各专业监理工程师,按照原有的分工,对各自负责管理监理监督的项目的技术资料进行一次认真的清理。大型的园林工程项目的施工期往往是1~2年或更长的时间,因此必须借助以往收集的资料,为监理工程师在竣工验收中提供有益的数据和情况,其中有些资料将用于对承接施工单位所编的竣工技术资料的复核、确认和办理合同责任、工程结算和工程移交。

**(2) 拟定竣工验收条件、验收依据和验收必备技术资料**

这是监理单位必须要做的又一重要准备工作。监理单位应将上述内容拟定好后发给建设单位、施工单位、设计单位及现场的监理工程师。

① 竣工验收条件

——合同所规定的承包范围的各项工程内容均已完成。

——各分部、分项及单位工程均已由承接施工单位进行了自检自验(隐蔽的工程已通过验收),且都符合设计和国家施工及验收规范、工程质量检验评定标准、合同条款的规范等。

——电力、上下水、通信等管线均与外线接通、联通试运行,并有相应的记录。

——竣工图已按有关规定如实绘制,验收的资料与图纸齐全,竣工技术档案按档案部门的要求进行整理。对于大型园林建设项目,为了尽快发挥园林建设成果的效益,也可分期、分批地组织验收,陆续交付使用。

② 竣工验收必备的技术资料:大中型园林建设工程进行正式验收时,往往是由验收委员会(验收小组)进行验收,而验收委员会的成员经常要先进行中间验收或隐蔽工程验收等,以全面了解工程的建设情况。为此,监理工程师与承接施工单位应主动配合验收委员会的工作,对验收委员会提出的质疑,应给予解答。需向验收委员会提供的主要技术资料如下:

——竣工图;

——分项、分部工程检验评定的技术资料(如果是对一个完整的建设项目进行竣工验收,还应有单位工程竣工验收的技术资料)。

③ 竣工验收的组织:一般园林建设工程项目多由建设单位邀请设计单位、质量监督及上级主管部门组成验收小组进行验收。工程质量由当地工程质量监督站核定质量等级。

### 7.1.4 竣工验收的程序

#### 7.1.4.1 竣工项目的预验收

竣工项目的预验收,是在施工单位完成自验

并认为符合正式验收条件，在申报工程验收之后和正式验收之前的这段时间内进行的。委托监理的园林工程项目，总监理工程师应组织其所有专业监理工程师来完成。竣工验收预验收要吸收建设单位、设计单位、质量监督人员参加，而施工单位也必须派人配合竣工验收工作。

由于竣工预验收的时间长，又多是各方面派出的专业技术人员，因此对于验收中发现的问题多在此时解决，为正式验收创造条件。为做好竣工预验收工作，总监理工程师要提出一个预验收方案，这个方案含预验收需要达到的目的和要求、预验收的重点、预验收的组织分工、预验收的主要方法和主要检测工具等，并对参加预验收的人员进行必要的培训，使其明确以上内容。

预验收工作大致可分为以下两大部分：

**(1) 竣工验收资料的审查**

① 技术资料主要审查的内容：工程资料是园林建设工程项目竣工验收的重要依据之一。认真审查技术资料，不仅是满足正式验收的需要，也是为工程档案资料的审查打下基础。技术资料的主要内容如下：工程项目的开工报告，工程项目的竣工报告，图纸会审及设计交底记录，设计变更通知单，技术变更核定单，工程质量事故调查和处理资料，水准点位置、定位测量记录，材料、设备、构件的质量合格证书，试验、检验报告，隐蔽工程记录，施工日志，竣工图，质量检验评定资料，工程竣工验收有关资料。

② 技术资料的审查方法

审阅　边看边查，把有不当的及遗漏或错误的地方记录下来，然后再对重点仔细审阅，作出正确判断，并与承接施工单位协商更正。

校对　监理工程师将自己日常监理过程中所积累的数据、资料，与施工单位提交的资料一一校对，凡是不一致的地方都记载下来，然后再与承接施工单位商讨，如果仍然不能确定，再与当地质量监督站及设计单位核定。

验证　若出现几个方面资料不一致而难以确定时，可重新测量实物予以验证。

**(2) 工程竣工的预验收**

园林工程的竣工预验收，在某种意义上说，比正式验收更为重要。因为验收时间短促，不可能详细、全面地对工程项目一一查看，而主要依靠对工程项目的预验收来完成。因此所有参加预验收的人员均要有高度的责任感，并在可能的检查的范围内，对工程数量、质量进行全面地确认，特别对那些重要部位、易于遗忘检查的部位都应分别登记造册，作为预验收的成果资料，提供给正式验收中的验收委员会参考和承接施工单位进行整改。

预验收主要进行以下几方面工作：

① 组织与准备：参加预验收的监理工程师和其他人员，应按专业或区段分组，并指定负责人。验收检查前，先组织预验收人员熟悉有关验收资料，制定检查方案，并将检查项目的各子项目及重点检查部位以表或图列示出来，同时准备好工具、记录、表格，以供检查中使用。

② 组织预验收：检查中，分成若干专业小组进行，按天定出各自工作范围，以提高效率并可避免相互干扰。园林建设工程的预验收，全面检查各分项工程检查方法有以下几种：

直观检查　直观检查是一种定性的、客观的检查方法，采用手摸眼看的方式，有丰富经验和掌握标准熟练的人员才能胜任此工作。

测量检查　对上述能实测实量的工程单位都应通过实测实量获得真实数据。

点数　对各种设施、器具、配件、栽植苗木应一一点数、查清、记录，如有遗缺不足的或质量不符合要求的，都应通知承接施工单位补齐或更换。

操作检查　实际操作是对功能和性能进行检查的好办法，对一些水电设备、游乐设施等应进行启动检查。

上述检查之后，各专业组长应向总监理工程师报告检查验收结果。如果查出的问题较多、较大，则应指令施工单位限期整改，并再次进行复验。如果存在的问题仅属一般性的，除通知承接施工单位抓紧整修外，总监理工程师即应编写预验报告一式三份；一份交施工单位供整改用；一份备正式验收时转交验收委员会；一份由监理单位自存。这份报告除文字论述外，还应附上全部预验收检查的数据。与此同时，总监理工程师应填写竣工验收申请报告送项目建设单位。

### 7.1.4.2 正式竣工验收

正式竣工验收是由国家、地方政府、建设单位以及单位领导和专家参加的最终整体验收，大中型园林建设项目的正式验收，一般由竣工验收委员会的主任主持，具体的事务性工作可由总监理工程师来组织实施。正式竣工验收的工作程序如下。

**(1) 准备工作**

① 向各验收委员会单位发出请柬，并书面通知设计、施工及质量监督等到有关单位；

② 拟定竣工验收的工作议程，报验收委员会主任审定；

③ 选定会议地点；

④ 准备发一套完整的竣工和验收的报告及有关技术资料。

**(2) 正式竣工验收程序**

① 由各验收委员会主任主持验收委员会会议。会议首先宣布验收委员会名单，介绍验收工作议程及时间安排，简要介绍工程概况，说明此次竣工验收工作的目的、要求及做法。

② 由设计单位汇报设计施工情况及对设计的自检情况。

③ 由施工单位汇报施工情况以及自检自验情况。

④ 由监理工程师汇报工程监理的工程情况和预验收结果。

⑤ 在实施验收中，验收人员可先后对竣工验收技术资料及工程实物进行验收检查，也可分为两组，分别对竣工验收的技术资料及工程实物进行验收检查，在检查中可吸收监理单位、设计单位、质量监督人员参加。在广泛听取意见、认真讨论的基础上，统一提出竣工验收的结论意见，如无异议，则予以办理竣工验收证书和工作验收鉴定书。

⑥ 验收委员会主任或副主任宣布验收委员会的验收意见，举行竣工验收证书和鉴定书的签字仪式。

⑦ 建设单位代表发言。

⑧ 验收委员会会议结束。

### 7.1.4.3 工程质量验收方法

园林建设工程质量的验收是按工程合同规定的质量等级，遵循现行的质量评定标准，采用相应的手段对工程分阶段进行质量认可与评定。

**(1) 隐蔽工程验收**

隐蔽工程是指那些施工过程中上一工序的工作结束，被下一工序所掩盖，而无法进行复查的部位，例如种植坑、直埋电缆等管网。因此，对这些工程在下一工序施工以前，现场监理人员应按照设计要求、施工规范，选取必要的检查工具，对其进行检查验收。如果符合设计要求及施工规范规定，应及时签署隐蔽工程记录交承接施工单位归入技术资料；如不符合有关规定，应以书面形式告诉施工单位，令其处理，处理符合要求后再进行隐蔽工程验收与签证。

隐蔽工程验收通常结合质量控制中技术复核、质量检查工作进行，重要部位改变时可摄影以备参考。隐蔽工程验收项目和内容见表 7-1。

表 7-1 隐蔽工程验收项目和内容

| 项目 | 验收内容 |
|---|---|
| 基础工程 | 地质、土质、标高、断面、桩的位置数量、地基、垫层等 |
| 混凝土工程 | 钢筋的品种、规格、数量、位置、开头焊缝接头位置、预埋件数量及位置以及材料代用等 |
| 防水工程 | 屋面、水池、水下结构防水层数、防水处理措施等 |
| 绿化工程 | 土球苗木的土球规格、裸根苗的根系状况；种植穴规格；施基肥的数量；种植土的处理等 |
| 其他 | 管线工程、完工后无法进行检查的工程等 |

**(2) 分项工程验收**

对于重要的分项工程，监理工程师应按照合同的质量要求，根据该分项工程施工的实际情况，参照质量评定标准进行验收。

在分项工程验收中，必须按有关验收规范选

择检查点数，然后计算出基本项目和允许偏差项目的合格或优良的百分比，最后确定该分项工程的质量等级，从而确定能否验收。

**(3) 分部工程验收**

根据分项工程质量验收结论，参加分部工程质量标准，可得出该分部工程的质量等级，以便决定可否验收。

**(4) 单位工程竣工验收**

通过对分项、分部工程质量等级的统计推断，再结合对质保资料的核查和单位工程质量观感评分，便可系统地对整个单位工程作出全面的综合评定，从而评定是否达到合同所要求的质量等级，进而决定能否验收。

### 7.1.4.4 园林工程竣工验收实务

园林工程按上述的要求准备验收材料后，施工方要会同建设方、设计方、监理方一起对工程进行全面的验收。其程序一般是：施工方提出工程验收申请→确定竣工验收的方法→绘制竣工图→填报竣工验收意见书→编写竣工报告→资料备案。

**(1) 施工方提出竣工验收申请**

施工方根据已确定的验收时限，向建设方、设计方、监理方发出竣工验收申请函和工程报审单。填好表后，要写一份竣工验收总结，一同交参加验收的单位。

① 工程竣工验收报审单：如右图。

② 工程竣工验收总结：例见下文。

_____市_____工程位于_____，总面积_____hm²，该项目是_____市城建的重点工程，同时也是利用国债建设_____工程项目的景观工程子项目。主要工程项目为土方工程、绿化种植工程。本标段有较多的土方工程量，绿化苗木大、中、小规格相互搭配，其中胸径达_____cm 以上的阔叶大乔木_____株；大规格棕榈科乔木_____株；中等规格乔木_____株；地被植物_____万株；铺草坪_____万m²，加上_____大酒店的新增绿地的种植任务，整个工程工期紧、任务重、交叉施工单位多，特别是雨季施工车辆进出极为困难，给施工带来了一定的难度。项目部在上级领导的指导下，克服困难，合理组织施工工序，精心安排，高质、高效地完成了重点工程的施工任务。

在本次施工中，由于绿化施工与各部门交叉施工场地多，情况复杂。针对这一问题，项目部积极做好协调工作，认真对各分项施工方案进行推敲，由于绿化施工带有明显的时间性、季节性特点，项目部发挥绿化整体施工优势，成立植物材料组、施工组、养护组等8个部门，明确各部门职责，严格按监理程序进行施工，整个绿化工程做到随到随种，及时养护，同时对于较复杂的苗木及地形处理，采取人工和机械相结合的施工措施，保证了施工的质量。整个施工工程中，共投入机械台班_____余次，劳动力_____万余人次，种植了乔灌木_____余株，地被_____万m²，达到了上级领导对整个工程绿化、美化、生态化的要求，得到了上级领导和广大市民的一致好评。

在抓质量、赶进度的同时，项目部还做好了在市区中心的文明施工措施，严把文明关，对施工车辆进出工地的噪声、垃圾进行了处理。施工人员持证上岗，对工地纪律都做了严格的规定，并有专人落实检查，整个施工期间没有出现一起因

| 工程名称： | 中标号： | 编号： |
|---|---|---|

| 致：_____监理工程公司或<br>_____园林局_____工程监理处<br>我方已按合同要求完成了情况_____工程（标号：____<br>____）的施工任务，请予以检查和验收。<br>　附：_____工程验收办法<br><br>　　　　　　　　　　　工程承包单位（章）：_____<br>　　　　　　　　　　　项目经理（签字）：_____<br>　　　　　　　　　　　日期：_____ |
|---|
| 审查意见<br><br><br>　　　　　　　　　　　项目监理机构（章）：<br>　　　　　　　　　　　总监理工程师（签字）：_____<br>　　　　　　　　　　　日期：_____ |

文明施工不到位而引发的投诉事件，以行动确保了施工质量和管理目标。

通过_____个月的施工，绿化工程我方标段已全部施工完毕，乔灌木、地被种植搭配合理，长势良好。通过我方自检，已达到了优良竣工的要求，各项质检资料也同步完成。

_____园林绿化工程有限责任公司<br>年　月　日

**（2）确定竣工验收办法**

必须竣工验收的四方应依据国家或地方的有关验收标准及合同规定的条件，制定出竣工验收的具体办法，并予以公布。验收时即按此办法进行验收。

**（3）绘制竣工图**

工程在施工过程中，由于园址施工条件的差异，或者原设计图需要改动等使图纸发生了变化，工程完成后要将这些改动标于图上，连同其他修改文字资料经确认后，作为竣工验收的材料。

**（4）填报竣工验收意见书**

验收人根据施工方提供的材料对工程进行全面认真细致的验收，然后填写"竣工验收意见书"。

**（5）编写竣工报告**

竣工报告是工程交工前一份重要的技术文件，由施工单位汇同建设单位、设计单位等一同编制。报告中要重点阐明项目建设的基本情况、工程验收机构组成、工程验收的内容、验收的程序及验收方法等，并要按照规定的格式编制（表7-2）。

**（6）竣工资料备案**

项目验收后，要将各种资料汇成表作为该工程竣工验收备案。

表7-2　工程竣工验收报告

| 工程名称 | | 标段 | |
|---|---|---|---|
| 实物工作量 | | | |
| 施工单位名称 | | | |
| 勘察单位名称 | | | |
| 设计单位名称 | | | |

（续）

| 监理单位名称 | | | |
|---|---|---|---|
| 工程报监时间 | 年 月 日 | 开工时间 | 年 月 日 |
| 工程造价 | | | |
| 工程概况 | | | |
| 对勘察单位评价： | | | |
| 对设计单位评价： | | | |
| 对施工单位评价： | | | |
| 对监理单位评价： | | | |
| 建设单位执行基本建设程序情况： | | | |
| 工程竣工验收意见： | | | |
| 工程质量等级（如有多个单位工程，可不填） | | | |
| 工程竣工验收结论： | | | |
| 注：结论应填写是否符合国家质量标准；能否同意使用！ | | | |
| 竣工验收组成员（签章）： | | | |
| 建设单位（项目）负责人（签章）：<br><br>（公章）<br>年　月　日 | | | |

## 7.2 园林建设工程竣工后管理

### 7.2.1 园林工程质量的评定

按照我国现行标准，分项、单项、项目工程质量的评定等级分为"合格"与"优良"两级。因此，监理工程师在工程质量的评定验收中，只能按合同要求的质量等级进行验收。国内园林建设工程质量等级由当地工程质量监督站或上级业务主管部门核定。

#### 7.2.1.1 工程质量等级标准

**(1) 分项工程的质量等级标准**

① 合格

——保证项目必须符合相应质量评定标准的规定。基本项目抽检处应符合相应质量评定的合格规定。

——允许偏差项目抽检的点数中，土建工程有70%及其以上，设备安装工程有80%及其以上的实测值在相应质量评定标准的允许偏差范围内，其余的实测值应基本达到相应质量评定标准的规定。而植物材料的检查有的是凭植株数，如各种乔木；有的则凭完工形状，如草、花、竹类、沿阶草等。

② 优良：保证项目必须符合质量检验评定标准的规定。基本项目每项抽检应符合相应质量检验评定标准的合格规定，其中50%及其以上符合优良规定，该项规定为优良；优良项数占抽检项数50%及其以上，该检验项目即为优良。允许偏差项目抽检的点数中，有90%及其以上的实测值在相应质量标准的允许偏差范围内，其余的实测值也应基本达到相应质量评定标准的规定。

**(2) 单项工程质量等级标准**

① 合格：所含分项的质量全部合格。

② 优良：所含分项的质量全部合格，其中50%及其以上为优良。

**(3) 项目工程质量等级标准**

① 合格：所含分部工程全部合格。质量保证资料应符合规定。观感质量的评分得分率达到70%及其以上。

② 优良：所含各分部的质量全部合格，其中有50%及其以上优良。质量保证资料应符合规定。观感得分率达到85%及其以上。

#### 7.2.1.2 工程质量的评定

对于分项工程的质量评定，由于涉及单项工程、项目工程的质量评定和工程能否验收，所以监理工程师在评定过程中应做到认真细致，以确定能否验收。按现行工程质量检验评定标准，分项工程的评定主要有以下内容：

**(1) 保证项目**

保证项目是涉及园林建设工程结构安全或重要使用性能的分项工程，它们应全部满足标准规定的要求。

**(2) 基本项目**

基本项目对园林建设成果的使用要求、使用功能、美观等都有较大影响，必须通过抽查来确定是否合格，是否达到优良的工程内容，它在分项工程质量评定中的重要性仅次于保证项目。

基本项目的主要内容如下：

——允许有一定的偏差项目，但又不宜纳入允许偏差项目，因此在基本项目中用数据规定"优良"和"合格"的标准。

——对不能确定偏差值而又允许出现一定缺陷的项目，则以缺陷的数量来区分"优良"和"合格"。

——采用不同影响部位区别对待的方法来划分"优良"和"合格"。

——用程度来区分项目的"优良"和"合格"。当无法定量时，就用不同程度的措辞来区分"优良"和"合格"。

**(3) 允许偏差项目**

允许偏差项目是结合对园林建设工程使用功能、观感等的影响程度，根据一般操作水平允许有一定的偏差，但偏差值在一定范围内的工作内容。

允许偏差值的数据有以下几种情况：

——有"正"、"负"要求的数值；

——偏差值无"正"、"负"概念的数值，直接

注明数字,不标符号;
——要求大于或小于某一数值;
——要求在一定范围内的数值;
——采用相对比例值确定偏差值。

### 7.2.2 工程项目移交

园林工程的移交,主要包括工程移交和技术资料移交两大部分内容。

#### 7.2.2.1 工程移交

一个园林工程项目虽然通过竣工验收,并且有的工程还获得验收委员会的高度评价,但实际中往往会或多或少地存在一些漏项以及工程质量方面的问题。因此监理工程师要与承接施工单位协商一个有关工程收尾的工作计划,以便确定正式办理移交。由于工程移交不能占用很长的时间,因而要求施工单位在办理移交工作中力求使建设单位的接管工作简便。当移交清点工作结束后,监理工程师签发工程竣工交接证书(表7-3)。签发的工程交接书一式三份,建设单位、承接施工单位、监理单位各一份。工程交接结束后,承接施工单位即应按照合同规定的时间抓紧完成对临建设施的拆除和施工人员及机械的撤离工作,并做到工完场地清。

表7-3 竣工移交证书

| 工程名称: | 合同号: | 监理单位: |
| --- | --- | --- |
| 致建设单位_____:<br>兹证明_____号竣工报验单所报工程已按合同和监理工程师的指标完成,从_____开始,该工程进入保修阶段。<br>附注:(工程缺陷和未完成工程) | | |
| | 监理工程师: | 日期: |
| 总监理工程师的意见: | | |
| | 签名: | 日期: |

注:本表一式三份,建设单位、承接施工单位和监理单位各一份。

#### 7.2.2.2 技术资料移交

园林建设工程的主要技术资料是工程档案的重要部分,因此在正式验收时应提供完整的工程技术档案。由于工程技术档案的严格要求,内容又很多,往往不仅是承接施工单位一家的工作,所以常常只要求承接施工单位提供工作技术档案的核心部分,而整个工程档案的归整、装订则留在竣工验收结束后,由建设单位、承接施工单位和监理工程师共同来完成。在整理工程技术档案时,通常是建设单位与监理工程师将保存的资料交给承接施工单位来完成,最后交给监理工程师校对审阅,确认符合要求后,再由承接施工单位档案部门按要求装订成册,统一验收保存。此外,在整理档案时一定要注意份数备足。具体内容见表7-4。

表7-4 移交技术资料内容一览表

| 工程阶段 | 移交档案资料内容 |
| --- | --- |
| 项目准备<br>施工准备 | 1. 申请报告,批准文件<br>2. 有关建设项目的决议、批示及会议记录<br>3. 可行性研究、方案论证资料<br>4. 征用土地、拆迁、补偿等文件<br>5. 工程地质(含水文、气象)勘察报告<br>6. 概预算<br>7. 承包合同、协议书、招投标文件<br>8. 企业执照及规划、园林、消防、环保、劳动等部门审核文件 |
| 项目施工 | 1. 开工报告<br>2. 工程测量定位记录<br>3. 图纸会审、技术交底<br>4. 施工组织设计<br>5. 基础处理、基础工程施工文件、隐蔽工程验收记录<br>6. 施工成本管理的有关资料<br>7. 工程变更通知单、技术核定单及材料代用单<br>8. 建筑材料、构件、设备质量保证单及进场试验单<br>9. 栽植的植物材料名单、栽植地点及数量清单<br>10. 各类植物材料已采取的养护措施及方法<br>11. 假山等非标工程的养护措施及方法<br>12. 古树名木的栽植地点、数量、已采取的保护措施 |

(续)

| 工程阶段 | 移交档案资料内容 |
|---|---|
| 项目施工 | 13. 水、电、暖、气等管线及设备安装施工记录和检查记录<br>14. 工程质量事故的调查报告及所采取措施的记录<br>15. 分项、单项工程质量评定记录<br>16. 项目工程质量检验评定及当地工程质量监督站核定的记录<br>17. 其他(如施工日志等)<br>18. 竣工验收申请报告 |
| 竣工验收 | 1. 竣工项目的验收报告<br>2. 竣工决算及审核文件<br>3. 竣工验收的会议文件<br>4. 竣工验收质量评价<br>5. 工程建设的总结报告<br>6. 工程建设中的照片、录像以及领导、名人的题词等<br>7. 竣工图(含土建、设备、水、电、暖、绿化种植等) |

## 7.2.3 工程回访

园林工程项目交付使用后,在一定期限内施工单位应到建设单位进行回访,对该项工程的相关内容实行养护管理和维修。对由于施工责任造成的使用问题,应由施工单位负责修理,直到达到能正常使用为止。

回访、养护及维修,体现了承包者对工程项目负责的态度和优质服务的作风,并在回访、养护及保修的同时,进一步发现施工中的薄弱环节,以便总结经验、提高施工技术和质量管理水平。

### 7.2.3.1 回访的组织与安排

在项目经理领导下,由生产、技术、质量及有关方面人员组成回访小组,必要时,邀请科研人员参加。回访时,由建设单位组织座谈会或听取会,听取各方面的使用意见,认真记录存在的问题,并查看现场,落实情况,写出回访记录或回访纪要。通常采用下面4种方式进行回访:

**(1) 季节性回访**

一般是雨季回访屋面、墙面的防水情况,自然地面、铺装地面的排水组织情况,植物的生长情况;冬季回访植物材料的防寒措施搭建效果,池壁驳岸工程有无冻裂现象等。

**(2) 技术性回访**

主要了解园林施工中所采用的新材料、新技术、新工艺、新设备的技术性能和使用后的效果;新引进的植物材料的生长状况等。

**(3) 保修期满前的回访**

主要是保修期将结束,提醒建设单位注意各设计的维护、使用和管理,并对遗留问题进行处理。

**(4) 绿化工程的日常养护管理**

保修期内对植物材料的浇水、修剪、打药、除虫、搭建风障、间苗、补植等日常养护工作,应按施工规范,经常性地进行。

### 7.2.3.2 保修保活的范围和时间

**(1) 保修、保活的范围**

一般来讲,凡是园林施工单位的责任或由于施工质量不良造成的问题,都应该实行保修。

**(2) 保修保活的时间**

自竣工验收完毕次日起,绿化工程一般为1年,由于竣工当时不一定能看出栽植的植物材料的成活,需要经过一个完整的生长期的考验,因而1年是最短的期限。土建工程和水、电、卫生和通风等工程,一般保修期为1年,采暖工程为一个采暖期。保修期长短也可以承包合同为准。

### 7.2.3.3 经济责任

园林工程一般比较复杂,修理项目往往由多种原因造成,所以,经济责任必须根据修理项目的性质、内容和修理原因等因素,由建设单位、施工单位和监理工程师共同协商处理。一般分为以下几种:

——养护、修理项目确实由于施工单位施工责任或施工质量不良遗留的隐患,应由施工单位承担全部检修费用。

——养护、修理项目由建设单位和施工单位双方的责任造成的,双方应实事求是地共同商定各自承担的修理费用。

——养护、修理项目由建设单位的设备、材料、成品、半成品不良等原因造成的,应由建设单位承担全部修理费用。

——养护、修理项目由于用户管理使用不当,造成建筑物、构筑物等功能不良或苗木损伤死亡时,应由建设单位承担全部修理费用。

### 7.2.3.4 养护、保修、保活期阶段的管理

进行监理的监理工程师在养护、保修期内的监理内容,主要是检查工程状况、鉴定质量责任、督促和监督养护、保修工作。

养护保修期内监理工作的依据是相关的建设法规及合同条款(工程承包合同及承包施工单位提供的养护、保修证书)。如有些非标施工项目,则可以合同方法与承接单位协商解决。

**(1) 工程状况的检查**

定期检查 当园林建设项目投入使用后,开始时每旬或每月检查1次,如3个月后未发现异常情况,则可每3个月检查1次。如有异常情况出现,则缩短检查的间隔时间。当经受暴雨、台风、地震、严寒后,监理工程师应及时赶赴现场进行观察和检查。

检查的方法 有访问调查法、目测观察法、仪器测量法3种,每次检查不论使用什么方法都要详细记录。

检查的重点 园林建设工程状况的检查重点应是主要建筑物、构筑物的结构质量,水池、假山等工程是否有不安全因素出现。在检查中要对结构的一些重要部位、构件重点观察检查,对已进行加固的部位更要进行重点观察检查。

**(2) 养护、保修、保活工作**

养护、保修的工作主要内容是对质量缺陷进行处理,以保证新建园林项目能以最佳状态面向社会,发挥其社会、环保及经济效益。监理工程师的责任是督促完成养护、保修的项目,确认养护、保修质量。各类质量缺陷的处理方案,一般由责任方提出、监理工程师审定执行。如责任方为建设单位时,则由监理工程师代拟,征求实施的单位同意后执行。

**(3) 养护、保修、保活工作的结束**

监理单位的养护、保修责任为1年,在结束养护保修期时,监理单位应做好以下工作:

——将养护、保修期内发生的质量缺陷的所有技术资料归类整理;

——将所有期满的合同书及养护、保修书归整后交还给建设单位;

——协助建设单位办理养护、维修费用的结算工作;

——召集建设单位、设计单位、承接施工单位联席会议、宣布养护、保修期结束。

# 参考文献

程鸿群,姬晓辉,陆菊春. 2004. 工程造价管理[M]. 武汉:武汉大学出版社.
崔武文. 孙维丰. 2006. 土木工程造价管理[M]. 北京:中国建材工业出版社.
董三孝. 2004. 园林工程施工与管理[M]. 北京:中国林业出版社.
董三孝. 2005. 园林工程建设概论[M]. 北京:化学工业出版社.
胡长龙. 2002. 园林规划设计[M]. 北京:中国农业出版社.
黄东兵. 2003. 园林规划设计[M]. 北京:中国科学技术出版社.
建设工程监理规范(GB 50319—2000).
建设工程质量管理条件(2000).
雷一东. 2006. 园林绿化方法与实现[M]. 北京:化学工业出版社.
李慧民,贾宏俊. 2003. 建设工程技术与计量[M]. 北京:中国计划出版社.
梁伊任,杨永胜,王沛永,等. 2000. 园林建设工程[M]. 北京:中国城市出版社.
刘卫斌. 2003. 园林工程[M]. 北京:中国科学技术出版社.
刘伊生. 2003. 工程造价管理基础理论与相关法规[M]. 北京:中国计划出版社.
罗固源. 2001. 土木工程施工[M]. 重庆:重庆大学出版社.
唐学山,李维,曹礼昆. 1997. 园林设计[M]. 北京:中国林业出版社.
田学哲. 1999. 建筑初步[M]. 北京:中国建筑工业出版社.
王焘. 1997. 园林经济管理[M]. 北京:中国林业出版社.
王晓俊. 1993. 风景园林设计[M]. 江苏:江苏科学技术出版社.
许焕兴. 2003. 工程造价[M]. 大连:东北财经大学出版社.
尹贻林. 2003. 工程造价与计价控制[M]. 北京:中国计划出版社.
袁东锋. 2005. 园林工程建设监理[M]. 北京:化学工业出版社.
袁海龙. 2005. 园林工程设计[M]. 北京:化学工业出版社.
中国大百科全书编辑委员会. 1992. 中国大百科全书[M]. 北京:中国大百科全书出版社.
中华人民共和国建设部. 1992. 建设工程施工现场管理规定.
中华人民共和国建设部. 2006. 城市园林绿化企业资质标准[S].
中华人民共和国建设部. 2007. 工程设计资质标准[S].
中华人民共和国招标投标法(1999).

# 附录

## 附录 I 建设工程设计合同

GF—2000—0210

### 建设工程设计合同
（专业建设工程设计合同）

工程名称：_____

工程地点：_____

合同编号：_____（由设计人编填）

设计证书等级：_____

发包人：_____

设计人：_____

签订日期：_____

中华人民共和国建设部
国家工商行政管理局　　监制

发包人：_____
设计人：_____
　　发包人委托设计人承担_____
工程设计，工程地点为_____，
经双方协商一致，签订本合同，共同执行。
　　**第一条　本合同签订论据**
　　1.1　《中华人民共和国合同法》、《中华人民共和国建筑法》和《建设工程勘察设计市场管理规定》。
　　1.2　国家及地方有关建设工程勘察设计管理法规和规章。
　　1.3　建设工程批准文件。
　　**第二条　设计依据**
　　2.1　发包人给设计人的委托书或设计中标文件
　　2.2　发包人提交的基础资料
　　2.3　设计人采用的主要技术标准是：_____
_____
　　**第三条　合同文件的优先次序**
　　构成本合同的文件可视为是能互相说明的，如果合同文件存在歧义或不一致，则根据如下优先次序来判断：
　　3.1　合同书
　　3.2　中标函（文件）
　　3.3　发包人要求及委托书
　　3.4　投标书
　　**第四条**　本合同项目的名称、规模、阶段、投资及设计内容（根据行业特点填写）
_____
_____
　　**第五条**　发包人向设计人提交的有关资料、文件及时间
　　**第六条**　设计人向发包人交付的设计文件、份数、地点及时间
　　**第七条**　费用
　　7.1　双方商定，本合同的设计费为_____万元。收费依据和计算方法按国家和地方有关规定执行，国家和地方没有规定的，由双方商定。
　　7.2　如果上述费用为估算设计费，则双方在初步设计审批后，按批准的初步设计概算核算设计费。工程建设期间如遇概算调整，则设计费也应做相应调整。
　　**第八条　支付方式**
　　8.1　本合同生效后三天内，发包人支付设计费总额的20％，计_____万元作为定金（合同结算时，定金抵作设计费）。
　　8.2　设计人提交_____设计文件后三天内，发包人支付设计费总额的30％，计_____万元；之后，发包人应按设计人所完成的施工图工作量比例，分期分批向设计人支付总设计费的50％，计_____万元，施工图

完成后，发包人结清设计费，不留尾款。
　　8.3　双方委托银行代付代收有关费用。
　　**第九条　双方责任**
　　9.1　发包人责任
　　9.1.1　发包人按本合同第五条规定的内容，在规定的时间内向设计人提交基础资料及文件，并对其完整性、正确性及时限负责。发包人不得要求设计人违反国家有关标准进行设计。
　　发包人提交上述资料及文件超过规定期限15天以内，设计人按本合同第六条规定的交付设计文件时间顺延；发包人交付上述资料及文件超过规定期限15天以上时，设计人有权重新确定提交设计文件的时间。
　　9.1.2　发包人变更委托设计项目、规模、条件或因提交的资料错误，或所提交资料作较大修改，以致造成设计人设计返工时，双方除另行协商签订补充协议（或另订合同）、重新明确有关条款外，发包人应按设计人所耗工作量向设计人支付返工费。
　　在未签订合同前发包人已同意，设计人为发包人所做的各项设计工作，发包人应支付相应设计费。
　　9.1.3　在合同履行期间，发包人要求终止或解除合同，设计人未开始设计工作的，不退还发包人已付的定金；已开始设计工作的，发包人应根据设计人已进行的实际工作量，不足一半时，按该阶段设计费的一半支付；超过一半时，按该阶段设计费的全部支付。
　　9.1.4　发包人必须按合同规定支付定金，收到定金作为设计人设计开工的标志。未收到定金，设计人有权推迟设计工作的开工时间，且交付文件的时间顺延。
　　9.1.5　发包人应按本合同规定的金额和日期向设计人支付设计费，每逾期支付一天，应承担应支付金额千分之二的逾期违约金，且设计人提交设计文件的时间顺延。逾期超过30天以上时，设计人有权暂停履行下阶段工作，并书面通知发包人。发包人的上级或设计审批部门对设计文件不审批或本合同项目停缓建，发包人均应支付应付的设计费。
　　9.1.6　发包人要求设计人比合同规定时间提前交付文件时，须征得设计人同意，不得严重背离合理设计周期，且发包人应支付赶工费。
　　9.1.7　发包人应为设计人派驻现场的工作人员提供工作、生活及交通等方面的便利条件及必要的劳动保护装备。
　　9.1.8　设计文件中选用的国家标准图、部标准图及地方标准图由发包人负责解决。
　　9.1.9　承担本项目外国专家来设计人办公室工作的接待费（包括传真、电话、复印、办公等费用）。
　　9.2　设计人责任
　　9.2.1　设计人应按国家规定和合同约定的技术规范、标准进行设计，按本合同第六条规定的内容、时间及份数

向发包人交付设计文件(出现9.1.1、9.1.2、9.1.4、9.1.5规定有关交付设计文件顺延的情况除外)。并对提交的设计文件的质量负责。

9.2.2 设计合理使用年限为_____年。

9.2.3 负责对外商的设计资料进行审查,负责该合同项目的设计联络工作。

9.2.4 设计人对设计文件出现的遗漏或错误负责修改或补充。由于设计人设计错误造成工程质量事故损失,设计人除负责采取补救措施外,应免收受损失部分的设计费,并根据损失程度向发包人支付赔偿金,赔偿金数额由双方商定为实际损失的_____%。

9.2.5 由于设计人原因,延误了设计文件交付时间,每延误一天,应减收该项目应收设计费的千分之二。

9.2.6 合同生效后,设计人要求终止或解除合同,设计人应双倍返还发包人已支付的定金。

9.2.7 设计人交付设计文件后,按规定参加有关上级的设计审查,并根据审查结论负责不超出原定范围的内容做必要调整补充。设计人按合同规定时限交付设计文件一年内项目开始施工,负责向发包人及施工单位进行设计交底、处理有关设计问题和参加竣工验收。在一年内项目尚未开始施工,设计人仍负责上述工作,可按所需工作量向发包人适当收取咨询服务费,收费额由双方商定。

**第十条 保密**

双方均应保护对方的知识产权,未经对方同意,任何一方均不得对对方的资料及文件擅自修改、复制或向第三人转让或用于本合同项目外的项目。如发生以上情况,泄密方承担一切由此引起的后果并承担赔偿责任。

**第十一条 仲裁**

本建设工程设计合同发生争议,发包人与设计人应及时协商解决。也可由当地建设行政主管部门调解,调解不成时,双方当事人同意由_____仲裁委员会仲裁。双方当事人未在合同中约定仲裁机构,当事人又未达成仲裁书面协议的,可向人民法院起诉。

**第十二条 合同生效及其他**

12.1 发包人要求设计人派专人长期驻施工现场进行配合与解决有关问题时,双方应另行签订技术咨询服务合同。

12.2 设计人为本合同项目的服务至施工安装结束为止。

12.3 本工程项目中,设计人不得指定建筑材料、设备的生产厂或供货商。发包人需要设计人配合建筑材料、设备的加工订货时,所需费用由发包人承担。

12.4 发包人委托设计人配合引进项目的设计任务,从询价、对外谈判、国内外技术考察直至建成投产的各个阶段,应吸收承担有关设计任务的设计人员参加。出国费用,除制装费外,其他费用由发包人支付。

12.5 发包人委托设计人承担本合同内容以外的工作服务,另行签订协议并支付费用。

12.6 由于不可抗力因素致使合同无法履行时,双方应及时协商解决。

12.7 本合同双方签字盖章即生效,一式_____份,发包人_____份,设计人_____份。

12.8 本合同生效后,按规定应到项目所在地省级建设行政主管部门规定的审查部门备案;双方认为必要时,到工商行政管理部门鉴证。双方履行完合同规定的义务后,本合同即行终止。

12.9 双方认可的来往传真、电报、会议纪要等,均为合同的组成部分,与本合同具有同等法律效力。

12.10 未尽事宜,经双方协商一致,签订补充协议,补充协议与本合同具有同等效力。

发包人名称:　　　　　　设计人名称:
　　(盖章)　　　　　　　　(盖章)
法定代表人:(签字)　　法定代表人:(签字)
委托代理人:(签字)　　委托代理人:(签字)
项目经理:(签字)　　　项目经理:(签字)
住　　所:　　　　　　　住　　所:
邮政编码:　　　　　　　邮政编码:
电　　话:　　　　　　　电　　话:
传　　真:　　　　　　　传　　真:
开户银行:　　　　　　　开户银行:
银行账号:　　　　　　　银行账号:
建设行政主管部门备案:　鉴证意见:

　　(盖章)　　　　　　　　(盖章)
备案号　　　　　　　　　经办人:
备案日期:　　　　　　　鉴证日期:
　　年　月　日　　　　　　年　月　日

# 附录Ⅱ 工程招标代理机构资格分级标准及代理收费标准

工程招标代理机构资格分为甲、乙两级。

**一、甲级招标代理机构**

申请甲级工程招标代理机构资格，应当具备下列条件：

1. 近3年内代理中标金额3 000万元以上的工程不少于10个，或者代理招标的工程累计中标金额在8亿元以上（以中标通知为依据，下同）；
2. 具有工程建设类执业注册资格或者中级以上专业技术职称的专职人员不少于20人，其中具有造价工程师执业资格人员不少于2人；
3. 法定代表人、技术经济负责人、财会人员为本单位专职人员，其中技术经济负责人具有高级职称或者相应执业注册资格并有10年以上从事工程管理的经验；
4. 注册资金不少于100万元。

**二、乙级招标代理机构**

申请乙级工程招标代理机构资格，应当具备下列条件：

1. 近3年内代理中标金额1 000万元以上的工程不少于10个，或者代理招标的工程累计中标金额在3亿元以上；
2. 具有工程建设类执业注册资格或者中级以上专业技术职称的专职人员不少于10人，其中具有造价工程师执业资格人员不少于2人；
3. 法定代表人、技术经济负责人、财会人员为本单位专职人员，其中技术经济负责人具有高级职称或者相应执业注册资格并有7年以上从事工程管理的经验；
4. 注册资金不少于50万元。

乙级工程师招标代理机构只能承担工程投资额（不含征地费、大市政配套与拆迁补偿费）3000万元以下的工程招标代理业务。

**三、招标代理收费标准**

| 服务类型 | 中标金额（万元） | 货物招标（%） | 服务招标（%） | 工程招标（%） |
|---|---|---|---|---|
| 费率 | 100 以下 | 1.5 | 1.5 | 1.0 |
| | 100～500 | 1.1 | 0.8 | 0.7 |
| | 500～1 000 | 0.8 | 0.45 | 0.55 |
| | 1 000～5 000 | 0.5 | 0.25 | 0.35 |
| | 5 000～10 000 | 0.25 | 0.1 | 0.2 |
| | 10 000～100 000 | 0.05 | 0.05 | 0.05 |
| | 1 000 000 以上 | 0.01 | 0.01 | 0.01 |

注：1. 按本表费率计算的收费为招标代理服务全过程的收费基准价格，单独提供编制招标文件（有标底的含标底）服务的，可按规定标准的30%计收。

2. 招标代理服务收费按差额定率累进法计算。

**例如**：某工程招标代理业务中标金额为6 000万元，计算招标代理服务收费额如下：

$100 \times 1.0\% = 1$（万元）

$(500 - 100) \times 0.7\% = 2.8$（万元）

$(1000 - 500) \times 0.55\% = 2.75$（万元）

$(5000 - 1000) \times 0.35\% = 14$（万元）

$(6000 - 5000) \times 0.2\% = 2$（万元）

合计收费 $= 1 + 2.8 + 2.75 + 14 + 2 = 22.55$（万元）

# 附录Ⅲ 园林绿化工程工程量清单项目及计算规则

## 一、绿化工程

(一)绿地整理

工程量清单项目设置及工程量计算规则,应按表Ⅵ-1的规定执行。

表Ⅵ-1 绿地整理(编码:050101)

| 项目编码 | 项目名称 | 项目特征 | 计算单位 | 工程量计算规则 | 工程内容 |
|---|---|---|---|---|---|
| 050101001 | 伐树、挖树根 | 树干胸径 | 株 | 按估算数量计算 | 1. 伐树、挖树根<br>2. 废弃物运输<br>3. 场地清理 |
| 050101002 | 砍挖灌木丛 | 丛高 | 株(株丛) | | 1. 灌木砍挖<br>2. 废弃物运输<br>3. 场地清理 |
| 050101003 | 挖竹根 | | | | 1. 竹根砍挖<br>2. 废弃物运输<br>3. 场地清理 |
| 050101004 | 挖芦苇根 | | | 按估算数量计算 | 1. 苇根砍挖<br>2. 废弃物运输<br>3. 场地清理 |
| 050101005 | 清除草皮 | | | | 1. 除草<br>2. 废弃物运输<br>3. 场地清理 |
| 050101006 | 整理绿化用地 | 1. 土壤类别<br>2. 土质要求<br>3. 取土运距<br>4. 回填厚度<br>5. 弃渣运距 | m² | | 1. 排地表水<br>2. 土方挖、运<br>3. 耙细、过筛<br>4. 回填<br>5. 找平、找坡<br>6. 拍实 |
| 050101007 | 屋顶花园基底处理 | 1. 找平层厚度、砂浆种类、强度等级<br>2. 防水层种类、做法<br>3. 排水层厚度、材质<br>4. 过滤层厚度、材质<br>5. 回填轻质土厚度、种类 | | 按设计图示尺寸以面积计算 | 1. 抹找平层<br>2. 防水层铺设<br>3. 排水层铺设<br>4. 过滤层铺设<br>5. 填轻质土壤<br>6. 运输 |

## (二)栽植花木

工程量清单项目及工程量计算规则，应按表Ⅵ-2的规定执行。

**表Ⅵ-2 栽植花木（编码：050102）**

| 项目编码 | 项目名称 | 项目特征 | 计算单位 | 工程量计算规则 | 工程内容 |
|---|---|---|---|---|---|
| 050102001 | 栽植乔木 | 1. 乔木种类<br>2. 乔木胸径<br>3. 养护期 | 株（株丛） | 按设计图示数量计算 | 1. 起挖<br>2. 运输<br>3. 栽植<br>4. 养护 |
| 050102002 | 栽植竹类 | 1. 竹种类<br>2. 竹胸径<br>3. 养护期 | | | |
| 050102003 | 栽植棕榈类 | 1. 棕榈种类<br>2. 株高<br>3. 养护期 | 株 | | |
| 050102004 | 栽植灌木 | 1. 灌木种类<br>2. 冠丛高<br>3. 养护期 | | | |
| 050102005 | 栽植绿篱 | 1. 绿篱种类<br>2. 篱高<br>3. 行数<br>4. 养护期 | m | 按设计图示长度计算 | |
| 050102006 | 栽植攀缘植物 | 1. 植物种类<br>2. 养护期 | 株 | 按设计图示数量计算 | |
| 050102007 | 栽植色带 | 1. 苗木种类<br>2. 苗木株高<br>3. 养护期 | m² | 按设计图示尺寸面积计算 | |
| 050102008 | 栽植花卉 | 1. 花卉种类<br>2. 养护期 | 株 | 按设计图示数量计算 | |
| 050102009 | 栽植水生植物 | 1. 植物种类<br>2. 养护期 | 丛 | | |
| 050102010 | 铺种草皮 | 1. 草皮种类<br>2. 铺种方式<br>3. 养护期 | m² | 按设计图示尺寸面积计算 | 1. 坡地细整<br>2. 阴坡<br>3. 草籽喷播<br>4. 覆盖<br>5. 养护 |
| 050102011 | 喷播植草 | 1. 草籽种类<br>2. 养护期 | | | |

## (三)绿地喷灌

工程量清单项目及工程量计算规则，应按表Ⅵ-3的规定执行。

**表Ⅵ-3 绿地喷灌（编码：050103）**

| 项目编码 | 项目名称 | 项目特征 | 计算单位 | 工程量计算规则 | 工程内容 |
|---|---|---|---|---|---|
| 050103001 | 喷灌设置 | 1. 土石类别<br>2. 阀门井材料种类、规格<br>3. 管道品种、规格、长度<br>4. 管件、阀门、喷头品种、规格、数量<br>5. 感应电控装置品种、规格、品牌<br>6. 管道固定方式<br>7. 防护材料种类<br>8. 油漆品种、刷漆遍数 | m | 按设计图示尺寸以长度计算 | 1. 挖土石方<br>2. 阀门井砌筑<br>3. 管道铺设<br>4. 管道固筑<br>5. 感应电控设施安装<br>6. 水压试验<br>7. 刷防护材料、油漆<br>8. 回填 |

## (四)其他相关问题

应按下列规定处理：

1. 挖土外运、借土回填、挖(凿)土(石)方应包括在相关项目内。

2. 苗木计量应符合下列规定：

(1)胸径(或干径)应为地表面向上1.2m高处树干的直径。

(2)株高应为地表面至树顶端的高度。

(3)冠丛高度应为地表面至乔(灌)木顶端的高度。

(4)篱高应为地表面至绿篱顶端的高度。

(5)生长期应为苗木种植至起苗的时间。

(6)养护期应为招标文件中要求苗木栽植后承包人负责养护的时间。

## 二、园路、园桥、假山工程

### (一)园路桥工程

工程量清单项目设置及工程量计算规则，应按表Ⅵ-4的规定执行。

表Ⅵ-4　园路桥工程(编码：050201)

| 项目编码 | 项目名称 | 项目特征 | 计算单位 | 工程量计算规则 | 工程内容 |
| --- | --- | --- | --- | --- | --- |
| 050201001 | 园路 | 1. 垫层厚度、宽度、材料种类<br>2. 路面厚度、宽度、材料种类<br>3. 混凝土强度等级<br>4. 砂浆强度等级 | m² | 按设计图示尺寸以面积计算，不包括路牙 | 1. 园路路基、路床整理<br>2. 垫层铺筑<br>3. 路面铺筑<br>4. 路面养护 |
| 050201002 | 路牙铺设 | 1. 垫层厚度、材料种类<br>2. 路牙材料种类、规格<br>3. 混凝土强度等级<br>4. 砂浆强度等级 | m | 按设计图示尺寸以长度计算 | 1. 基层清理<br>2. 垫层铺筑<br>3. 路牙铺筑 |
| 050201003 | 树池围牙、盖板 | 1. 围牙材料种类、规格<br>2. 铺设方式<br>3. 盖板材料种类、规格 | | | 1. 清理基层<br>2. 围牙、盖板运输<br>3. 围牙、盖板铺设 |
| 050201004 | 嵌草砖铺装 | 1. 垫层厚度<br>2. 铺设方式<br>3. 嵌草砖品种、规格、颜色<br>4. 漏空部分填土要求 | m² | 按设计图示尺寸以面积计算 | 1. 原土夯实<br>2. 垫层铺筑<br>3. 铺砖<br>4. 填土 |
| 050201005 | 石桥基础 | 1. 基础类型<br>2. 石料种类、规格<br>3. 混凝土强度等级<br>4. 砂浆强度等级 | m³ | 按设计图示尺寸以体积计算 | 1. 垫层铺筑<br>2. 基础砌筑、浇筑<br>3. 砌石 |
| 050201006 | 石桥墩、石桥台 | 1. 石料种类、规格<br>2. 勾缝要求<br>3. 砂浆强度等级、配合比 | | | 1. 石料加工<br>2. 起重架搭、拆<br>3. 墩、台、旋石、旋脸砌筑<br>4. 勾缝 |
| 050201007 | 拱旋石制作、安装 | 1. 石料种类、规格<br>2. 旋脸雕刻要求<br>3. 勾缝要求<br>4. 砂浆强度等级、配合比 | m² | 按设计图示尺寸以面积计算 | |
| 050201008 | 石旋脸制作、安装 | | | | |
| 050201009 | 金刚墙砌筑 | | m³ | 按设计图示尺寸以体积计算 | 1. 石料加工<br>2. 起重架搭、拆<br>3. 砌石<br>4. 填土夯实 |
| 050201010 | 石桥面铺筑 | 1. 石料种类、规格<br>2. 找平层厚度、材料种类<br>3. 勾缝要求<br>4. 混凝土强度等级<br>5. 砂浆强度等级 | m² | 按设计图示尺寸以面积计算 | 1. 石材加工<br>2. 抹找平层<br>3. 起重架搭、拆<br>4. 桥面、桥面踏步铺设<br>5. 勾缝 |

(续)

| 项目编码 | 项目名称 | 项目特征 | 计算单位 | 工程量计算规则 | 工程内容 |
|---|---|---|---|---|---|
| 050201011 | 石桥面檐板 | 1. 石料种类、规格<br>2. 勾缝要求<br>3. 砂浆强度等级、配合比 | | | 1. 石材加工<br>2. 檐板、仰天石、地伏石铺设<br>3. 铁锔、银锭安装<br>4. 勾缝 |
| 050201012 | 仰天石、地伏石 | | m | 按设计图示尺寸以长度计算 | |
| 050201013 | 石望柱 | 1. 石料种类、规格<br>2. 柱高、截面<br>3. 柱身雕刻要求<br>4. 柱头雕塑要求<br>5. 勾缝要求<br>6. 砂浆配合比 | 根 | 按设计图示数量计算 | 1. 石料加工<br>2. 柱身、柱头雕刻<br>3. 望柱安装<br>4. 勾缝 |
| 050201014 | 栏杆、扶手 | 1. 石料种类、规格<br>2. 栏杆、扶手截面<br>3. 勾缝要求<br>4. 砂浆配合比 | m | 按设计图示尺寸以长度计算 | 1. 石料加工<br>2. 栏杆、扶手安装<br>3. 铁锔、银锭安装<br>4. 勾缝 |
| 050201015 | 栏板、撑鼓 | 1. 石料种类、规格<br>2. 栏板、撑鼓雕刻要求<br>3. 勾缝要求<br>4. 砂浆配合比 | 块 | 按设计图示数量计算 | 1. 石料加工<br>2. 栏板、撑鼓雕刻<br>3. 栏板、撑鼓安装<br>4. 勾缝 |
| 050201016 | 木制步桥 | 1. 桥宽度<br>2. 桥长度<br>3. 木材种类<br>4. 各部件截面长度<br>5. 防护材料种类 | m² | 按设计图示尺寸以桥面板长乘桥面板宽以面积计算 | 1. 木桩加工<br>2. 打木桩基础<br>3. 木梁、木板桥、木桥栏杆、木扶手制作、安装<br>4. 连接铁件、螺栓安装<br>5. 刷防护材料 |

## (二) 堆塑假山

工程量清单项目设置及工程工程量计算规则,应按表Ⅵ-5 的规定执行。

表Ⅵ-5 堆塑假山(编码:050202)

| 项目编码 | 项目名称 | 项目特征 | 计算单位 | 工程量计算规则 | 工程内容 |
|---|---|---|---|---|---|
| 050202001 | 堆筑土山丘 | 1. 土丘高度<br>2. 土丘坡度要求<br>3. 土丘底外接矩形面积 | m³ | 按设计图示山丘投影外接矩形面积乘以高度的1/3以体积计算 | 1. 取土<br>2. 运土<br>3. 堆砌、夯实<br>4. 修整 |
| 050202002 | 堆砌石假山 | 1. 堆砌高度<br>2. 石料种类、单块重量<br>3. 混凝土强度等级<br>4. 砂浆强度等级、配合比 | t | 按设计图示尺寸以估算质量计算 | 1. 选料<br>2. 起重架搭、拆<br>3. 堆砌、修整 |

(续)

| 项目编码 | 项目名称 | 项目特征 | 计算单位 | 工程量计算规则 | 工程内容 |
|---|---|---|---|---|---|
| 050202003 | 塑假山 | 1. 假山高度<br>2. 骨架材料种类、规格<br>3. 山皮料种类<br>4. 混凝土强度等级<br>5. 砂浆强度等级、配合比<br>6. 防护材料种类 | m² | 按设计图示尺寸以估算面积计算 | 1. 骨架制作<br>2. 假山胎膜制作<br>3. 塑假山<br>4. 山皮料安装<br>5. 刷防护材料 |
| 050202004 | 石笋 | 1. 石笋高度<br>2. 石笋材料种类<br>3. 砂浆强度等级、配合比 | 支 | 按设计图示数量计算 | 1. 选石料<br>2. 石笋安装 |
| 050202005 | 点风景石 | 1. 石料种类<br>2. 石料规格、重量<br>3. 砂浆配合比 | 块 | 按设计图示数量计算 | 1. 选石料<br>2. 起重架搭、拆<br>3. 点石 |
| 050202006 | 池石、盆山石 | 1. 底盘种类<br>2. 山石高度<br>3. 山石种类<br>4. 混凝土砂浆强度等级<br>5. 砂浆强度等级、配合比 | 座(个) | 按设计图示数量计算 | 1. 底盘制作<br>2. 池石、盆景山石安装、砌筑 |
| 050202007 | 山石护角 | 1. 石料种类、规格<br>2. 砂浆配合比 | m³ | 按设计图示尺寸以体积计算 | 1. 石料加工<br>2. 砌石 |
| 050202008 | 山坡石台阶 | 1. 石料种类、规格<br>2. 台阶坡度<br>3. 砂浆强度等级 | m² | 按设计图示尺寸以水平投影计算 | 1. 选石料<br>2. 台阶砌筑 |

## (三)驳岸

工程量清单项目设置及工程量计算规则,应按表Ⅵ-6的规定执行。

表Ⅵ-6 驳岸(编码:050203)

| 项目编码 | 项目名称 | 项目特征 | 计算单位 | 工程量计算规则 | 工程内容 |
|---|---|---|---|---|---|
| 050203001 | 石砌驳岸 | 1. 石料种类、规格<br>2. 驳岸截面、长度<br>3. 勾缝要求<br>4. 砂浆强度等级、配合比 | m³ | 按设计图示尺寸以体积计算 | 1. 石料加工<br>2. 砌石<br>3. 勾缝 |
| 050203002 | 原木桩驳岸 | 1. 木材种类<br>2. 桩直径<br>3. 桩单根长度<br>4. 防护材料种类 | m | 按设计图示以桩长(包括桩尖)计算 | 1. 木桩加工<br>2. 打木桩<br>3. 刷防护材料 |
| 050203003 | 散铺砂卵石护岸(自然护岸) | 1. 护岸平均宽度<br>2. 粗细砂比例<br>3. 卵石粒径、数量 | m² | 按实际图示平均护岸宽度乘以护岸长度以面积计算 | 1. 修边坡<br>2. 铺卵石、点布大卵石 |

## （四）其他相关问题

应按下列规定处理：

（1）园路、园桥、假山（堆筑土山丘除外）、驳岸工程等的挖土方、开凿石方、回填等应按 E.1 相关项目编码列项。

（2）如遇某些构配件使用钢筋混泥土或金属构件时，应按土建或市政相关项目编码列项。

## 三、园林景观工程

### （一）原木、竹构件

工程量清单项目设置及工程量计算规则，应按表Ⅵ-7 的规定执行。

**表Ⅵ-7　原木、竹构件**（编码：050301）

| 项目编码 | 项目名称 | 项目特征 | 计算单位 | 工程量计算规则 | 工程内容 |
|---|---|---|---|---|---|
| 050301001 | 原木（带树皮）柱、梁、檩、椽 | 1. 原木种类<br>2. 原木梢径（不含书皮厚度）<br>3. 墙龙骨材料种类、规格<br>4. 墙底层材料种类、规格<br>5. 构件联络方式<br>6. 防护材料种类 | m | 按设计图示尺寸以长度计算（包括榫长） | 1. 构件制作<br>2. 构件安装<br>3. 刷防护材料 |
| 050301002 | 原木（带树皮）墙 | | m² | 按设计图示尺寸以面积计算（不包括柱、梁） | |
| 050301003 | 树枝吊挂楣子 | | | 按设计图示尺寸以框外围面积计算 | |
| 050301004 | 竹柱、梁、檩、椽 | 1. 竹种类<br>2. 竹梢径<br>3. 连接方式<br>4. 防护材料种类 | m | 按设计图示尺寸以长度计算 | |
| 050301005 | 竹编墙 | 1. 竹种类<br>2. 墙龙骨材料种类、规格<br>3. 墙底层材料种类、规格<br>4. 防护材料种类 | m² | 按设计图示尺寸以面积计算（不包括柱、梁） | |
| 050301006 | 竹吊挂楣子 | 1. 竹种类<br>2. 竹梢类<br>3. 防护材料种类 | | 按设计图示尺寸以框外围面积计算 | |

### （二）亭廊屋面

工程量清单项目设置及工程量计算规则，应按表Ⅵ-8 的规定执行。

**表Ⅵ-8　亭廊屋面**（编码：050302）

| 项目编码 | 项目名称 | 项目特征 | 计算单位 | 工程量计算规则 | 工程内容 |
|---|---|---|---|---|---|
| 050302001 | 草屋面 | 1. 屋面坡度<br>2. 铺草种类<br>3. 竹材种类<br>4. 防护材料种类 | m² | 按设计图示尺寸以斜面面积计算 | 1. 整理、选料<br>2. 屋面铺设<br>3. 刷防护材料 |
| 050302002 | 竹屋面 | | | | |
| 050302003 | 树皮屋面 | | | | |

(续)

| 项目编码 | 项目名称 | 项目特征 | 计算单位 | 工程量计算规则 | 工程内容 |
|---|---|---|---|---|---|
| 050302004 | 现浇混凝土斜屋面板 | 1. 檐口高度<br>2. 屋面坡度<br>3. 板厚<br>4. 椽子截面<br>5. 老角梁、子角梁截面<br>6. 脊截面<br>7. 混凝土强度等级 | m³ | 按设计图示尺寸以体积计算。混凝土屋脊并入屋面体积内 | 混凝土制作、运输、浇筑、振捣、养护 |
| 050302005 | 现浇混凝土攒尖亭屋面板 | | | | |
| 050302006 | 就位预制混凝土攒尖亭屋面板 | 1. 亭屋面坡度<br>2. 穹顶弧长、直径<br>3. 肋截面尺寸<br>4. 板厚<br>5. 混凝土强度等级<br>6. 砂浆强度等级<br>7. 拉杆材质、规格 | m³ | 按设计图示尺寸以体积计算。混凝土脊和穹顶的肋、基梁并入屋面体积内 | 1. 混凝土制作、运输、浇筑、振捣、养护<br>2. 预埋铁件、拉杆安装<br>3. 构件出槽、养护、安装<br>4. 接头灌缝 |
| 050302007 | 就位预制混凝土穹顶 | | | | |
| 050302008 | 彩色压制钢板(夹心板)攒尖亭屋面板 | 1. 屋面坡度<br>2. 穹顶弧长、直径<br>3. 彩色压制钢板(夹心板)品种、规格、品牌、颜色<br>4. 拉杆材质、规格<br>5. 嵌缝材料种类<br>6. 防护材料种类 | m² | 按设计图示尺寸以面积计算。 | 1. 压制板安装<br>2. 护角、包角、泛水安装<br>3. 嵌缝<br>4. 刷防护材料 |
| 050302009 | 彩色压制钢板(夹心板)穹顶 | | | | |

## (三) 花架

工程量清单项目设置及工程量计算规则，应按表Ⅵ-9的规定执行。

表Ⅵ-9 花架（编码：050303）

| 项目编码 | 项目名称 | 项目特征 | 计算单位 | 工程量计算规则 | 工程内容 |
|---|---|---|---|---|---|
| 050303001 | 现浇混凝土花架柱、梁 | 1. 柱截面、高度、根数<br>2. 盖梁截面、高度、根数<br>3. 连系梁截面、高度、根数<br>4. 混凝土强度等级 | m³ | 按设计图示尺寸以体积计算 | 1. 土(石)方挖运<br>2. 混凝土制作、运输、浇筑、振捣、养护 |
| 050303002 | 预制混凝土花架柱、梁 | 1. 柱截面、高度、根数<br>2. 盖梁截面、高度、根数<br>3. 连系梁截面、高度、根数<br>4. 混凝土强度等级<br>5. 砂浆配合比 | m³ | | 1. 土(石)方挖运<br>2. 混凝土制作、运输、浇筑、振捣、养护<br>3. 构件制作、运输、安装<br>4. 砂浆制作、运输<br>5. 接头灌缝、养护 |
| 050303003 | 木花架柱、梁 | 1. 木材种类<br>2. 柱、梁截面<br>3. 连接方式<br>4. 防护材料种类 | | 按设计图示截面乘长度（包括榫长）以体积计算 | 1. 土(石)方挖运<br>2. 混凝土制作、运输、浇筑、振捣、养护<br>3. 构件制作、运输、安装<br>4. 刷防护材料、油漆 |
| 050303004 | 金属花架柱、梁 | 1. 钢材品种、规格<br>2. 柱、梁截面<br>3. 油漆品种、刷漆遍数 | t | 按设计图示以质量计算 | |

## (四)园林桌椅

工程量清单项目设置及工程量计算规则,应按表Ⅵ-10的规定执行。

## (五)喷泉安装

工程量清单项目设置及工程量计算规则,应按表Ⅵ-11的规定执行。

**表Ⅵ-10 园林桌椅(编码:050304)**

| 项目编码 | 项目名称 | 项目特征 | 计算单位 | 工程量计算规则 | 工程内容 |
|---|---|---|---|---|---|
| 050304001 | 木制飞来椅 | 1. 木材种类<br>2. 座凳面厚度、宽度<br>3. 靠背扶手截面<br>4. 靠背截面<br>5. 座凳楣子形状、尺寸<br>6. 铁件尺寸、厚度<br>7. 油漆品种、刷油遍数 | m | 按设计图示尺寸以座凳面中心线长度计算 | 1. 座凳面、靠背扶手、靠背、楣子制作、安装<br>2. 铁件安装<br>3. 刷油漆 |
| 050304002 | 钢筋混凝土飞来椅 | 1. 座凳面厚度、宽度<br>2. 靠背扶手截面<br>3. 靠背截面<br>4. 座凳楣子形状、尺寸<br>5. 混凝土强度等级<br>6. 砂浆配合比<br>7. 油漆品种、刷漆遍数 | m | 按设计图示尺寸以座凳面中心线长度计算 | 1. 混凝土制作、运输、浇筑、振捣、养护<br>2. 预制件运输、安装<br>3. 砂浆制作、运输、抹面、养护<br>4. 刷油漆 |
| 050304003 | 竹制飞来椅 | 1. 竹材种类<br>2. 座凳面厚度、宽度<br>3. 靠背扶手梢径<br>4. 靠背截面<br>5. 座凳楣子形状、尺寸<br>6. 铁件尺寸、厚度<br>7. 防护材料种类 | m | 按设计图示尺寸以座凳面中心线长度计算 | 1. 座凳面、靠背扶手、靠背、楣子制作、安装<br>2. 铁件安装<br>3. 刷防护材料 |
| 050304004 | 现浇混凝土桌凳 | 1. 桌凳形状<br>2. 基础尺寸、埋设深度<br>3. 桌面尺寸、支墩高度<br>4. 凳面尺寸、支墩高度<br>5. 混凝土强度等级、砂浆配合比 | 个 | 按设计图示数量计算 | 1. 土方挖运<br>2. 混凝土制作、运输、浇筑、振捣、养护<br>3. 桌凳制作<br>4. 砂浆制作、运输<br>5. 桌凳安装、砌筑 |

表Ⅵ-11 喷泉安装（编码：050305）

| 项目编码 | 项目名称 | 项目特征 | 计量单位 | 工程量计算规则 | 工程内容 |
|---|---|---|---|---|---|
| 050305001 | 喷泉管道 | 1. 管材、管件、水泵、阀门、喷头品种、规格、品牌<br>2. 管道固定方式<br>3. 防护材料种类 | m | 按设计图示尺寸以长度计算 | 1. 土(石)方挖运<br>2. 管道、管件、水泵、阀门、喷头安装<br>3. 刷防护材料<br>4. 回填 |
| 050305002 | 喷泉电缆 | 1. 保护管品种、规格<br>2. 电缆品种、规格 | | | 1. 土(石)方挖运<br>2. 电缆保护管安装<br>3. 电缆敷数<br>4. 回填 |
| 050305003 | 水下艺术装饰灯具 | 1. 灯具品种、规格、品牌<br>2. 灯光颜色 | 套 | 按设计图示数量计算 | 1. 灯具安装<br>2. 支架制作、运输、安装 |
| 050305004 | 电器控制柜 | 1. 规格、型号<br>2. 安装方式 | 台 | | 1. 电气控制柜（箱）安装<br>2. 系统 |
| 050304005 | 预制混凝土桌凳 | 1. 桌凳形状<br>2. 基础形状、尺寸、埋设深度<br>3. 桌面形状、尺寸、支墩高度<br>4. 凳面尺寸、支墩高度<br>5. 混凝土强度等级<br>6. 砂浆配合比 | 个 | | 1. 混凝土制作、运输、浇筑、振捣、养护<br>2. 预制件制作、运输、安装<br>3. 砂浆制作、运输<br>4. 接头灌缝、养护 |
| 050304006 | 石桌石凳 | 1. 石材种类<br>2. 基础形状、尺寸、埋设深度<br>3. 桌面形状、尺寸、支墩高度<br>4. 凳面尺寸、支墩高度<br>5. 混凝土强度等级<br>6. 砂浆配合比 | | 按设计图示数量计算 | 1. 土方挖运<br>2. 混凝土制作、运输、浇筑、振捣、养护<br>3. 桌凳制作<br>4. 砂浆制作、运输<br>5. 桌凳安砌 |
| 050304007 | 塑树根桌凳 | 1. 桌凳直径<br>2. 桌凳高度<br>3. 砖石种类<br>4. 砂浆强度等级、配合比<br>5. 颜料品种、颜色 | | | 1. 土(石)方运挖<br>2. 砂浆制作、运输<br>3. 砖石砌筑<br>4. 塑树皮<br>5. 绘制木纹 |
| 050304008 | 塑树节椅 | | | | |
| 050304009 | 塑料、铁艺、金属椅 | 1. 木座板面截面<br>2. 塑料、铁艺、金属椅规格、颜色<br>3. 混凝土强度等级<br>4. 防护材料种类 | | | 1. 土(石)方挖运<br>2. 混凝土制作、运输、浇注、振捣、养护<br>3. 座椅安装<br>4. 木座板制作、安装<br>5. 刷防护材料 |

## (六)杂项

工程量清单项目设置及工程量计算规则，应按表Ⅵ-12的规定执行。

表Ⅵ-12 杂项(编码：050306)

| 项目编码 | 项目名称 | 项目特征 | 计算单位 | 工程量计算规则 | 工程内容 |
| --- | --- | --- | --- | --- | --- |
| 050306001 | 石灯 | 1. 石料种类<br>2. 石灯最大截面<br>3. 石灯高度<br>4. 混凝土强度等级<br>5. 砂浆配合比 | 个 | 按设计图示数量计算 | 1. 土(石)方挖运<br>2. 混凝土制作、运输、浇筑、振捣、养护<br>3. 石灯制作、安装 |
| 050306002 | 塑仿石音箱 | 1. 音箱石内空尺寸<br>2. 铁丝型号<br>3. 砂浆配合比<br>4. 水泥漆品牌、颜色 | 个 | 按设计图示数量计算 | 1. 胎模制作、安装<br>2. 铁丝网制作、安装<br>3. 砂浆制作、运输、养护<br>4. 喷水泥漆<br>5. 埋置仿石音箱 |
| 050306003 | 塑树皮梁、柱 | 1. 塑树种类<br>2. 塑竹种类<br>3. 砂浆配合比<br>4. 颜料品种、颜色 | m²(m) | 按设计图示尺寸以梁柱外表面积计算或以构件长度计算 | 1. 灰塑<br>2. 刷涂颜料 |
| 050306004 | 塑竹梁、柱 | | | | |
| 050306005 | 花坛铁艺栏杆 | 1. 铁艺栏杆高度<br>2. 铁艺栏杆单位长度重量<br>3. 防护材料种类 | m | 按设计图示尺寸以长度计算 | 1. 铁艺栏杆安装<br>2. 刷防护材料 |
| 050306006 | 标志牌 | 1. 材料种类、规格<br>2. 镌字规格、种类<br>3. 喷字规格、颜色<br>4. 油漆品种、颜色 | 个 | 按设计图示数量计算 | 1. 选料<br>2. 标志牌制作<br>3. 雕凿<br>4. 镌字、喷字<br>5. 运输、安装<br>6. 刷油漆 |
| 050306007 | 石浮雕 | 1. 石料种类<br>2. 浮雕种类<br>3. 防护材料种类 | m² | 按设计图示尺寸以雕刻部分接矩形面积计算 | 1. 放样<br>2. 雕琢<br>3. 刷防护材料 |
| 050306008 | 石镌字 | 1. 石料种类<br>2. 镌字种类<br>3. 镌字规格<br>4. 防护材料种类 | 个 | 按设计图示数量计算 | |
| 050306009 | 砖石砌小摆设 | 1. 砖种类、规格<br>2. 石种类、规格<br>3. 砂浆强度等级、配合比<br>4. 石表面加工要求<br>5. 勾缝要求 | m³<br>(个) | 按设计图尺寸以体积计算或以数量计算 | 1. 砂浆制作、运输<br>2. 砌砖、石<br>3. 抹面、养护<br>4. 勾缝<br>5. 石表面加工 |

## (七) 其他相关问题

应按下列规定处理：

1. 柱顶石(礩磴石)、木柱、木屋架、钢柱、屋面木基层和防水层等，应按土建相关项目编码列项。

2. 需要单独列项目的土石方和基础项目，应按土建相关项目编码列项。

3. 木构件连接方式应包括：开榫连接、铁件连接、扒钉连接、铁钉连接。

4. 竹构件连接方式应包括：竹钉固定、竹篾绑扎、铁丝绑扎。

5. 膜结构的亭、廊，应按土建相关项目编码列项。

6. 喷泉水池应按土建相关项目编码列项。

7. 石浮雕应按表Ⅵ-13 分类：

8. 石镌字种类应是指阴文和阴包阳。

9. 砌筑果皮箱、放置盆景的须弥座等，应按(六)中砖石砌小摆设项目编码列项。

表Ⅵ-13　石浮雕加工内容

| 浮雕种类 | 加　工　内　容 |
| --- | --- |
| 阴线刻 | 首先磨光磨平石料表面，然后以刻凹线（深度在2~3mm）勾画出人物、动植物或山水 |
| 平浮雕 | 首先扁光石料表面，然后凿出堂子（凿深在60mm以内），凸出欲雕图案。图案凸出的平面应达到"扁光"、堂子达到"钉细麻" |
| 浅浮雕 | 首先凿出石料初形，凿出堂子（凿深在60~200mm），凸出欲雕图形，再加工雕饰图形，使其表面有起伏，有立体感。图形表面应达到"二遍剁斧"，堂子达到"钉细麻" |
| 高浮雕 | 首先凿出石料初形，然后凿掉欲雕图形多余部分（凿深在200mm以上），凸出欲雕图形，再细雕图形，使之有较强的立体感（有时高浮雕的个别部位与堂子之间漏空）。图形表面达到"四遍剁斧"，堂子达到"钉细麻"或"扁光" |

# 附录Ⅳ 社会建设监理单位的资质等级及业务范围

社会建设监理单位的资质可分为甲级、乙级、丙级，其各自标准如下：

**一、甲级**（可以跨地区、跨部门监理一、二、三等的工程）

1. 由取得监理工程师资格证书的在职高级工程师、高级建筑师或者高级经济师作单位负责人，或者由取得监理工程师资格证书的在职高级工程师、高级建筑师作为技术负责人；
2. 取得监理工程师资格证书的工程技术与管理人员不少于50人，且专业配套，其中高级工程师和高级建筑师不少于10人。
3. 注册资金不少于100万元。
4. 一般应监理过5个一等一般工业与民用建设项目或者2个一等专业、交通建设项目。

**二、乙级**（只能监理本地区、本部门二、三等的工程）

1. 由取得监理工程师资格证书的在职高级工程师、高级建筑师或者高级经济师作单位负责人，或者由取得监理工程师资格证书的在职高级工程师、高级建筑师作技术负责人；
2. 取得监理工程师资格证书的工程技术与管理人员不少于30人，且专业配套，其中高级工程师和高级建筑师不少于5人，高级经济师不少于2人；
3. 注册资金不少于50万元；
4. 一般应监理过5个二等一般工业与民用建设项目或者2个二等工业、交通建设项目。

**三、丙级**（只能监理本地区、本部门三等的工程）

1. 由取得监理工程师资格证书的在职高级工程师、高级建筑师或者高级经济师作单位负责人，或者由取得监理工程师资格证书的在职高级工程师、高级建筑师作技术负责人；
2. 取得监理工程师资格证书的工程技术与管理人员不少于10人，且专业配套，其中高级工程师和高级建筑师不少于2人，高级经济师不少于1人；
3. 注册资金不少于10万元；
4. 一般应监理过5个三等一般工业与民用建设项目或者2个三等工业、交通建设项目。

监理单位必须在核定的监理范围内从事监理活动，不得擅自越级承接建设监理业务；已定级的监理单位在定级后不满3年的期限内，其实际资质已达到上一资质等级(1)(2)(3)项标准的，可以申请承担上一资质等级规定的监理业务；由具有相应权限的有关工程建设监理主管机关的资质管理部门，根据申请单位的资质条件、实际业绩和监理需要予以审批。

# 附录Ⅴ 工程建设监理合同

_____（以下简称"业主"）与_____（以下简称"监理单位"）经过双方协商一致签订本合同。

一、业主委托监理单位监理的工程（以下简称"本工程"）概况如下：

工程名称：

工程地点：

工程规模：

总投资：

监理范围：

二、本合同中的措词和用语与所属的监理合同条件及有关附件同义。

三、下列文件均为本合同的组成部分：

①监理委托函或中标函；

②工程建设监理合同标准条件；

③工程建设监理合同专用条件；

④在实施过程中共同签署的补充与修正文件。

四、监理单位同意按照本合同的规定，承担本工程合同专用条件中议定范围内的监理业务。

五、业主同意按照本合同注明的期限、方式、币种，向监理单位支付酬金。

本合同的监理业务自_____年_____月_____日开始实施，至_____年_____月_____日完成。

本合同正本一式两份具有同等法律效力，双方各执一份。副本_____份，各执_____份。

业主：（签章） 　　监理单位：（签章）

法定代表人：（签章）　法定代表人；（签章）

地址：　　　　　　　　地址：

开户银行：　　　　　　开户银行：

账号：　　　　　　　　账号：

邮编：　　　　　　　　邮编：

电话：　　　　　　　　电话：

___年___月___日　　　___年___月___日

签于　　　　　　　　　签于